KB121036

# 한 권으로 끝내는
# 메타버스 수업

# 한 권으로 끝내는 메타버스 수업

정철환 지음

10대가 처음 만나는 메타버스 세상!
중고생에게 들려주는 메타버스 이야기

컴퓨터는 1946년에 미국에서 처음으로 등장했습니다. '에니악'이라는 이름을 가진 이 컴퓨터는 커다란 방 하나를 가득 채울 정도의 크기였지요. 무려 15만W(와트) 규모의 전기를 소모했으며 제작비만 해도 50만 달러(2021년 기준 600만 달러. 한화로 환산할 경우 78억 원)였습니다. 성능은 약 500FLOPS(플롭스, 1초당 수행할 수 있는 부동소수점 연산의 횟수를 의미하는 컴퓨터 성능 단위)였습니다.

그런데 오늘날은 어떤가요? 20만 원도 채 안 되는 가격에 '라즈베리 파이 4(Raspberry Pi 4)'를 구매할 수 있지요. 6.66W의 전력 소모에, 성능은 13.5GFLOPS(1GFLOPS=10억 FLOPS)이고요. 손바닥에 올려놓을 만한 크기인데도 말이지요.

컴퓨터 하드웨어의 성능이 엄청나게 향상되는 동안, 소프트웨어 역시 눈부신 발전을 이루었습니다. 단순한 계산만을 수행하던 소프트웨어는 마이크로소프트 운영체제의 등장과 함께 변모했지요. 문서 작성, 그래픽 처리, 음악과 동영상은 물론이고 3차원 게임에 이르기까지 소프트웨어의 발전은 눈부실 정도였습니다.

지금은 어떤가요? 컴퓨터 하드웨어와 소프트웨어 기술이 현재의 수준을 넘어, 우리를 새로운 세계로 이끌어가고 있습니다. 바로 메타버스 세상의 도래이지요. 2019년, 코로나19 바이러스가 온 세상을 집어삼킨 무렵에 언론은 새로운 분야, 즉 '메타버스'에 열광했지요. 그러나 사실 메타버스는 컴퓨터 과학자들이 오래전부터 연구하고 준비해오던 기술 분야입니다.

38억 년 전 지구의 바닷속에서 탄생한 단세포 생물이 진화를 거듭해서 해양생물 생태계로 진화한 것처럼, 77년 전에 탄생한 컴퓨터는 발전을 거듭해 오늘날의 생활을 지배할 만큼 전 분야로 확산되었지요.

바다에서 태어난 생명체들이 바다를 벗어나 지구의 육상으로 진출한 시기는 식물의 경우 4억 년 전, 동물의 경우 3억 년 전이라고 합니다. 이와 마찬가지로 최초의 컴퓨터에서 시작되어 오늘날 여러 분야로 진화한 컴퓨터 하드웨어와 소프트웨어는 아직까지 '바닷속'이라 할 수 있는 컴퓨터와 스마트폰 화면 속에서만 머물고 있었지요. 그런데 이제 컴퓨터 생태계가 화면을 벗어나 현실 세상으로 나오려는 준비를 하고 있습니다. 우리는 이를 '메타버스 세상'이라고 부르지요.

스마트폰으로 '포켓몬 GO' 게임을 해본 적이 있나요? 또는 오큘러스의 '퀘스트'라는 가상현실 헤드셋을 써본 적이 있나요? 전자를 증강현실이라 하고, 후자를 가상현실이라고 합니다. 가상현실 고글을 착용하면 컴퓨터의 가상공간에 들어가 있는 듯한 착각을 일으킵니다. 반면에 증강현실 고글을 착용하면 우리 눈앞에 가상의 대상이 튀어나오는 듯한 느낌이 들고요. 이처럼 기술은 컴퓨터와 현실이 분리되는 것이 아니라, 하나의 세계로 연결되게 만들 것입니다.

다만 아쉬운 점은 얼마 전까지만 해도 세상을 뜨겁게 달구었던 메타버스에 대한 관심이 조금은 식었다는 겁니다. 최근에는 인공지능 대화 서비스인 챗GPT(ChatGPT)에 대한 관심이 뜨겁지요. 그런데 챗GPT 역시 하루아침에 개발된 것은 아닙니다. 메타버스처럼 오래전부터 연구되어 온 분야이지요.

앞으로도 인공지능 기술은 계속 발전할 것입니다. 메타버스 기술 역시 그럴 것이고요. 이 책을 통해 메타버스가 무엇이고, 왜 사람들의 관심을 끌게 되었는지를 알아보기로 하겠습니다. 그리고 메타버스 세상을 실현하기 위해서는 어떤 노력과 전략이 필요한지에 대해서도 알아보기로 하지요.

지금으로부터 불과 20년 전만 해도 스마트폰은 일상화되지 않았어요. 그런데 스마트폰이 없던 세상을 상상해보세요. 머릿속에 쉽게 그려지지 않을 거예요. 이 책을 읽는 여러분들 역시 시간이 흐른 뒤의 지금을 상상해보세요. 20년 후의 미래는 지금보다 훨씬 달라져 있겠지요. 다만 이 책에서 이야기하는 메타버스 세상과 크게 다르지 않을 것입니다.

"역사를 알면 미래가 보인다"라는 말이 있습니다. 여러분은 이 책을 통해 컴퓨터 하드웨어와 소프트웨어, 인터넷, 게임의 발전 과정은 물론이고 가상현실과 증강현실의 기술 역사를 통해 미래는 어떤 기술들이 어떻게 진화해갈지 생각해볼 수 있을 겁니다. 그리고 여러분 중에 누군가는 메타버스 세상을 만드는 주역이 될 수도 있고, 메타버스 세상을 이끄는 리더가 될 수도 있습니다.

자, 그러면 우리 함께 '메타버스의 과거-현재-미래'로 여행을 떠나볼까요?

정철환

CONTENTS

## PART 3 가상과 현실을 잇는 공간 컴퓨팅



## PART 4 미래의 인터넷, 공간 웹



## PART 5 메타버스의 등장

## PART 6 메타버스를 구성하는 7계층



## PART 7 가상경제와 메타버스

## PART 8 메타버스와 우리의 생활



## PART 9 메타버스 세상은 언제쯤 올 것인가?

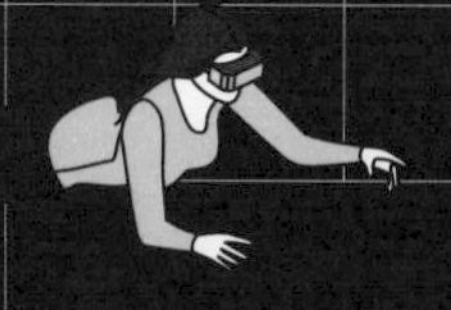

오늘날 지구상에 번성한 모든 생명체의 기원은 38억 년 전으로, 깊은 바닷속이었어요. 다양한 생명체는 매우 오랜 기간 바닷속에서 등장하고 진화했지요. 그런데 식물이 육지로 진출한 것은 4억 년 전이고, 동물은 3억 년 전에 불과해요. 컴퓨터는 지금으로부터 약 80년 전에 이 세상에 처음 등장했고, '인터넷 세상'이 열린 것은 30년 전부터이지요.

PART 1 ▸▸▸

# 인터넷, IT 진화의 바다

## 01 ▷▷▷ 생명체 탄생의 가설들

생명체 탄생의 여러 가설 중에서 '생명체는 바닷속에서 시작되었다'라는 주장이 가장 일반적인 가설이에요. 바닷속에서 생명체가 탄생한 방식에 대해 학계에서 주장하는 몇 가지 가설이 있어요. 그중에서 가장 오래된 가설이 '수많은 무기물이 뒤섞인 원시 수프와 같은 형태에서 생명이 출발했다'라는 가설이에요.

이 가설은 원시 지구의 대기에 포함되었을 것이라 추정되는 메탄가스, 수증기, 암모니아, 수소 등의 분자가 당시 자주 발생하던 번개의 전류 때문에 유기물질인 아미노산으로 합성되고, 이 물질이 바다에 녹아들어 원시 생명체를 형성했다는 가설이지요. 이는 러시아의 과학자 알렉산드르 오파린(Алекса́ндр Опарин)이 정립한 가설이에요. 이 가설을 기반으로 1952년에 원시 대기 성분과 유사한 기체를 밀폐 용기에 담아 인위적으로 전기 방전을 반복하는 '밀러의 실험'을 통해 아미노산 형성에 성공해요. 이로써 무기물로부터 유기물이 형성될 수 있음이 밝혀졌지요. 이를 배경으로 다양한 유기물이 섞인 수프 같은 형태로부터 세포막이 형성되는 방식으로 최초의 생명체가 기원했다는 가설이 힘을 얻게 되었어요.

미국의 지구과학자 로버트 하젠(Robert Hazen)이 주장하는 암석모델로, '암석이 생명의 기원에 핵심적인 역할을 했다'라고 보는 가설도 있어요. 그리고 진화론으로 유명한 찰스 다윈(Charles Darwin)은 '따뜻하고 작은 연못에서 암모니아와 인산염, 빛, 열, 전기 등이 존재하는 상태에서 생명체가 발생했다'라고 보는 '작은 연못 가설'을 제시했지요.

지구의 생명 탄생과 관련해 최근에 가장 인정받는 가설이 있어요. 바로 '심해 열수구 가설'이지요. '열수구'란 화산 물질이 분출되는 지표의 출구를 말해요. 1977년에 잠수함으로 바닷속의 해저 열수구 탐사를 했어요. 그 결과 과학자들은 열수구 주변이 생명 탄생의 기원일 수 있다는 가설을 제시했지요. 과학자들은 원시 지구의 유기물들은 이 열수구 주위에 황철석의 촉매작용을 통해, 초기 대부분의 화학 진화가 이곳에 축적된 유기물 층에서 이루어졌을 것이라 추정했어요. 유기물 층에서 일어난 반응은 생명체에서 일어나는 대사 활동과 흡사했고, 이러한 생성물들이 초기 세포로 진화했을 것이라고 보았지요. 이것이 심해 열수구 가설의 핵심이에요.

실제로 섭씨 100도가 넘는 해저 열수구에서는 고미생물인 초호열성 메탄생성균이 살고 있는데, 이는 생명 탄생설을 뒷받침하고 있어요. 해저 열수구 주변의 독립영양 박테리아들이 열수구에서 뿜어져 나오는 황 성분을 영양분으로 사용하는 것처럼, 초기 세포들도 이러한 물질들을 에너지로 사용했을 것이에요.

최근에 시행된 레이저 핵산 실험과 화산 폭발에 기반한 스탠리 밀러(Stanley Miller)의 제자들의 실험, 그리고 미항공우주국(NASA)에서 진행되는 실험들이 심해 열수구 가설을 지지하고 있어요.

최초의 생명체가 어떤 환경에서 탄생했든 약 38억 년 전의 지구에 원시 형태의 생명체가 탄생한 후, 10억 년의 긴 시간 동안 생명체는 원시적인 원핵생물의 형태를 지니고 있었어요. 이 기간에 원핵생물들은 서로 먹고 먹히는 과정을 되풀이하며 존재했어요. 그런데 어떤 원핵생물이 잡아먹혔는데도 살아남았고, 이 세포가 산소를 이용해 에너지를 생성하며 숙주 세포와 공생하게 되었을 것으로 추정해요.

이렇게 탄생한 진핵생물이 다세포생물로 진화하게 된 것이지요. 이러한 생물 중에서 식물은 약 4억 년 전까지, 동물은 약 3억 년 전까지 육상으로 진출하지 못하고 바다에서만 생활했어요. 오랜 기간 지구상에 있었던 모든 생명체들에게 '바다'란 보금자리이자 생물 진화의 요람이었어요. 또한 바다는 단순한 세포로 출발한 생명체가 다세포 생명체로 진화하고, 이어서 복잡하고 다양한 생물들로 진화해서 번성하기까지 안정적이고 적합한 조건을 제공했어요. 지금도 무수히 많은 생명체들이 바다를 터전으로 번성하고 있답니다.

## 생명체,<br>바다에서 육지로 올라오다

생명체들은 38억 년 전에 바다에서 탄생해 34억 년이라는 긴 시간 속에서 다양한 종류로 진화했어요. 개체수도 크게 늘어나서 지구상의 모든 바다를 누비며 퍼져 나갔지요. 우리에게 익숙한 대표적인 고생물인 삼엽충이나 암모나이트도 바다에서 생활하던 생명체들이에요. 이전까지 지구의 육지란, 어떠한 생명체도 없는 '불모의 땅'이었을 거예요. 다시 말해 지구 대기와 육상은 생명체가 진출하기 전까지 텅 빈 공간이었던 셈이지요.

지금으로부터 약 5억 년 전인 고생대 오르도비스기 때, 지구 육상에는 생명체가 하나도 없었어요. 세균은 물론이고 나무나 여린 풀잎조차 볼 수 없는 황량한 세상이었지요. 물속은 시아노박테리아나 녹조류, 갈조류 같은 생물들로 가득했어요. 물이 태양의 강한 자외선을 막아주었고, 온도 변화도 크지 않아서 생존하기에 적합했기 때문이지요. 또한 물속은 부력 때문에 이동하거나 성장하기가 쉽고, 무엇보다 생명체에 중요한 요소인 물을 얻기 쉽다는 장점도 있어요.

반면 육상은 물속이 지닌 장점이 하나도 없었어요. 강한 자외선이 그대로 내리쬐었고, 물을 구하기 힘든 건조한 환경에다 일교차까지 심했어요. 그야말로 생명체가 존재하기 힘든 황량한 외계 행성 같은 세상이었지요. 또한 바닷속과 달리 지구의 중력이 그대로 작용하기 때문에 연약한 구조를 가진 생명체가 스스로 버티기에는 힘든 조건이었어요. 그런데 이러한 육지에 가장 먼저 상륙을 시도한 것이 식물이에요.

약 4억 2,500만 년 전인 고생대 실루리아기 때 '쿡소니아'라는 식물이 번성했던 것으로 밝혀졌어요. 쿡소니아는 1937년 영국 웨일스 지방의 지층에서 발견된 양치류의 일종으로, 최초의 육상 관다발 식물이에요. 그런데 최근 연구 결과에 의하면 오르도비스기 말, 육상에 이미 선태류(이끼류)가 존재했음이 밝혀졌어요. 따라서 태고의 물속 식물인 녹조류가 최초로 육상에 진출한 후 선태류로 분화되었다가 양치류로 진화해왔다는 가설이 정설로 굳어지고 있는 상황이지요.

원시 양치류는 솔잎란류와 석송류, 고사리류 등으로 진화를 거듭했고, 데본기 중기(약 3억 9천만 년 전)에는 식물의 뿌리와 잎이 제 모습을 갖추기 시작했어요. 이후 석탄기 때는 약 50m에 달하는 나무들로 울창한 숲을 이루었어요. 나무를 썩힐 만한 미생물이 등장하지 않았던 때라 쓰러져 죽은 나무들이 첩첩이 쌓였지요. 이는 오늘날 우리가 에너지원으로 사용하는 석탄층이 되었어요.

식물이 육상에 번성하면서 대기 중의 산소 농도가 급격히 증가했고, 그 결과 산소가 필요한 동물들도 육지로 진출할 수 있었어요. 결국 식물의 육상 진출은 지구상의 생명 탄생 이후 가장 위대한 사건으로 불리지요.

물속에서만 살던 녹조류가 육상으로 진출하기 위해서는 여러 가지 조건이 선행되어야 했어요. 강한 자외선이라는 문제는 물속의 다양한 조류들이 해결해주었어요. 풍부해진 조류들이 광합성 활동을 열심히 한 결과, 지구 대기의 약 10% 이상이 산소로 채워지게 되었답니다. 그 산소의 일부가 번개의 방전 등에 의해 오존이 되어 오존층을 형성했고, 그 결과 강한 자외선을 막아줄 수 있었어요.

오존층 형성 덕분에 태양의 자외선을 차단할 수 있었고, 식물의 광합성으로 지구 대기상에 산소의 농도가 높아져 바닷속에서만 생활하던 어류가 육상으로 진출할 수 있었어요. 또한 바닷속 생물들 간에 치열한 생존경쟁에서 도피하려는 시도가 이루어지면서 곤충이나 육질의 지느러미를 가진 어류, 양서류가 상륙을 시도하는 계기가 되었고요.

육상 진출은 강을 통해서 이루어졌다고 보고 있어요. 척추동물의 경우, 체내의 염분 농도를 조절할 수 있고 강의 흐름에 거슬러 올라갈 수 있는 고도의 유영 능력을 획득한 생명체가 먼저 담수역으로 진출했어요. 동시에 육상의 중력을 견딜 수 있는 단단한 골격이 형성되었지요. 단단한 뼈는 생존에 필요한 인산과 칼슘의 보존 장소이기도 했어요. 그리고 아가미 호흡을 폐 호흡으로 바꾸면서 드디어 육상 상륙이 가능해졌습니다.

## 기회의 땅으로 진출한 척추동물

척추동물의 육상 진출은 3억 6천만 년 전으로 추정해요. 육상의 환경은 바닷속보다 다양성이 풍부해요. 지표의 온도 폭은 바다보다 넓고, 지형도 해안에서 산까지 높낮이의 차이가 있지요. 생물은 환경이 다양해질수록 그 환경에 적응할 수 있게끔 모습을 변화시켜요. 따라서 생물은 육상에서 생존의 장을 넓히면서 그 수와 종류를 늘려 나갔어요. 육상에 진출한 생물에게는 미래의 번영이 기다리고 있었어요. 식물이 대삼림을 형성하면서 지구는 '녹색 행성'으로 변하였지요.

약 3억 년 전에는 양서류에서 파충류가 탄생했어요. 양서류는 피부가 건조해지기 쉽고, 알을 물속에 낳기 때문에 물가를 떠날 수가 없어요. 반면에 파충류의 피부는 건조에 강하고 알에 껍데기가 있어서 서식지를 급속히 확대할 수 있었지요. 그래서 다양하게 진화해 나갔어요.

이후 등장한 공룡은 지구 전 지역에서 번성했고, 다양하게 진화했어요. 지구 곳곳에서 발견되는 공룡의 화석이 그 증거예요. 그러다가 공룡의 시대를 마감하는 '백악기-팔레오기 멸종 사건'이 발생해요. 이는 지금으로부터 약 6,600만 년 전에 일어난 생물의 대멸종 사건으로, 대중적으로는 공룡 멸종(Dinosaur Extinction)으로 잘 알려져 있어요.

공룡의 멸종 원인을 지금의 멕시코 유카탄 반도 근처에서 충돌한 거대한 운석 때문이라고 보는 주장이 있어요. 이후 포유류가 진화를 거듭해 다양한 종으로 번성했고, 230만 년 전쯤 인류의 최초 뿌리로 추정되는 오스트랄로피테쿠스가 등장해요. 그리고 세월이 더 흘러서 약 20만 년 전, 현생인류의 직접적인 조상이라고 할 수 있는 호모 사피엔스가 등장해요.

## 02 ▷▷▷ 온라인 공간이 현실 세계와 만나다

메타버스와 IT를 이야기하는 책인데, 이미 학교에서 배운 생물의 역사와 진화를 왜 이야기하고 있는지 의아한가요? 인류가 발명한 여러 가지 기술 중에서 오늘날 가장 중요한 역할을 하는 것이 무엇인지 꼽으라면 단연 컴퓨터일 거예요. 컴퓨터는 아주 단순한 데이터 집계를 위한 계산기에서 시작해, 전자공학의 발달과 사람의 지적 활동을 모델링할 수 있는 기술의 등장으로 급속하게 발전했어요. 그 결과 지금의 인터넷 시대로 진화했지요.

그런데 인터넷 세상이라는 것은 현실 세계와는 분명히 구분되는 한계도 있어요. 온라인 공간(가상공간, 사이버스페이스)은 컴퓨터의 화면, 키보드, 마우스로 조작되는 입력을 기반으로 하며 모바일 디바이스도 유사해요. 한 대의 컴퓨터는 전화선을 이용해 몇 대의 컴퓨터로 연결되었고, 이후 컴퓨터 네트워크 기술이 발전하면서 인터넷이 등장했지요. 그리고 집집마다 PC가 들어가는 시기를 거쳐 누구나 손에 들고 다니는 스마트폰으로 발전하기에 이릅니다.

컴퓨터가 제공하는 온라인 세계는 우리가 살고 있는 현실과는 명확히 분리된 세계예요. 마치 최초의 생명체 탄생 이후 30억 년 이상을 바닷속에서만 번창했던 지구의 생명체가 육지와 하늘이라는 공간에는 진출하지 못하고, 바닷속에서만 번창하던 과거의 시기와 유사하지 않나요? 따라서 IT 기반의 온라인 서비스와 웹 시스템은 컴퓨터와 네트워크라는, 바닷속에서 탄생해 진화한 생명체에 비유할 수 있어요.

인터넷이라는 정보의 바닷속에서 진화를 거듭하던 컴퓨터와 디지털 세상이 드디어 현실 세계라는 육상으로 올라오려 하고 있어요. 미래의 번영이 기다리는 미지의 세계로 진출하고자 모험을 시도했던 최초의 어류처럼, IT 기술이 온라인 세상을 벗어나 엄청난 가능성이 있는 현실 세계로의 진출을 시도하고 있는 것이지요. 이것이 '메타버스'라고 부르는 기술이며, '3세대 인터넷' 또는 '웹 3.0'이라고도 부르는 기술의 발전이에요.

컴퓨터 기술은 어떻게 탄생하고 발전했을까요? 그리고 어떻게 가상 세계와 현실 세계를 넘나드는 기술로 발전하려고 하는 것일까요? 먼저 컴퓨터 기술의 역사에 대해 알아보기로 해요.

# 컴퓨터,
# 기술의 새벽

»»»

초기 컴퓨터 기술의 발전은 하드웨어 발전과 소프트웨어 발전이라는 양대 중심축으로 진행되었어요. 세계 최초의 컴퓨터인 미국의 에니악(ENIAC; Electronic Numerical Integrator And Computer)은 약 1만 8천 개의 진공관과 1,500여 개의 릴레이로 구성된 시스템이에요. 무게가 30여 톤에 이르며 전력 사용량이 150kW(킬로와트)에 달하는 거대한 기계였지요.

그런데 에니악은 우리가 알고 있는 형태, 즉 소프트웨어가 없는 컴퓨터 시스템이었어요. 회로와 배선으로 연결되어서 기능이 고정된 컴퓨터였기 때문이지요. 물론 일부 배선판을 교체해서 작동 조건을 변경할 수는 있었으나 미국 육군에서 요구하는 포탄의 탄도를 계산하는 용도로만 사용할 수 있었어요.

에니악 개발자인 존 에커트(John Eckert Jr.)와 존 모클리(John Mauchly)는 개인 사업을 시작하기로 결정하고 '에커트-모클리 컴퓨터 코퍼레이션'을 설립했어요. 그런데 엔지니어 출신인 그들은 사업가로서의 능력은 그리 좋지 않았는지, 경영상 어려움을 겪었지요. 그러다가 1950년에 사무기기 회사인 레밍턴 랜드(Remington Rand)에 회사가 인수되었어요.

1951년 6월 14일, 레밍턴 랜드는 최초의 상업용 컴퓨터인 유니박(UNIVAC)-1을 미국 인구조사국에 납품했어요. 에니악에 비해 발전된 컴퓨터이긴 했으나 여전히 무게가 7톤이 넘었어요. 진공관 5천 개를 사용했고, 초당 약 1천 번의 계산을 수행할 수 있었어요.

1952년 11월 4일, 유니박은 드와이트 아이젠하워의 대통령 선거 압승을 정확하게 예측했어요. 예상 득표율이 극히 일부에 불과했었는데 말이지요. 그 결과 전국적인 명성을 얻었어요.

## IBM의 등장

1911년에 설립된 IBM은 1957년에 등장한 최초의 범용 프로그래밍 언어 포트란(FORTRAN)을 기반으로, 컴퓨터 기반 시스템 개발 사업인 세이지(SAGE; Semi-Automatic Ground Environment) 프로젝트에 참여했어요. 세이지 시스템은 미국이 1950년대 소련과의 냉전이 고조될 시기에, 미국 영공으로 침입하는 비행기를 조기에 발견하고 대응할 수 있도록 대공 방공망을 전국적으로 연결하는 것을 목표로 개발된 시스템이에요. 최초의 컴퓨터 기반 자동화 시스템이라 할 수 있지요.

이 프로젝트에는 매우 많은 개발자가 필요했는데, 1950년대 당시에 구할 수 있는 프로그래머는 극히 소수에 불과했어요. 그래서 신문에 광고를 내서 프로그래머가 되기를 원하는 사람을 모집하고 교육시켜서 투입했다고 해요. 이렇게 모은 시스템 개발자의 수가 한때 1,800여 명에 달했다고 하니, 요즘 기준으로 봐도 규모가 큰 프로젝트였어요.

이를 통해 IBM은 세계 최대의 컴퓨터 회사로 발전할 수 있는 기회를 잡게 되었어요. 그리고 세이지 프로젝트의 경험을 기반으로 1964년에 아메리칸항공에서 도입한 세계 최초의 대형 민간 시스템 개발 프로젝트인 사브레(SABRE; Semi-Automatic Business Research Environment) 시스템 개발을 주도하게 돼요.

사브레는 당시 전화와 수작업으로 관리되던 항공편의 예약을 중앙의 컴퓨터 시스템으로 관리하기 위해 개발된 것이에요. 항공사의 비즈니스를 획기적으로 개선한 사례로 평가받고 있지요. 또한 최초의 민간 시스템 통합(SI; System Integration) 사업 사례로 꼽혀요.

이러한 프로젝트를 바탕으로 IBM은 1964년에 'IBM 시스템 360'을 출시해요. 이 시스템은 IBM 메인프레임 컴퓨터의 전성기를 알리는 계기가 되었지요. 이후 1970년에는 '시스템 370'으로 업그레이드된 시스템을 선보이면서 전 세계 비즈니스용 컴퓨터 시장의 절대 강자로 부상하게 돼요.

그리고 이 무렵에는 프로그래밍 분야에도 변화의 바람이 불면서 독립적인 프로그램 개발 회사들이 생겨났어요. 그러면서 소프트웨어 비즈니스라는 새로운 영역이 성장하기 시작했고요. 이전까지 소프트웨어는 컴퓨터 회사에서 제공하지 않았어요. 컴퓨터를 도입한 기업에서 프로그래머를 고용해서 개발해야 했지요. 그래서 대기업이 아니면 컴퓨터를 도입하기는 어려운 환경이었답니다.

초기 소프트웨어 산업은 컴퓨터 프로그래머가 드물던 시절, 기업에서 도입한 컴퓨터에 필요한 프로그램을 개발해주는 것이 주 사업이었어요. 지금의 시스템 통합 사업과 유사한 것이에요. 또한 대학에 컴퓨터가 보급되면서 학생들에게 컴퓨터를 이용해 다양한 프로그램을 시도해볼 수 있는 환경이 제공되었고, 그 결과 새로운 운영체제를 개발하는 시도가 이어졌어요.

대학교에서 컴퓨터를 사용할 수 있게 된 대학생들과 소프트웨어 개발자들의 등장으로 소프트웨어 기술은 급격하게 발전했어요. 이러한 환경에서 등장한 소프트웨어 기술은 유닉스(UNIX) 운영체제의 탄생과 컴퓨터 게임의 등장, 컴퓨터와 컴퓨터 간 통신 기술의 개발, 다양한 프로그래밍 언어의 탄생으로 이어졌어요. 동시에 트랜지스터 및 집적회로(IC; Integrated Circuit) 기술이 발전하고, 보다 빠르고 전력 소모가 적은 컴퓨터 하드웨어 기술의 발전이 맞물려 급격히 성장했어요.

1970년대 중반에는 마이크로프로세서의 발전으로 소형 컴퓨터가 개발되었어요. 이를 기반으로 개인용컴퓨터가 등장하고, 운영체제 및 소프트웨어 산업이 태동하게 되었지요. 그 결과, 현재 기업규모에서 세계 1, 2위를 다투는 애플과 마이크로소프트가 탄생했어요.

## 은하 네트워크,
## 인터넷의 조상

»»»

1962년 펜타곤의 고등연구계획국(ARPA; Advanced Research Projects Agency) 초대 정보이사인 조셉 릭라이더(Joseph Licklider)는 컴퓨터와 통신망에 대한 비전이 담긴 기술을 고안해요. 그는 1962~1963년에 컴퓨터가 서로 연결되어 세계의 여러 장소에서 데이터, 정보, 프로그램에 빠르게 접속하고 공유할 수 있게 해주는 '은하 네트워크(Galactic Network)'의 개념을 시각화한 일련의 메모를 작성했어요.

그는 이렇게 메모했어요. "전체 시스템을 구성하는 컴퓨터의 대부분 혹은 전부가 통합 네트워크에서 함께 작동하는 일은 아마도 매우 드문 경우로만 한정될 것이다. 그럼에도 불구하고 나는 통합 네트워크를 실현하는 기능을 개발해야 한다고 생각한다."

이것은 새로운 유형의 분산형 컴퓨터 네트워크에 대한 비전이었어요. 릭라이더는 새로운 네트워크를 통해 전 세계의 사람들이 미래 언젠가는 디지털 도서관을 검색하고, 함께 의사소통하고, 미디어를 공유하고, 문화 활동에 참여하고, 스포츠와 엔터테인먼트를 시청하고, 자신의 컴퓨터에 액세스해 모든 종류를 구매할 것이라 믿었어요. 그는 이를 '모두에게 열려 있는 전자 매체이자 정부, 기관, 기업 및 개인을 위한 정보 상호 작용의 필수 매체'라고 설명했어요. 그리고 '은하 간 컴퓨터 네트워크'라고 불렀지요.

1969년 냉전의 핵 공포 속에서 펜타곤에 릭라이더 비전의 첫 번째 단계를 위한 자금이 지원되면서 아파넷(ARPAnet)이 탄생했어요. 아파넷은 네트워크의 구성기술 분야에 대한 새로운 접근 방식이에요. 당시 미국의 컴퓨터 네트워크가 중앙집중식 통신 네트워크 형태로 구성되어 있었는데, 아파넷은 외부 공격에 치명적인 타격을 받을 수 있는 형태에서 탈피해 일종의 단일 공격으로부터 네트워크의 통신 기능을 보호할 수 있는 접근 방식이었어요.

아파넷은 패킷 스위칭이라는 새로운 통신 방식으로 이 목표를 구현했어요. 패킷 스위칭은 컴퓨터의 통신 데이터를 담고 있는 패킷이 보낸 사람과 받는 사람 사이에서 최적의 경로를 찾도록 해, 분산된 컴퓨터(노드) 네트워크 간에 데이터 패킷 형태로 라우팅되어 메시지를 교환하는 기술이에요.

이 기술은 네트워크의 하나 이상의 노드가 공격을 받거나 손상되거나 심지어 파괴되더라도 메시지가 다른 노드를 통한 경로를 찾아 최종 목적지에 도달할 수 있도록 하지요. 이는 인터넷 프로토콜 제품군(TCP/IP; Transmission Control Protocol/Internet Protocol)의 발명으로 이어졌어요.

더 많은 노드가 인터넷에 합류할수록 이 상호연결된 네트워크, 소위 인터넷은 더욱 탈중앙화되고 안전해졌어요. 이는 컴퓨터 네트워크 분야에서 믿을 수 없을 정도로 신뢰성을 제공하는 기술로 인정받게 되었지요. 인터넷 노드는 컴퓨터 서버로 정의되었어요.

각 서버에는 인터넷 프로토콜 주소 또는 IP 주소라고 하는 고유한 ID가 있어요. 인터넷은 1969년 당시, 4개 노드에서 시작됐어요. 그런데 급격히 성장하면서 웹 1.0(정적인 형태의 텍스트, 이미지 및 정보를 표현) 및 웹 2.0(데이터베이스 및 컴퓨터 시스템과 연계되어 다양하고 동적인 정보를 표현) 시대를 거쳐 진화했으며, 현재는 전 세계를 하나로 묶는 통신망이 되었어요. 노드에는 우리가 사용하는 노트북, 스마트폰, 시계, 가전제품, 드론, 차량, 로봇, 그리고 언젠가는 메타버스와 디지털 트윈으로 대표되는 우리 자신도 포함될 날이 올 것입니다.

## 넷스케이프의 등장과 닷컴 붐

팀 버너스 리(Tim Berners-Lee)는 1989년 세른(CERN, 유럽 입자물리연구소)에서 근무하면서 월드와이드웹(World Wide Web) 이론을 제시했어요. 그리고 1990년에 오늘날 웹 시스템이라 불리는, 인터넷 기반 정보공유 시스템의 핵심 기술인 HTTP(Hypertext Transfer Protocol), HTML(HyperText Markup Language), 월드와이드웹브라우저, 웹사이트 구축과 관련 있는 기술을 개발했지요.

웹브라우저는 1991년 1월, 세른이 아닌 다른 연구 기관에 출시되었어요. 그리고 1991년 8월에 일반 대중에게 처음으로 공개되었지요. 웹 관련 기술은 세른에서 성공을 거두었고 점차 과학·학술

기관으로 확산되기 시작했어요. 그리고 2년 안에 50개의 웹사이트가 만들어졌지요. 그러나 그때까지 웹 관련 기술과 웹사이트 및 웹브라우저는 일반인들에게는 잘 알려지지 않은 기술이었어요.

세른은 1993년부터 웹 관련 프로토콜과 코드를 무료로 제공하기 시작했고, 이로 인해 널리 사용할 수 있었어요. NCSA(National Center for Supercomputing Applications)가 1993년 말 최초의 웹브라우저 중의 하나인 모자이크(Mosaic)를 출시한 후, 1년도 되지 않아 수천 개의 웹사이트가 생겨났어요. 모자이크는 텍스트 정보를 표현할 수 있을 뿐만 아니라, 이미지를 중간중간에 표시하고 표 양식을 구현할 수 있는 그래픽 기반의 브라우저였으며 HTML 문서 양식을 처리할 수 있는 프로그램이었어요.

팀 버너스 리는 1996년에 XML(Extensible Markup Language)을 생성하고, HTML을 좀 더 엄격한 XHTML(Extensible HyperText Markup Language)로 대체할 것을 권장한 W3C(World Wide Web Consortium)를 설립했어요. 그동안 개발자들은 새로운 애플리케이션을 만들기 위해 제공된 'XMLHttpRequest(XHR)'라는 인터넷 익스플로러의 기능을 활용하기 시작했어요. 웹 기반 사이트 기술에 좀 더 다양한 기능을 부여하기 위해서요. 이로 인해 정적인 문서와 이미지, 표 중심의 초기 웹 환경을 뛰어넘어 데이터베이스 및 프로그램을 기반으로 다양한 동적인 정보를 제공할 수 있는 '웹 2.0 혁명'이 시작되었답니다.

당시 웹 환경에서 사용되던 웹브라우저인 모질라(Mozilla), 오페라(Opera) 및 애플은 XHTML을 거부하고, HTML5를 개발한 'WHATWG(Web Hypertext Application Technology Working Group)'를 만들었어요. 결국 W3C는 2009년에 XHTML의 실패를 공식적으로 인정하고 포기했지요. 그리고 2019년에 HTML 사양에 대한 통제권을 WHATWG에 양도하게 돼요. 오늘날 월드와이드웹은 정보화 시대 발전의 중심이었으며 수십억 명의 사람들이 인터넷에서 상호 작용하는 데 사용하는 주요 도구가 되었어요.

NCSA 모자이크는 현재는 단종된 웹브라우저예요. 다만 당시 최초의 브라우저였고, 텍스트와 그래픽 같은 멀티미디어를 통합해 월드와이드웹과 인터넷의 초기 발전에 중요한 역할을 했어요. 또한 FTP(File Transfer Protocol), NNTP(Network News Transfer Protocol), 고퍼(Gopher)와 같은 초기 인터넷 프로토콜을 위한 클라이언트였어요. 직관적인 인터페이스, 개인용컴퓨터 지원 및 간단한 설치 방식으로, 모자이크는 웹 기술이 일반인들 사이에서 인기를 얻는 데 기여했어요. 모자이크는 지금은 너무도 당연한 사실이지만, 당시에는 이미지를 텍스트와 함께 하나의 화면에서 표시할 수 있는 최초의 브라우저였어요.

1995년부터 모자이크는 새롭게 등장한 웹브라우저 소프트웨어인 넷스케이프 네비게이터(Netscape Navigator)에 시장 점유율을 잃었고, 프로젝트가 중단된 1997년까지 극소수의 사용자만 남았어요. 다만 마이크로소프트는 1995년에 인터넷 익스플로러를 만들기 위해 모자이크를 활용했어요.

## 인터넷과 웹 초기 시대의 몇 가지 일화들

»»

마크 안드레센(Marc Andreessen)은 1994년 NCSA에서 모자이크 브라우저를 개발해 월드와이드웹의 시대를 열었어요. 그런데 NCSA를 그만두고 나서 작은 회사에 취업했지요. 그는 왜 창업을 생각하지 않았을까요? 회사를 창업하고 벤처 캐피털로부터 투자를 받고, 제품이나 서비스를 개발해 수백만 명의 사용자를 확보하고, 주식시장에 상장해 대박을 거두는 그런 프로세스 자체가 실리콘밸리에 없었기 때문이에요. 이러한 사례를 최초로 만든 것이 넷스케이프였고, 이는 마크 안드레센이 넷스케이프를 창업하기 전이었어요.

그는 웹에 자바(Java)와 자바 스크립트(JavaScript)를 도입한 웹 브라우저인 네비게이터(Navigator)를 출시했어요. 네비게이터는 일반인을 위한 웹 환경 및 개인용컴퓨터 환경에서 빠른 속도로 가장 널리 쓰이는 브라우저가 되었어요. 넷스케이프는 1995년에 주식시장에 공개되었으며 웹 열풍을 일으키고 닷컴 거품을 일으키는 시발점이 돼요.

당시 윈도우 운영체제를 출시하여 개인용컴퓨터 운영체제의 독점적인 지배자였던 마이크로소프트는 자체 브라우저인 인터넷 익스플로러를 개발해 이에 대응했으나 초기에는 역부족이었지요. 그러나 마이크로소프트는 윈도우 운영체제와 함께 무료 번들로 인터넷 익스플로러를 제공함으로써 14년 동안 지배적인 브라우저가 되지요.

넷스케이프가 주식시장에서 큰 성공을 거두고 지속적으로 사용자를 늘려가고 있을 때까지, 마이크로소프트의 빌 게이츠는 인터넷과 웹에 큰 관심이 없었어요.

빌 게이츠는 당시에 미국의 IT 업계를 지배하던 '초고속정보통신망(Information Super Highway)'의 주인공은 웹과 인터넷이 아니라 TV라고 믿었기 때문이에요. 그 이유로 최대 14.4Kbps(초당 킬로바이트) 정도의 속도만 가능한 전화선으로는 미래에 필요한 통신 대역폭을 확보하기 어렵다고 생각했어요. 하지만 생각을 바꿔 인터넷 익스플로러를 무상으로 배포하면서 넷스케이프의 몰락을 주도하게 되지요.

이후 1990년대 후반부터 2000년대 초반까지 미국을 중심으로 온라인 기업들이 우후죽순으로 탄생해요. 그리고 창의적인 아이디어를 기반으로 한 웹사이트와 비즈니스 모델들이 등장해요. 이러한 기업들 중에서 소수는 초기에 가치가 엄청나게 폭등해서 투자자들에게 큰 수익을 안겨주었어요.

인터넷 기업의 폭발적인 등장과 투자 열풍 시기를 '닷컴 붐'이라 불러요. 웹사이트 주소가 대부분 '.com'으로 끝나기 때문에 신생 인터넷 기업을 '닷컴'이라 불렀어요. 이를 지구상의 생명체 진화에 비유해보면, 바닷속에서 원시적인 생명체가 탄생한 후 어느 시기에 다양한 생명체가 폭발적으로 등장한 시기이지요. 닷컴 붐 시기에 있었던 몇 가지 일화를 소개해볼게요.

1994년 웹에서 최초로 배너 광고를 도입한 후, 전체 매출액이 약 5천만 달러 수준이었고 1997년이 되어서야 비로소 온라인 광고 매출이 10억 달러에 이르렀지요. 당시 기업의 전체 광고 시장 규모는 600억 달러였어요. 그런데 2015년에는 전체 디지털 광고 시장의 규모가 596억 달러로 성장해요.

다음 도메인 네임들을 볼까요? 'MakeItSo.com, Relentless.com, Cadabra.com, Browse.com, Bookmall.com, Aard.com, Awake.com.' 이 도메인들은 제프 베조스(Jeff Bezos)가 고려하던 웹사이트 후보 이름들이었어요. 결국 '아마존(Amazon)'으로 결정했는데, 그 이유는 'A'로 시작하면서 '세계에서 가장 큰 강'이라는 뜻이 있어서였다고 해요.

이베이(eBay)라는 이름의 유래를 살펴볼까요? 창업자 피에르 오미디아(Pierre Omidyar)는 이미 이숍(eShop)이라는 기업의 창업 멤버였는데, 이를 마이크로소프트에 팔고 백만장자가 되었어요. 그 후 프리랜서 겸 컨설턴트로 일하고 있었는데 그때 자신의 1인 기업 이름을 에코 베이 테크놀로지 그룹(Echo Bay Technology Group)이라 부르고 있었지요.

인터넷 도메인으로 에코베이(EchoBay)를 등록하려고 하니, 이미 누군가가 등록을 한 상황이었어요. 그래서 이를 줄여서 이베이라고 도메인을 등록하고 웹사이트를 운영했어요. 그러다가 인터넷을 통한 경매 아이디어를 떠올렸고, 이를 구현한 웹사이트를 자신이 운영하던 기존 웹사이트에 올렸어요. URL은 'eBay/aw'였지요. 처음 이름은 옥션 웹(Auction Web)이었어요. 후에 투자를 받고 사업을 본격화하면서 경매 서비스 사이트의 이름을 '이베이'로 바꾸었어요.

빌 게이츠는 스탠퍼드대학교 건물을 짓는 데 600만 달러를 기부했어요. 그러면서 "언젠가는 이 건물에서 마이크로소프트를 능가할 회사를 만들 인재가 배출되길 희망한다"라고 말했지요. 스탠퍼드대학 내의 건물은 '윌리엄 게이츠 컴퓨터 사이언스 빌딩'이고, 그 건물의 한 사무실(360호실)에서 함께 공부하던 두 학생은 훗날 회사를 설립해요. 그 두 학생이 바로 세르게이 브린(Sergey Brin)과 래리 페이지(Lawrence Page)랍니다. 그들은 나중에 인터넷 검색서비스 기업인 '구글'을 창업해요.

애플은 2003년 3월, 음악 라이브 관리 및 재생 프로그램 사운드잼(SoundJam)을 매입해요. 애플에서 근무했던 두 명의 전직 직원이 MP3가 대중화되기 시작한 초기에 개발한 프로그램이에요. 당시 최고의 인기 프로그램이던 윈앰프와 유사해요. 그리고 2001년 1월 9일, 맥월드 콘퍼런스에서 '아이튠즈(iTunes)'로 발표를 했어요. 스티브 잡스(Steven Jobs)는 비록 인터넷 닷컴 폭발기에는 별 관여를 못했지만, 이후 PC가 미디어 허브가 되리라고 예측했고 음악이 그 중심을 차지하리라 생각했어요.

한편 아이튠즈는 당시 맥(Mac)에서만 실행되었어요. 그래서 회사 내부에서 '윈도우에서도 실행되게 해야 한다'는 주장도 있었지만, 잡스는 아주 강하게 반대했어요. 그러나 결국 굴복하고 2003년 10월에 아이튠즈 윈도우 버전을 발표해요. 그 결과 애플은 세계에서 가장 이익이 많이 남는 회사로 발돋움했지요.

넷플릭스(Netflix)는 오늘날 전 세계를 주도하고 있는 스트리밍 미디어 기업이에요. 아마 여러분도 한 번쯤 넷플릭스를 들어봤거나 본 적 있을 거예요. 넷플릭스의 창업자 리드 헤이스팅스(Reed Hastings Jr.)가 〈아폴로 13〉 DVD를 대여한 적이 있었는데 며칠 연체하면서 연체료 40달러를 냈다고 해요. 이 일 때문에 넷플릭스 창업이 시작되었어요. 기존의 DVD 대여 시스템이 갖고 있던 문제점에서 사업 가능성을 발견한 것이지요.

1999년 7월에 페이팔(PayPal)을 설립한 피터 틸(Peter Thiel)은 2000년 3월에 비슷한 서비스를 하던 일론 머스크(Elon Musk)가 설립한 엑스닷컴(X.com)과 합병을 해요. 그리고 2002년 2월 15일 상장해 크게 성공하지요.

그때는 이미 닷컴 버블 붕괴로 많은 이들이 심각한 트라우마가 있을 때였어요. 그만큼 분위기가 아주 안 좋았는데도 불구하고 그랬으니 대단한 일이지요. 그 후 이베이가 페이팔을 15억 달러에 매입했고, 대박 신화를 현실로 만들어요.

이때 페이팔에 참여했다가 큰돈을 번 사람들이 향후 여러 회사를 창업하는데, 이들 기업 역시 대단한 사례를 남겼어요. 그들이 투자한 회사들이 일론 머스크의 테슬라, 피터 틸의 페이스북 및 옐프, 링크드인, 유튜브, 야머 등이지요. 그래서 그들을 실리콘밸리를 좌우하는 '페이팔 마피아들'이라고 불러요.

구글이 한참 성장세를 구가할 무렵, 구글의 CEO를 새로 뽑으려 할 때 브린과 페이지가 원하는 1순위 후보는 스티브 잡스였다고 해요. 그런데 스티브 잡스가 올 리가 없었지요. 그래서 대신 선발된 인물이 에릭 슈미트(Eric Schmidt)였어요.

넷스케이프가 상장될 때 마크 저커버그(Mark Zuckerberg)의 나이는 11세였어요. 그는 인스턴트 메시징 서비스인 AOL메신저(AOL Instant Messenger) 헤비 유저였고, 최초의 소셜 서비스라고도 할 수 있는 프렌드스터(Friendster)가 등장할 때부터 사용했지요. 게다가 냅스터(Napster)의 등장에서도 큰 영향을 받았어요. 그가 만든 페이스북을 10억 달러에 매각하라는 제의를 받았을 때, 그의 나이는 불과 23세였지요.

닷컴 붐 시기에 일어난 일화를 통해 오늘날 우리가 잘 알고 있는 글로벌 기업들이 몇몇 선구자적 창업자가 만든 것으로 생각할 수 있어요. 그러나 이들이 큰 성공을 거둔 배경에는 다양하고 창의적인 닷컴 기업을 창업하고 비즈니스 모델을 이끌어갔으나 결국 실패한 벤처 기업들의 역할도 무시할 수는 없어요.

이런 말 들어본 적 있나요? "하늘 아래 새로운 것은 없다"라는 말이요. 이는 아무리 혁신적이고 창의적인 아이디어라고 할지라도 그 배경에는 앞서 고민하고 노력했던 수많은 사람들의 결과물이 있다는 뜻이기도 해요.

미래의 새로운 세상을 열어갈 것으로 기대하는 메타버스와 웹 세상, 그리고 온라인과 현실을 점차 융합해갈 창의적인 기업의 등장은 수많은 창업자들과 기업들이 남긴 유산과 이들의 유전자를 이어받아 진화를 계속한 결과의 산물이에요.

METAVERSE

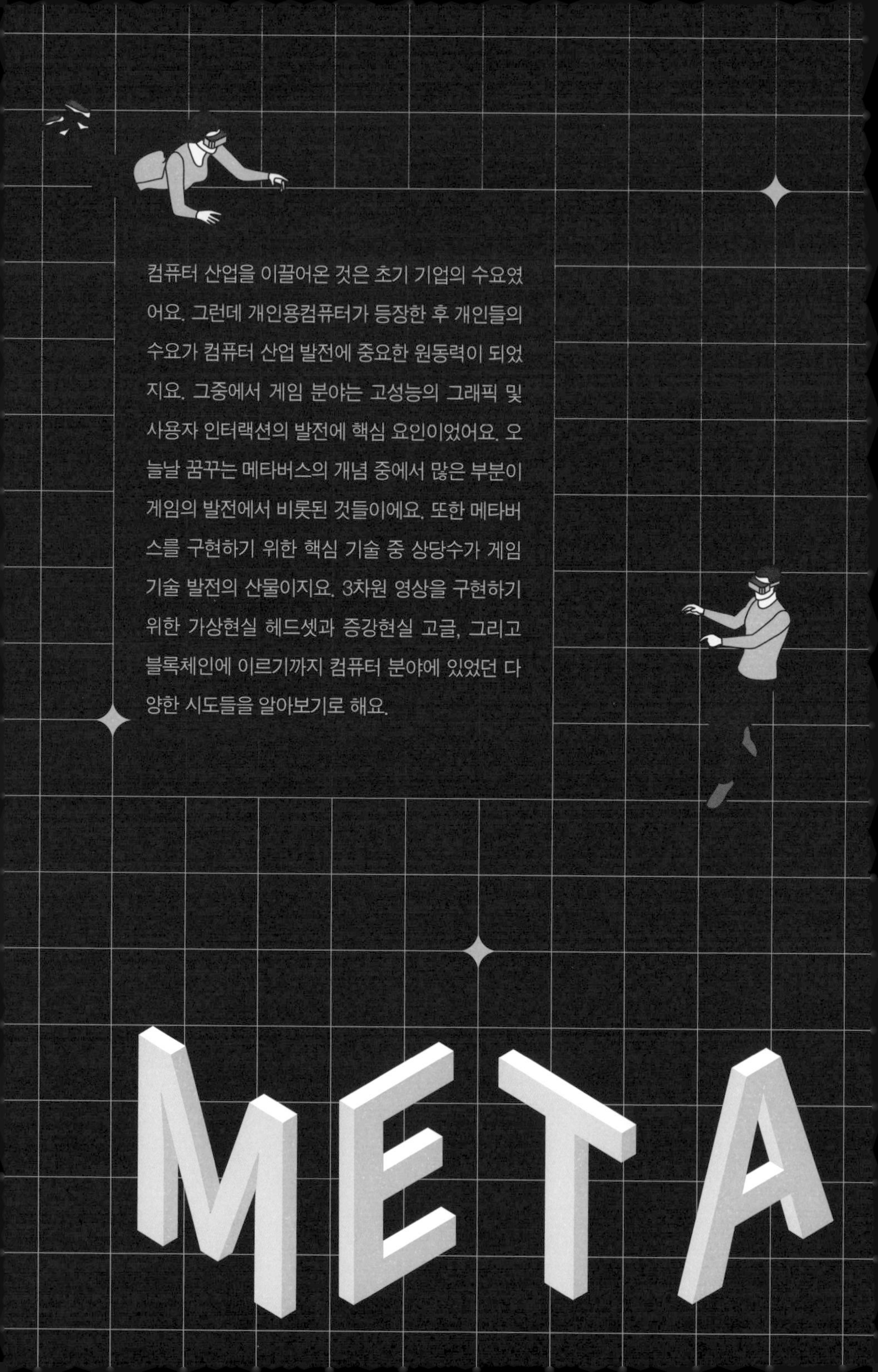

컴퓨터 산업을 이끌어온 것은 초기 기업의 수요였어요. 그런데 개인용컴퓨터가 등장한 후 개인들의 수요가 컴퓨터 산업 발전에 중요한 원동력이 되었지요. 그중에서 게임 분야는 고성능의 그래픽 및 사용자 인터랙션의 발전에 핵심 요인이었어요. 오늘날 꿈꾸는 메타버스의 개념 중에서 많은 부분이 게임의 발전에서 비롯된 것들이에요. 또한 메타버스를 구현하기 위한 핵심 기술 중 상당수가 게임 기술 발전의 산물이지요. 3차원 영상을 구현하기 위한 가상현실 헤드셋과 증강현실 고글, 그리고 블록체인에 이르기까지 컴퓨터 분야에 있었던 다양한 시도들을 알아보기로 해요.

PART 2 ▸▸▸

# 컴퓨터 분야에서의 다양한 시도들

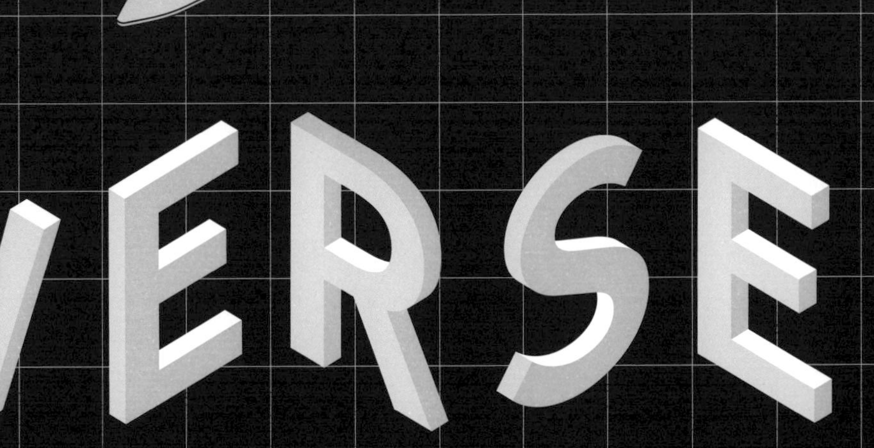

# 원시 컴퓨터 환경, 그리고 게임의 탄생

컴퓨터 게임의 발전은 인간의 상상력과 컴퓨터의 하드웨어·소프트웨어 기술이 결합되어 이룩한 진화의 역사로 볼 수 있어요. 마치 원시 생명체가 단일 세포 구조에서 출발해 오늘날 다양한 생태계를 이룩하고 인간이라는 지능을 가진 존재로 진화했던 것처럼, 컴퓨터 게임 역시 아주 단순한 형태에서 출발했어요.

최초의 컴퓨터 게임이라고 알려져 있는 것은 1958년 미국의 브룩헤이븐 국립연구소에서 개발한 테니스 게임이에요. 이 게임은 가정용 게임 콘솔기를 개발하고 게임기 시장이라는 새로운 분야를 개척했던 아타리(Atari)가 출시한 '퐁(Pong)' 게임과 유사해요. 우리나라에도 1970년대 말에 불법 복제품이 유통되기도 했어요. 이 게임은 인간과 컴퓨터가 대결하는 형식은 아니에요. 바둑이나 장기는 사람과 사람이 게임을 하는 것이지만, 이 게임은 컴퓨터가 바둑판이나 장기판의 역할에 머물러 있지요.

사람과 컴퓨터가 대결하는 형식의 게임을 볼까요? 1961년 MIT의 대학생 스티브 러셀(Steve Russell)이 만든 '스페이스 워(Space War)'라는 게임이에요. 이 게임은 세계 최초의 쌍방향 컴퓨터 게임으로 기록되어 있어요. 스페이스 워 이후 많은 미국인들이 이 산업의 잠재성을 인정하고 게임 시장에 뛰어들었어요. 하지만 그 가능성을 실현시킨 이들은 미국인이 아니라, 태평양 건너의 일본인이었지요.

1978년 일본 타이토(Taito) 사는 아케이드 게임인 '스페이스 인베이더(Space Invader)'를 발매해요. 기존의 게임과는 비교도 안 될 만큼 정교하고 오락성이 강했지요. 그해 미국에서만 600만 달러라는 엄청난 수익을 올리며 게임 시장의 판도를 재편성했어요.

우리나라에서도 사람들이 청계천 등지에서 게임기를 복제해 이를 전국으로 보급했어요. 이를 계기로 소위 '오락실'이라는 새로운 업종이 생겨나기까지 해요. 오락실은 1980년대의 청소년을 위한 놀이 장소였어요.

한편 1981년은 우리나라에서 전자오락의 대명사처럼 여겨지는 '갤러그(Galaga)'가 출시된 해이기도 하지요. 남코(Namco) 사가 개발한 이 게임은 타이토의 스페이스 인베이더와 같은 슈팅 게임이었지만 화면 속 캐릭터들의 빠르고 부드러운 움직임, 중간중간에 삽입된 보너스 스테이지 등으로 기존 게임과는 비교할 수 없을 만큼 세련되었고 오락성도 탁월했어요. 1980년대에 청소년 시기를 보낸 사람들 중에서 갤러그를 모르는 사람은 아마도 없을 거예요.

1981년에는 최초의 롤 플레잉 게임(RPG; Role Playing Game)인 '위저드리(Wizardry)'와 '던전 앤 드래곤(Dungeon and Dragons)'이 출시되었어요. 던전 앤 드래곤은 소위 '디앤디(DnD)'라 불리는 게임으로, 1974년에 개발된 게임이에요. 1974년에는 컴퓨터 게임의 형식이 아닌 '부루 마불(Blue Marble)' 게임처럼 주사위, 게임판, 게임 캐릭터를 사용하는 게임이었지요. 이를 컴퓨터 게임으로 변환한 것이에요.

롤 플레잉 게임이란 주인공 캐릭터가 다양한 미션과 모험을 통해 여러 기술을 습득하고 성장해, 최종적으로 주어진 임무를 완수하는 형식을 취해요. 따라서 스토리의 전개가 매우 복잡하고 실제 세상을 축소해 옮겨 놓은 것처럼 환경이 다양하지요. 현재 게임 시장의 주류를 차지하는 상당수의 게임이 롤 플레잉 게임 형식을 취하고 있는 것도 다양한 스토리, 흥미로운 도전 과제, 실제 세상과 유사한 생존 및 전투 규칙 등이 존재하기 때문이에요.

1986년 존 월던(John Waldern)은 박사 과정 중에 TV와 기계식 셔터 방식의 고글을 이용한 3차원 영상 기술을 세계 최초로 고안했어요. 하지만 당시에 큰 관심을 끌지 못했지요. 그러다 1989년에 'SD1000'이라는 앉아서 게임을 할 수 있는 3차원 게임 콘솔을 개발해요. 월던은 투자자로부터 거액의 투자를 받아 'W 인더스트리'를 설립했으며 실리콘밸리에서 가상현실 기술을 발전시킨 선구자로 인정받고 있어요.

가정용 게임 콘솔기 분야도 계속 발전했어요. 세가(Sega)는 1988년 '메가 드라이브'를 선보이며, '소닉(Sonic)' 게임의 인기를 급상승하게 만들었지요. 메가 드라이브는 16비트 게임기로, 이전의 8비트 게임기인 패미콤과는 속도와 그래픽 면에서 비교할 수 없을 정도였어요.

1990년부터 1992년까지 16비트 가정용 게임기가 다양하게 출시돼요. 닌텐도의 '슈퍼 패미콤', 세가의 '제네시스(Genesis)', NEC의 'PC엔진', SNK의 '네오지오' 등이지요. 1988년 닌텐도는 '슈퍼 마리오 3'를 출시했고, 1991년 캡콤은 '스트리트 파이터 2'를 공개했어요. 스트리트 파이터 2는 이후 수많은 아류작들을 쏟아내며, 소위 대전형 액션 게임의 원형으로 자리잡았답니다.

## 3차원 게임의 등장

1992년에 ID소프트는 기존의 2차원 공간을 뛰어넘어 3차원의 공간을 실현한 게임인 '울펜슈타인(Wolfenstein) 3D'를 선보여요. 이 게임은 울펜슈타인 기지에 갇힌 주인공이 그를 저지하는 나치

병사들과 전투를 벌여가며 지상으로 탈출하는 내용으로, 1인칭 시점을 채택한 게임이지요. 완성도가 높은 게임이기는 하나, 주인공 캐릭터의 움직임이 전후좌우 네 방향으로만 국한되어서 진정한 의미의 3차원 공간을 확보했다고 보기는 어려워요. 실제로 이 게임에서 게이머의 시선은 항상 똑같은 높이로 고정되어 있어서 게임의 무대는 늘 평지일 수밖에 없었어요.

1994년에는 게임의 역사에 기록될 만한 '둠(Doom)'을 출시해요. ID소프트는 전작 울펜슈타인 3D에서 보여주었던 3차원 1인칭 액션 게임의 가능성을 둠에서 실현했고, 이는 게임 판도에 커다란 영향을 미쳤지요. 둠의 캐릭터는 울펜슈타인 3D의 캐릭터와는 다르게 올라가거나 내려갈 수 있었어요. 전후, 좌우라는 평면상의 두 축에 '상하'라는 제3의 축을 삽입했어요. 그래서 게이머의 캐릭터는 3차원 공간을 자유롭게 누비며 돌아다닐 수 있었지요. 둠은 울펜슈타인 3D와는 비교할 수 없을 정도로 정교하고 세련된, 거의 완벽한 3차원 그래픽을 선보보였어요. 이는 3차원 배경을 실시간 렌더링(Real-time Rendering) 기술로 처리한 결과예요.

이후 게임의 3D 구현 기술은 눈부시게 발전해요. 유튜브에 'Evolution of F1 Games 1979-2021'이라는 키워드로 검색해보면 재미있는 동영상을 볼 수 있어요. 1979년부터 2021년까지 컴퓨터 게임 분야의 하나인 자동차 레이싱 게임의 그래픽 발전사를 담은 동영상이에요. 아타리 게임기 수준의 그래픽에서 출발해 레이싱 카에 부딪히는 빗방울 하나하나까지 섬세하게 표현한 최근의 레이싱 게임까지, 그 발전 모습을 실감나게 볼 수 있어요.

동영상을 보면 한 가지 재미있는 사실을 발견할 수 있어요. 그래픽 수준이라는 관점에서 보면, 동시대에서는 항상 PC 기반의 게임보다 전문 게임 콘솔 기반의 게임의 그래픽이 한 단계 수준이 높다는 것을요. 이는 PC의 발전보다 전문 게임기 하드웨어와 소프트웨어의 발전이 앞섰다는 것을 의미해요. 그런데 어느 시점이 지나면 전문 콘솔 게임과 PC 게임 간의 그래픽 차이가 사라져요. 즉 PC의 하드웨어 발전이 게임 콘솔기에 뒤처지지 않게 되었다는 뜻이지요. 이러한 PC의 기술적 발전은 모바일 기기의 기술적 발전으로 이어져요.

# 게임 기술의 변천사

초창기 메인프레임 컴퓨터에서 제작된 아주 원시적인 그래픽 게임부터 오늘날 우리가 접하는 현실감 넘치는 3차원 그래픽 게임까지, 게임 기술 및 콘텐츠는 눈부시게 발전했어요. 그 이면에는 기업과 프로그래머들의 노력이 있었지요.

이번엔 50여 년 남짓한 게임 기술의 발전사를 알아보기로 해요. 이를 통해 메타버스 개념이 생겨난 배경을 살펴보고 핵심 기술의 태동에 대해서도 알아볼게요.

## 0단계:
## 텍스트 기반의 모험과 '게임 세계'

비디오 게임의 역사를 살펴보면 '0단계(1970~1980년대 중반)'인 텍스트 기반의 1인용 모험 게임은 실제로 '1단계'인 그래픽 아케이드 게임과 시기적으로 동시에 개발되었어요. 다만 특성과 기술적 기반이 다르기 때문에 단계를 구분해요. 둘 다 시뮬레이션 게임으로 가는 길에서 분명한 기술적 의미가 있어요.

1976년 윌리엄 크로우더(William Crowther)가 PDP-10 메인프레임 컴퓨터로 제작한 '콜로설 동굴 모험(Colossal Cave Adventure)'이 최초의 텍스트 어드벤처 게임이에요. 이 게임은 순수한 텍스트 화면만으로 진행돼요. 크로우더가 많은 시간을 보낸 켄터키의 매머드 동굴(Mammoth Caves)을 기반으로 개발했다는 일화가 전해져요. 스탠퍼드대학교의 돈 우즈(Don Woods)를 비롯해 많은 프로그래머들은 크로우더의 원래 코드를 가져와서 컴퓨터 시스템에 이식했을 뿐만 아니라, 게임에 판타지 요소를 추가함으로써 게임의 선구자가 되었어요.

텍스트 기반의 어드벤처 게임은 캐릭터가 있는 방이나 위치에 대한 설명을 텍스트로 표시하고 명령도 텍스트로 입력해요. 이러한 명령은 이동 명령(남쪽으로 이동, 북쪽으로 이동) 또는 행동 관련 명령(칼 가져오기, 금 떨어뜨리기 등)이지요. 입력을 받은 프로그램은 행동의 결과로 발생한 일을 텍스트로 알려줘요.

오늘날의 좀 더 정교한 3D 그래픽 게임에서도 유지되고 있는 이 기본 '게임 루프(Game Loop)'는 다음의 단계로 나눌 수 있어요.

❶ 컴퓨터는 게임 세계와 캐릭터의 기존 상태를 표시한다.

❷ 플레이어가 명령을 내린다.

❸ 프로그램은 명령 및 기타 요소를 기반으로 게임 상태를 변경한다.

❹ 위 단계를 반복한다.

어드벤처 게임은 여러 면에서 DnD(던전 앤 드래곤) 같은 탁상용 게임을 포함해 모험 및 판타지 게임에 영향을 미쳤어요. DnD에서 던전 마스터(DM)는 플레이어에게 세계의 상태와 그 안에서의 위치를 알려줘요. 그런 다음 각 플레이어는 던전 마스터에게 자신의 캐릭터가 수행하는 작업(이동, 싸움 등)을 결정해 알려주지요. 던전 마스터는 주사위를 던지고 마스터 어드벤처 맵을 참조해 플레이어에게 '각 캐릭터에게 무슨 일이 일어나는지'를 알려줘요.

컴퓨터 게임에서는 컴퓨터가 던전 마스터의 역할을 하고 게임 세계의 상태를 업데이트된 상태로 유지하는, 앞에서 설명한 기본 게임 루프와 매우 유사해요. '게임 상태' 개념은 게임이 실행되는 동안에는 지속적으로 변경되고 유지돼요. 그리고 게임을 종료하면 초기화돼요. 후에 데이터를 저장할 수 있는 플로피디스크가 사용되면서 게임 상태를 디스크(처음에는 플로피디스크이나 나중에는 하드디스크에 저장)에 저장하고, 이후에 다시 그 지점부터 계속 플레이할 수 있게 되었어요.

1980년대 초, MIT 졸업생 몇몇이 인포콤(Infocom)이라는 기업을 시작했어요. 그러면서 PC와 애플 컴퓨터용으로 매우 인기 있는 텍스트 게임 '조크(Zork)I'과 '조크(Zork)II'를 개발했지요. 인포콤은 매우 성공적이었고 플래닛폴(Planetfall)과 같은 독창적인 모험부터 『은하수를 여행하는 히치하이커를 위한 안내서』와 같은 소설을 기반으로 하는 모험에 이르기까지, 모든 게임에 텍스트 엔진을 사용했어요.

콜로설 동굴 모험, 조크, 던전 앤 드래곤과 같은 텍스트 모험 게임은 어쩌면 가장 강력할 수도 있는 그래픽 엔진을 사용했어요. 바로 인간의 상상력이지요. 이들 게임에는 인간의 뛰어난 상상력을 발휘해 세계를 시각화했어요. 그리고 이를 바탕으로 게임 플레이어들에게 광대한 무대를 만들어낼 수 있었지요.

오늘날의 비디오 게임 세대는 텍스트 게임을 거의 하지 않아요. 다만 비디오 게임 산업의 일부 순수주의자들은 그래픽 표현이 발전하고 사실적인 표현까지 가능해지면서 '모든 비디오 게임이 정말 중요한 무언가를 잃어버렸다'라고 생각해요. 왜냐하면 그래픽 기술을 이용한 렌더링은 아무리 실제와 유사하다고 해도 우리가 상상하는 것만큼 생생할 수가 없기 때문이지요. 예를 들면 우리가 『반지의 제왕』 같은 판타지 소설을 기반으로 한 영화를 보는 것과 소설을 읽으면서 상상해본 것을 비교할 때, 오히려 영화가 더 떨어진다고 생각하는 것과 같아요.

초기 텍스트 어드벤처 게임은 오늘날까지 살아남은 중요한 요소인 빅 게임 세계를 도입했어요. 텍스트 어드벤처 게임은 한 번에 화면에서 보여줄 수 있는 것보다 더 큰 세계를 창조하고 탐험한다는 아이디어를 만들었어요. 이는 비슷한 시기에 개발되었던 초기 아케이드 게임이 한 화면 내에서 진행되는 것과는 다른 것이에요. 텍스트 어드벤처 게임을 통해 게임과 관련된 메타데이터(경험치 또는 레벨, 캐릭터 정보)와 게임상의 아이템(금, 무기 등), 그리고 게임 세계 내 플레이어의 위치를 포함하는 플레이어 게임 상태라는 개념이 탄생했어요.

또한 이 게임 상태 데이터는 저장될 수 있고, 플레이어는 언제라도 저장된 데이터를 이용해 같은 지점에서 새롭게 계속 플레이할 수 있게 되었어요. 게임 상태 데이터에는 캐릭터의 상태만이 아니라 게임 세계 자체의 상태도 포함되며, 이러한 상태 데이터들은 사용자의 행동에 따라 변경되어 저장될 수 있어요. 이는 향후 플레이어가 같은 위치를 다시 방문했을 때 중요해요. 특히 여러 플레이어가 게임 상태에 영향을 미칠 수 있는 멀티플레이어 게임에서는 더욱 중요하지요.

텍스트 게임에 최초로 'NPC(논 플레이어 캐릭터)' 개념을 도입했어요. NPC란 플레이어가 조작하는 캐릭터 이외에 게임상에 등장하는 여러 캐릭터들을 말해요. 이 캐릭터들은 사람일 수도 있고 동물이나 다른 것일 수 있어요. 그리고 플레이어는 이들 NPC 캐릭터와 대화하고 상호 작용을 할 수 있어요. 이러한 대화형 게임 엔진은 오늘날 중요한 산업이 된 챗봇(Chatbot) 산업의 시작이자 인공지능 개념이 적용된 사례 중 하나예요.

텍스트 게임은 버튼과 조이스틱을 사용해 움직임을 제어하는 아케이드 게임과 달리, 텍스트를 입력해서 캐릭터와 상호 작용할 수 있어요. 명령은 '북쪽으로 이동' 또는 '칼 버리기'와 같은 매우 구체적인 문장을 입력해야 수행돼요. 이러한 조작 방식은 비디오 게임이 발전하면서 그래픽 기반과 키보드 또는 조작 패드를 이용하는 방식으로 변경되었지만, 음성으로 전달되든 키보드를 통해 전달되든 텍스트 입력은 오늘날의 정교한 시뮬레이션에서 여전히 필수 요소이며 앞으로도 그럴 거예요.

앞서 언급한 기본 게임 루프는 오늘날 더 많은 플레이어와 더 많은 환경적인 발전이 있음에도 불구하고, 고급 롤 플레잉 게임에서 여전히 유지되고 있어요. 다만 게임의 환경이 서술되는 방식은 텍스트에서 3D 그래픽 기반의 현실감 넘치는 화면으로 변경되었고, 명령 및 입력 방법 역시 기술의 발전으로 변경되었어요. 그럼에도 불구하고 플레이어에게 환경을 제공하고, 각 플레이어가 명령을 내리고, 게임 세계를 업데이트하고, 반복하는 기본 게임 루프는 여전히 남아 있어요.

초기 어드벤처 게임은 가상 세계를 텍스트를 통해서만 설명해요. 상상의 세계는 대부분 플레이어의 마음속에 존재하지만, 가상 세계에서 캐릭터의 역할을 수행한다는 아이디어는 동일해요. 이 게임들이 도입한 기본 요소는 오늘날의 다중 사용자 온라인 롤 플레잉 게임(MMORPG)의 토대일 뿐만 아니라, 메타버스의 실현에 대해 생각할 수 있는 프레임워크의 시작이기도 해요.

아이러니하게 보일 수 있지만 메타버스로 가는 길을 따라갈 때, 게임 세계를 시각화하기 위해 외부 화면이 아닌 마음의 상상력을 사용한다는 아이디어가 좀 더 발전된 단계에서 주요한 수단으로 다시 떠오를 거예요.

## 1단계:<br>초기 그래픽 아케이드 및 콘솔 게임

초기 그래픽 게임을 1단계(1970~1980년대)로 정의하지만, 최초의 그래픽 비디오 게임이 최초의 텍스트 기반 게임인 콜로설 동굴 모험보다 먼저 출시되었다는 사실을 알면 놀랄 거예요. 대부분의 사람들이 기억하는 최초의 대중적인 아케이드 게임은 1972년 아타리에서 출시된 '퐁' 게임이에요. 이 게임은 사각형 캐비닛에 내장된 모니터 화면에 몇 개의 사각형 점으로 구성되어 있어요. 우리나라에서는 탁구 게임으로 알려져 있지요. 1970년대 후반에 가정용 게임기로 판매되기도 했고요.

최초의 그래픽 기반의 게임은 PDP-1 메인프레임 컴퓨터에서 개발된 그래픽 게임 스페이스 워이지요. 다만 메인프레임에서 개발되었기 때문에 대학 외부에서 널리 사용할 수 없었어요. 그래서 대중적인 인기를 끌지 못했지요.

초기 그래픽 게임은 가상 세계를 탐험하기보다는 화면에서 움직임과 동작을 제어하는 방식에 더 중점을 두었어요. 때문에 완전히 렌더링된 가상 세계 발전에 기여하지 못한 것처럼 보일 수 있어요. 그러나 초기 그래픽 아케이드 게임은 컴퓨터 그래픽 분야를 개척하는 선구자랍니다.

하드웨어가 향상되면서 렌더링 기술과 그래픽 품질도 향상되었어요. 이러한 게임을 프로그래밍하려면 텍스트가 아닌 프로그래밍을 통한 그래픽 픽셀의 구현 및 처리가 필요했고, 당시 컴퓨터의 제한된 리소스를 감안할 때 최적화가 필요했지요.

오늘날 대부분의 게임은 C++ 및 자바(Java)와 같은 고급 프로그래밍 언어로 작성되지만, 당시에는 대부분의 게임이 초기 프로그래밍 언어인 어셈블리 언어로 개발되었어요. 어셈블리 언어는 CPU(중앙처리장치)에서 사용하는 이진수와는 달리 십육진수 코드로 구성돼요. 이 코드 값은 컴퓨터의 레지스터나 메모리의 위치에 데이터를 넣거나 조작하는 것과 같은 물리적으로 수행할 작업을 프로세서에 지시하는 낮은 수준의 프로그래밍 언어예요. 따라서 어셈블리 언어로 실행되는 코드는 실행 속도가 매우 빨랐지요. 이 때문에 사용자가 움직일 때마다 화면의 픽셀을 즉시 업데이트해야 했던 초기 컴퓨터 그래픽에 최적이었어요.

그러나 어셈블리 언어가 고급 언어보다 컴퓨터상의 실행시에는 훨씬 효율적이지만(사실 대부분의 고급 언어는 컴퓨터에서 실행하려면 어셈블리 언어로 먼저 컴파일해야 함), 제한된 수의 명령만 가지고 있으며 매우 간단한 프로그램을 작성하는 데도 시간이 많이 필요했어요. 그럼에도 불구하고 비디오 게임 개발자들은 초기 아케이드 게임을 만들기 위해 당시에 제한된 하드웨어와 메모리에서 모든 성능을 짜내며 끈질기게 매달렸어요.

실리콘밸리에서 벌어진 유명한 일화를 볼까요? 애플의 공동 설립자인 스티브 잡스와 스티브 워즈니악(Steve Wozniak)에 관한 이야기예요. 잡스는 아타리의 설립자인 롤란 부쉬넬(Nolan Bushnell)을 위해 일했고, 그의 상사에게 제한된 메모리 리소스를 사용해 게임을 빠르게 만들 수 있다고 약속했어요. 부쉬넬은 회의적이었지만 잡스에게 프로젝트를 주었지요. 잡스는 스티브 워즈니악을 데려왔어요. 그는 풀타임 엔지니어링 직업이 있었으나 밤에 취미로 게임을 만들던 엔지니어이자 잡스의 친구이지요.

어떤 면에서 보면 비디오 게임의 역사는 매우 제한된 자원을 최적화하는 프로그래밍의 역사예요. 최적화 기술이 없었다면 컴퓨터 그래픽(비디오 게임과 디지털 미디어) 기술의 발전은 불가능했을 것이고, 오늘날 메타버스를 이야기할 수도 없었을 거예요. 퐁에서 시작해 일본 비디오 게임의 황금기라고 일컬어지는 '스페이스 인베이더' '팩-맨(Pac-Man)'과 같은 정교한 아케이드 게임으로 발전했어요. '폴 포지션(Pole Position)' 같은 초기 레이싱 게임도 있었고요.

1단계 그래픽 아케이드 게임은 아케이드 유형의 동적인 특징을 창조했어요. 오늘날의 게임으로 발전하는 길에 중요한 요소이지요. 게임을 머리가 아닌 눈과 손의 협동 작업으로 진행해요. 이러한 게임에서 일반적으로 플레이어는 시각으로 장애물을 탐색하는 동안, 손으로는 적을 폭파하거나 피해야 했어요. 이를 위해 조이스틱이나 트랙볼 컨트롤로 캐릭터의 움직임을 제어했어요.

플레이어는 게임의 각 레벨을 이길 때까지 반복적으로 플레이했고, 그러면서 자신의 게임 기술을 발전시켰어요. 실시간 피드백의 개발은 당시 오락실로 불리던 아케이드 게임장에서 플레이하는 사람들에게 대단한 몰입감을 제공했고요.

당시 게임에도 가상공간이라고 부를 수 있는 게임 세계가 있었지만 매우 제한적이었어요. 일반적으로 한 화면에 표시되는 것이 전부이거나 플레이어가 왼쪽이나 오른쪽으로 스크롤해서 볼 수 있는 세계가 전부였지요.

이 게임 세계 구성은 플레이어가 현재의 레벨에서 목표한 과업을 완수하고, 다음 레벨에 도달하면 변경돼요. 플레이어가 한 레벨을 깨고 한 단계 높은 다음 레벨로 들어가면, 상대해야 할 대상과 장애물이 나타나요. 플레이어는 한번 게임을 시작하면 정해진 수의 재시도 횟수를 가지고 있었고, 게임을 할 때 여러 번 '죽으면' 레벨1에서 다시 시작해야 하는 경우도 있었어요. 오락실에서 다시 플레이하기 위해 더 많은 동전을 넣어야 하는 것은 물론이었지요.

후에 게임이 발전하면서 1단계의 아케이드 게임은 기본적인 '물리 엔진'을 가진 최초의 게임이라고 볼 수 있어요. 이 게임들은 뉴턴의 고전 역학 법칙의 일부 축소된 버전을 따랐어요. 예를 들어 소행성 사이를 누비는 우주선에는 추진력이 있었고, 속도를 줄이거나 선회하는 동안 그 추진력을 유지할 수 있었어요.

게임에서 물리 엔진은 우주선, 경주용 자동차, 총과 탄약 같은 화면의 그래픽 개체가 따라야 하는 일련의 규칙을 현실 세계의 물리적인 법칙과 유사하게 따르도록 해 플레이어가 더욱 실감나게 하는 소프트웨어 기술이에요. 게임 플레이의 기술은 게임의 기본 물리 엔진을 이해하고, 이러한 규칙에 따라 재빠르게 반응하도록 플레이어의 반사 신경을 연마하는 것이나 다름없었어요.

상상 속의 게임 세계를 탐색할 수 있었던 텍스트 기반의 어드벤처 게임과는 달리, 아케이드 게임은 화면 너머의 게임 세계가 표시되지 않았어요. 픽셀을 사용한 컴퓨터 그래픽, 실시간 제어, 비디오 게임 운동 역학의 발전은 컴퓨터의 역사에서 분수령이 된 순간이었지요.

오늘날 사용하고 있는 소프트웨어와 하드웨어의 대부분은 최초의 그래픽 아케이드 게임을 만든 초기 개척자들이 만들어 놓은 토대 위에 있다고 할 수 있어요. 이 아케이드 게임은 비디오 화면에 그래픽을 그리는 방식이기 때문에 '비디오 게임'이라는 용어를 탄생시켰어요. 20세기의 영화나 텔레비전의 도입만큼 중요한, 새로운 유형의 엔터테인먼트가 탄생한 것이지요. 수백만 명의 게임 플레이어가 이 새로운 형태의 엔터테인먼트를 즐겼고, 이후 세상은 영원히 바뀌었어요.

오늘날 비디오 게임 산업은 전통적인 엔터테인먼트 산업만큼이나 규모가 커요. 또한 엔터테인먼트 산업과 비디오 게임 산업이 서로 협력하기도 했어요. '레이더스(Raiders of the Lost Ark)' 'ET(Extra-Terrestrial)' 등 블록버스터 영화를 기반으로 한 비디오 게임의 탄생을 초기 사례로 들 수 있어요. 레이더스 게임에서 플레이어는 보물을 찾기 위해 탐험해야 하는 가상의 암석 세계를 볼 수 있었어요 그래픽 환경을 기반으로 탐색해야 하는 아이디어는 이들 게임을 아케이드 게임과 그래픽 롤 플레잉 게임 사이의 중간 형태로 발전하도록 만들었어요. 이에 대해서는 다음 단계에서 살펴보기로 해요.

한 가지 재미있는 사실은 ET 게임은 아타리에서 개발한 게임으로, 열악한 화면 반응과 조작성 때문에 아타리의 몰락만이 아니라 비디오 게임 산업의 종말을 가져오는 데 큰 역할을 했다는 아이러니한 사실이에요.

## 2단계:<br>그래픽 어드벤처/RPG 게임

닌텐도와 세가 제네시스는 16비트 시스템으로, 아타리 시절에 가지고 있던 8비트 시스템보다 훨씬 더 나은 그래픽을 렌더링할 수 있었어요. 1980년대 후반에는 개인용컴퓨터의 보급과 새로운 콘솔 게임 덕분에 단순했던 아케이드 게임 구조에서 벗어나 게임 디자인과 철학이 새로워졌어요. 게임 '젤다의 전설' '킹스 퀘스트' '울티마' 등은 지금까지도 잘 알려져 있고, 많은 팬을 보유하고 있는 그래픽 어드벤처 또는 롤 플레잉 게임들이에요.

이러한 게임들은 그래픽 화면을 제공하는 아케이드 게임과 확장된 모험 세계를 가진 텍스트 게임을 결합해, 플레이어가 탐색하는 게임 세계를 픽셀을 사용해 그래픽으로 시각화한 사례예요. 그리고 이들 게임들은 종종 중세 유럽을 배경으로 한 판타지 설정을 가지고 있었고, 가상의 왕국이나 세계 및 캐릭터에 대한 배경 스토리를 제공했어요.

게임 세계의 스토리라인은 단일 게임 플레이 단계에 국한되지 않고 수년에 걸쳐 업그레이드된 게임 버전 릴리스를 통해 발전했어요. 그리고 가상의 게임 세계는 중간 세계(Middle Earth) 또는 나니아(Narnia)와 같은 판타지 세계를 실감나게 제공할 수 있었어요.

게임 플레이어들은 그래픽으로 렌더링된 주인공 캐릭터를 플레이했어요. 게임에 등장하는 캐릭터의 모습에 대해 더 이상 게임 플레이어가 상상할 필요가 없이 컴퓨터가 시각적으로 렌더링한 모습으로 게임 세계를 여행할 수 있었지요. 그러나 플레이어는 한 화면에서 게임 세계의 일부만 볼 수 있기 때문에 여전히 전체 세계를 머릿속에서 그려야 하는 경우도 있었어요.

싸움의 상대나 조력자가 될 수 있는 NPC(논 플레이어 캐릭터)도 그래픽으로 처음 시각화되었지만, 메인 캐릭터와는 달랐어요. 단순한 행동밖에 할 수 없었지요. 플레이어는 주운 무기나 기타 물체를 사용해서 NPC와 상호 작용하고 싸울 수 있으며, 소유하고 있는 아이템 인벤토리(게임 아이템을 담는 주머니)를 보강해 보다 높은 수준으로 플레이어의 상태를 만들 수 있었지요.

아케이드 게임과 달리 그래픽 RPG에는 배경 스토리가 제공되고, 캐릭터가 완료해야 하는 하나 이상의 퀘스트가 있어요. 예를 들어 젤다의 전설에서 주인공 '링크'를 플레이할 때의 퀘스트는 젤다 공주와 왕국을 구하는 것이지요. 여러 속편이 이어진 첫 번째 킹스 퀘스트에서는 다벤트리(Daventry) 왕국의 기사인 그라함이 전설적인 3가지 보물을 찾아야 하는 퀘스트가 주어졌어요. 플레이어가 퀘스트에 성공하면 캐릭터가 다벤트리의 왕이 되었지요.

그래픽 RPG는 원래 텍스트 어드벤처 게임에 도입된 주요 요소 중 일부를 크게 개선했으며, 향후 완전히 몰입할 수 있는 3D 게임 세계(이들 중 일부는 초기 오리지널 게임의 속편)에도 큰 영향을 주었어요. 그래픽 RPG에 도입된 주요 요소는 다음과 같아요.

우선 한 화면에서 볼 수 있는 것 이상의 광대한 세계를 그려냈어요. 이 세계에는 그래픽으로 표현된 세계가 있으며, 탐색을 돕거나 방해할 수 있는 그래픽으로 표현된 캐릭터와 대상들로 채워졌어요. 플레이어의 게임 상태에 대한 그래픽 표현에는 플레이어의 모습과 느낌은 물론 다른 의상, 무기 및 기타 아이템을 가질 수 있는 능력이 포함되었으며, 이 모든 것이 화면에 그래픽으로 렌더링되었지요. 이러한 아이템들은 인벤토리라는 마법의 장소에 저장되었고, 렌더링된 세계에 보관하거나 가져올 수 있어요.

또한 캐릭터의 상태뿐만이 아니라 플레이어의 행동에 따라 변화될 수 있는 가상 세계 개념을 제공하는 게임 세계의 개념을 도입했어요. 게임의 상태를 '저장'하고 '재개'하는 기능은 오늘날로 보면 당연한 게임 기준이었지만, 당시로 치면 MMORPG와 가상 세계를 위해 최초의 길을 연 것이었지요. 이는 플레이어와 게임상의 전체 가상 세계의 상태를 정보로 캡처할 수 있는 간결한 방법이 있어야 한다는 것을 의미해요. 또한 사용자가 플레이를 중단한 후에도 다른 플레이어들에 의해 계속되는 공유 가상 게임 세계를 탐색할 때 매우 중요한 의미를 지녀요.

텍스트 기반의 어드벤처 게임에는 제한된 상호 작용이 가능한 가상 캐릭터가 있고, 아케이드 게임에는 단순한 그래픽으로 된 격파 대상 캐릭터가 있어요. 하지만 그래픽 RPG에서는 오늘날 우리가 알고 있는 것과 유사한 NPC의 형태로 발전했지요. 게임 세계는 컴퓨터로 제어되며 주인공 캐릭터와 동일한 수준으로 그려진 NPC 캐릭터로 채워졌어요.

2단계 RPG 게임은 오늘날 비디오 게임의 일반적인 기능인 여러 버전의 게임 출시를 통해 지속적으로 업그레이드되었고, 하나 이상의 퀘스트와 진화하는 스토리라인 개념이 도입되었어요. 게임의 퀘스트는 플레이어가 레벨을 올리기 위해 달성해야 하는 게임 세계의 작은 서브 퀘스트들로 구성돼요.

그래픽 RPG의 개발과 게임에 존재하는 스토리라인은 오늘날 메타버스로 발전하는 과정에서 중요한 단계였어요. 게임 세계에 배경 스토리가 있고, 전체 스토리가 픽셀을 사용해 그래픽으로 렌더링된다는 사실이 중요해요. 이러한 게임 중 일부는 울티마 온라인(Ultima Online)과 같은 멀티플레이어 버전으로 발전했고, 일부는 젤다의 전설 또는 파이널 판타지 게임의 최신 시리즈로 오늘날까지 계속 발전하고 있어요. 대규모 게임 세계를 그래픽으로 표현하고 한 화면에 게임 세계의 일부(플레이어의 캐릭터가 이동함에 따라 변화되는 부분)만 렌더링하는 기술은 지금의 메타버스 세상 구현과도 깊은 관련이 있어요.

## 3단계:
## 3D 렌더링 MMORPG 및 가상 세계

»»»

1990년대와 2000년대에 컴퓨터 그래픽의 해상도와 렌더링 기술이 향상되었어요. 그러면서 게임 개발자들은 초기 그래픽 RPG 개념을 바탕으로, 좀 더 사실적인 세계를 만들기 시작했어요. 캐릭터 충실도가 급속하게 발전하게 된 것은 1인칭 시점과 3차원(3D) 모델링 기술의 발전 덕분이에요. 이전까지 캐릭터와 세계는 단순한 2D 그래픽 형식으로 표현되었어요. 그러다가 게임 디자이너가 세상을 더 사실적으로 보여주기 위해 3D 모델과 지도를 사용해 가상 세계의 레이아웃을 만들고, 플레이어의 캐릭터를 모델링된 세계의 특정 지점에 배치했지요. 플레이어는 마치 현실 세계와 유사하게, 캐릭터가 서 있는 곳에서 눈으로 볼 수 있는 방식으로 게임 세계를 볼 수 있었어요.

그러나 3D 1인칭 관점에서 게임 세상을 그래픽 렌더링하는 일은 처음에는 매우 어려웠어요. 필요한 픽셀 수가 2D 그래픽 게임보다 훨씬 많았고, 당시 컴퓨터 프로세서가 그래픽 렌더링에 최적화되지 않았기 때문이지요. 가상 세계의 각 개체, 건물, 캐릭터에는 이전 2D 그래픽 어드벤처 게임에서 전체 화면에 사용된 것보다 더 많은 픽셀 구현이 필요했어요.

이전과 마찬가지로 프로그래머는 캐릭터가 볼 수 있는 세계의 일부만 렌더링하는 최적화 기술을 고안해야 했지요. 플레이어가 왼쪽이나 오른쪽으로 시선을 돌리면 이 관점이 즉시 그래픽으로 전환되어야 하지만, 당시 기술 수준으로는 극복하기 어려운 작업이었어요. 이런 면에서 ID소프트웨어의 둠 게임은 획기적인 성과였답니다.

1인칭 슈팅 게임인 둠은 실제 3D 세계를 모델로 표현하고 게임 사용자 시스템에서 실시간으로 픽셀을 사용하여 렌더링할 수 있음을 보여주었지요. 그것은 비디오 게임만이 아니라 영화와 컴퓨터 설계, 엔지니어링의 특수효과에도 영향을 주었던 컴퓨터 그래픽의 발전이에요. 둠은 그 자체로 RPG 게임은 아니었지만 '데스매치 모드'를 통해 두 명의 플레이어가 서로 싸울 수 있는 진정한 멀티플레이어 게임 중 하나였어요. 플레이어가 인터넷을 통해

서로 경쟁할 수 있었답니다.

당시 인터넷은 마치 대학 캠퍼스 울타리를 넘어 세계로 뻗어나가는 시절 같았어요. 둠은 엄청난 인기를 누렸어요. 둠은 게임 자체 때문이 아니라 렌더링 기술과 멀티플레이어 모드 때문에 메타버스로 가는 길에서 중요한 이정표라고 볼 수 있어요.

이러한 이유 때문에 둠은 단순한 슈팅 게임으로 보기보다는 MMORPG에 더 가까워요. 그리고 롤 플레잉 게임에서도 몰입감을 높이기 위해 3D 기술을 사용하기 시작했어요. 둠은 미로에서 무서운 괴물을 사냥하는 게임이었지만, 이후 가상 세계를 돌아다니며 검으로 괴물과 싸우고 3D 렌더링 세계에서 다른 캐릭터와 상호 작용할 수 있는 게임으로 출시되었어요. 이는 평면 픽셀에서 캐릭터를 3D로 나타내는 방식으로의 전환을 의미해요. 1990년대 인터넷과 월드와이드웹의 확산과 함께 게임 플레이 방식을 영원히 변화시켰답니다.

초기 비디오 게임의 시대를 볼까요? 이때는 하이텔, 천리안 같은 전화 접속 통신 서비스를 사용하는 공유 대화방과 다중 사용자 던전(MUD; Multi-User Dungeon)이 있었어요. 그러다가 게임 플레이어들이 인터넷을 이용하면서 '진정한' 다중 사용자 게임이 가능해졌지요. 이는 울티마 온라인, 에버 퀘스트(Ever Quest), 그리고 엄청난 인기를 끈 월드 오브 워크래프트(World of Warcraft)의 출시와 더불어 대규모 롤 플레잉 게임의 물결로 이어졌어요. 우리나라에서는 리니지(Lineage) 게임이 대표적이에요.

또한 화면상의 주인공 캐릭터를 의미하는 아바타(Avatar)와 캐릭터의 직업(도둑, 야만인, 전사, 마법사 등)이라는 개념이 탄생했어요. 중요한 것은 플레이어가 '아바타가 어떻게 생겼는지', 즉 피부색, 성별, 옷을 지정할 수 있다는 점이에요. 플레이어가 서로 전투를 벌이는 동안, 이러한 상호 작용은 캐릭터가 진화함에 따라 두 플레이어의 게임 상태에 영향을 미쳤어요. 이 참신한 개념은 단일 게임 플레이 세션 또는 단일 플레이어의 컴퓨터 너머에 존재하는 '영구적인 가상 세계'라는 개념을 떠올리게 했지요.

특정 게임 플레이 세션을 넘어 영구히 지속되는 가상 세계에 대한 아이디어는 언제 나온 것일까요? 2003년 린든랩(Linden Lab)에서 세컨드라이프(Second Life)를 도입하면서 실현되었어요. 이는 메타버스로 가는 길에 매우 중요한 역할을 했지요. 세컨드라이프에서 초기 3D 세계는 거의 백지 상태였어요. 게임을 한다는 것은 캐릭터를 나타내는 아바타를 만드는 것뿐만 아니라, 가상 세계의 일부를 만드는 것을 의미해요. 세컨드라이프에서 캐릭터의 목적은 무엇이었을까요? 이것은 좋은 질문이지만 현실 세계에서 생활하고 있는 우리들에게 삶의 목적이 무엇인지 물어보는 것과 같은 의미는 아닐까요?

세컨드라이프에서 플레이어의 목적은 가상 세계의 다른 사람들과 교류하는 것이에요. 그리고 가상의 3D 세계에서 무엇을 하는가는 플레이어의 자유예요. 플레이어들은 세컨드라이프에서 완전한 가상 생활을 할 수 있었어요. 아바타는 사교 활동을 할 수 있고

댄스 클럽에 가거나, 다른 캐릭터와 함께 집을 짓거나, 결혼을 결정하거나, 서로에게 화살을 쏠 수 있었지요. 그리고 '린든(Lindens, 가상 세계에서 사용되는 화폐)'으로 급여를 받는 직업을 가질 수도 있었어요. 이는 우리에게 가상화폐와 가상경제라는 새로운 개념을 소개한 셈이에요.

린든랩은 가상경제를 측정하고 모니터링하기 위해 가상경제학자를 고용한 게임 회사 중 하나예요. 중요한 점은 이러한 가상 세계가 '지속적'이었다는 점이지요. 토지를 소유할 수 있기 때문에 포스트모던한 예술적인 집이든, 빅토리아 시대의 맨션이든 원하는 대로 집을 지을 수 있었어요. 그리고 건물과 물건을 가상 세계에서 거래할 수도 있었지요. 세컨드라이프의 가상 세계는 가상현실이지만 현실 세계와 닮아가고 있었답니다.

무한한 거주자와 행성이 있는, 무한한 가상 세계에 대한 개념은 게임 '노 맨즈 스카이(No Man's Sky)'로 발전했어요. 2016년 헬로 게임즈(Hello Games)에서 출시한 이 게임은 전 세계 게이머의 관심을 끌었어요. 이 게임이 화제를 일으킨 이유가 무엇일까요? 바로 비디오 게임 중에서 가장 큰 가상 우주를 구성해서지요.

노 맨즈 스카이의 우주는 얼마나 컸을까요? 그 안에는 1,800경 개의 행성이 포함되어 있었다고 해요. 이 행성들 각각은 동물군, 식물군, 풍경을 포함하는 고유한 생태계를 가지고 있었어요. 즉 고유한 생물의 수도 엄청나게 많았지요. 플레이어는 행성을 돌아다닐 수 있고, 비행하기에 편리한 제트팩을 사용할 수 있으며 행성에서 많은 것을 탐험할 수 있어요. 비록 게임 자체는 게이머들에게 실망을 안겨주었지만(많은 사람들이 게임이 지루하다고 생각했어요. 현실 생활과 너무 비슷해서였을까요?), 게임 내에서 얼마나 큰 우주를 만들 수 있는지에 대한 본보기가 되었어요. 노 맨즈 스카이 이전에는 단일 게임 개발자 그룹이 그렇게 엄청난 수의 개별 세계를 디자인하는 것이 불가능하다고 생각했으니까요.

노 맨즈 스카이는 수많은 행성의 거주자에 대한 데이터를 일일이 수동으로 생성하는 대신, 알고리즘을 사용해 고유한 행성과 개체의 데이터를 생성했어요. 노 맨즈 스카이 안에 있다는 1,800경 개의 행성은 어떤 의미가 있을까요? 이는 정확히 64비트로 표현할 수 있는 가장 큰 수예요.

노 맨즈 스카이는 프랙털 기하학과 알고리즘을 사용해 게임의 행성 내에서 현실감 있는 식물군, 동물군, 사실적인 풍경을 만든 선구자예요. 프랙털 알고리즘의 발견은 오래된 유클리드 기하학을 사용해 자연 구조를 재현하는 것에서 비롯되었어요. 프랙털 기법을 사용하면 실제처럼 자연스러운 해안선을 그릴 수 있어요. 게임은 오리지널 아타리 콘솔에서 플레이되는 것과 같은 8비트 게임에서 1980년대 후반 콘솔용 16비트 그래픽, 그리고 64비트로 표현되는 현실과 같은 세계로 발전했어요.

# 가상현실 기술, 개발의 역사

던전 앤 드래곤 게임을 하는 아이들의 머릿속을 상상해볼까요? 비록 게임판 위에서 주사위를 던지는 방식의 게임이지만, 그들의 머릿속에는 마법의 세계와 괴물, 그리고 영웅적인 모험을 수행하고 있는 주인공이 생생하게 그려져 있을 거예요. 우리가 가끔 소설을 원작으로 한 영화를 봤을 때 느끼는 실망감은 인간의 뇌가 얼마나 방대하고 구체적인 상상의 세계를 머릿속에 펼칠 수 있는가에 대한 검증이기도 해요. 엄청난 제작비를 투자해서 만든 영화가 소설을 읽었을 당시의 박진감과 현실감에 뒤처지는 경우가 종종 있는 것처럼 말이지요.

그래서 단순한 텍스트로만 구성된 게임에 많은 사람들이 몰입할 수 있었던 것이고, 그래픽이 조악하게 구현되는 개인용컴퓨터로도 많은 사용자들이 밤새워 게임에 몰입할 수 있었던 거예요.

그러나 현실감 있는 3차원 공간을 구성하고 사용자가 마치 가상의 공간 속에 있는 것 같은 경험을 제공하기 위한 가상현실 기술은 컴퓨터 하드웨어가 충분히 발달하지 않았던 때부터 연구소와 기업에서 연구하고 있었어요.

오늘날의 메타버스 열풍을 이끌고 있는 가상현실 기술의 기원은 언제부터일까요? 무려 1800년대로 거슬러 올라가요. 사진 기술이 등장하고 사람들의 관심을 끌기 시작할 무렵이던 1838년에 거울을 이용해 하나의 사진을 눈에 각각 보이게 만드는 스테레오스코프(Stereoscope) 기술이 등장했어요. 이 기술은 계속 발전해서 1939년에 '뷰-마스터(View-Master)'라는 제품으로 출시되었고 특허를 받았답니다.

뷰-마스터를 본 적 있나요? 동그란 판에 작은 슬라이드 사진이 붙어 있고, 이를 볼 수 있는 기계에 동그란 카드를 꽂아요. 기계 한쪽에 있는 두 개의 작은 창에 눈을 대요. 그다음에 밝은 쪽을 향해 기계를 위치시키면 둥근 원판에 있는 사진 두 장이 하나의 입체 사진으로 보이지요. 기계 옆에 있는 레버를 내리면 원판이 한 칸 회전하면서 다음 사진을 보여줘요. 이러한 두 개의 이미지를 이용해서 3차원 입체 영상을 보게 하는 원리가 가상현실 고글과 동일한 원리예요.

그런데 당시에는 이를 가상현실이라고 부르지는 않았어요. '가상현실(Virtual Reality)'이라는 용어가 처음 사용된 시기는 1980년대 중반이에요. 고글과 장갑 등의 장비를 통해 가상현실을 경험할 수 있는 기술을 개발하던 VPL 리서치(VPL Research)의 설립자 자론 라니어(Jaron Lanier)로부터 시작되었다고 볼 수 있어요.

그러나 자론 라니어가 가상현실이라는 용어를 사용하기 전부터 현실이나 가상의 세계를 시뮬레이션하는 기술은 개발되고 있었어요. 그중에서 주목할 만한 것이 있어요. 바로 1956년에 개발된 센서라마(Sensorama)예요. 이 기술을 개발한 모튼 헤일리그(Morton Heilig)는 원래 할리우드 영화 제작자였어요. 그는 '어떻게 하면 관객들이 영화를 단순히 보는 것이 아니라, 영화 속에 들어와 있는 것처럼 느끼게 할 수 있을까'를 고민했고, 이를 구현하는 기술을 만들고자 했어요.

센서라마 기술은 관객이 모터사이클을 타고 실제 도시를 달리는 것 같은 경험을 제공했어요. 이를 통해 사용자는 두 눈으로 도시 속을 달리고 있는 모습을 실감나게 볼 수 있었고, 모터사이클의 엔진 소리와 진동까지 느낄 수 있었어요. 심지어 배기구에서 나오는 배기가스 냄새까지도 맡을 수 있었지요.

모튼 헤일리그는 1960년에 오늘날의 가상현실 고글과 유사하면서도 머리에 장착하는 디스플레이 장치인 '텔레스피어 마스크(Telesphere Mask)'를 개발하고 특허를 취득했어요. 그 외에도 '경험극장(Experience Theater)' 등 다양한 장치들을 만들면서 '가상현실의 아버지'라고도 불렸답니다. 많은 개발자들이 그가 이룩한 기술 토대 위에서 영감을 얻었다고 해도 과언이 아니지요.

또 다른 발명가를 볼게요. 이반 서덜랜드(Ivan Sutherland)는 1965년에 헤드 마운트 장치의 일종인 '궁극의 디스플레이(Ultimate Display)' 장치를 개발해요. 그는 이 장치를 '가상현실로 들어가는 창문(Window Into a Virtual World)'이라 불렀어요. 이 장치는 사용자의 시야를 완전히 차단하는 방식이 아닌, 렌즈를 통해 현실 세계를 동시에 볼 수 있는 장치예요. 오늘날 우리가 증강현실(AR; Augmented Reality)이라 부르는 것에 해당하지요. 그래서 이반 서덜랜드를 '증강현실의 아버지'라고도 불러요.

1970~1980년대는 가상현실 기술이 빠르게 발전한 시기였어요. 광학 기술의 발전으로 입체 영상의 정밀도가 더욱 높아졌고, 가상공간에서 이동하게 해주는 햅틱 장치 및 기타 도구가 발전했지요. 그 결과 현실감 있는 가상현실 체험이 가능했어요.

예를 들어 1980년대 중반 나사(NASA)의 아메스 연구 센터에서 개발한 가상 인터페이스 환경 워크스테이션(VIEW; Virtual Interface Environment Workstation) 시스템은 햅틱 상호 작용을 가능하게 하고자 장갑과 헤드 마운티드 디스플레이 장치를 결합했어요.

오늘날 우리가 고품질 가상현실 장치를 쉽게 사용할 수 있게 되기까지는 지난 60여 년간 발명가들의 영감과 노력이 있었기 때문이에요.

# 가상현실 헤드셋

»»»

가상현실(VR) 헤드셋은 가상현실을 3차원 입체영상으로 실감나게 체험할 수 있도록 만든 장치예요. 수년 전에 출시된 제품으로는 구글이나 삼성에서 나왔던 카드보드 가상현실 헤드셋이 있어요. 종이나 플라스틱으로 만들어졌고, 스마트폰을 앞에 끼워서 사용해요. 스마트폰에 가상현실 전용 앱을 설치하고 특수 렌즈가 설치된 헤드셋 앞에 끼워서 사용해요. 앱을 통해 스마트폰의 화면을 두 개로 나누어 각각 좌우 눈에 비춰요. 가격이 몇 만원 수준이라 저렴하다는 장점이 있지만, 단점도 있어요. 스마트폰 화면을 사용하기 때문에 화면 해상도가 낮고 영상의 시야각이 좁아 현실감이 떨어져요.

최근 가상현실 헤드셋으로 가장 유명한 회사가 있어요. 바로 오큘러스예요. 오큘러스는 2012년에 설립된 가상현실 헤드셋 개발 전문 회사로, 2014년 3월에 페이스북이 23억 달러에 인수해서 유명해지기도 했어요. 2020년 말에 '퀘스트2'라는 비교적 저렴하면서도 성능이 뛰어난 헤드셋을 출시해 선풍적인 인기를 끌었답니다.

가상현실 헤드셋은 두 개의 독립적인 디스플레이를 가지고 있어요. 이 디스플레이에 왼쪽과 오른쪽 눈에 각각 영상을 보여주는 방식이지요. 1939년에 개발된 뷰-마스터와 동일한 원리예요. 하지만 최신 헤드셋은 현실 세계와 유사한 3차원 입체감을 느끼게 해주는 고화질의 영상 표시 장치와 다양한 센서를 장착해 사람의 움직임에 따라 영상을 연동해서 보여줘요. 마치 가상 세계 속에 실제로 들어가 있는 것처럼 느껴져요.

가상현실 헤드셋 내부에는 움직임을 감지하는 센서가 여러 개 들어 있어요. 센서의 개수와 움직임을 감지하는 능력에 따라 사용자가 느끼는 현실감이 달라져요. 이러한 센서를 통한 움직임 감지 능력 수준을 'DoF(Degree of Freedom)'라고 불러요. 기본적인 3DoF 기능의 헤드셋은 머리의 회전과 끄덕임, 좌우 움직임 등 머리의 움직임만 감지할 수 있어요.

반면 좀 더 발전된 6DoF 헤드셋이 감지하는 움직임은 3DoF의 움직임에 더해서 몸의 전후좌우 움직임과 서거나 앉는 동작까지 감지할 수 있어요. 즉 3DoF 헤드셋은 머리의 움직임만, 6DoF 헤드셋은 몸 전체의 움직임을 감지할 수 있지요. 참고로 오큘러스 퀘스트2와 같은 제품은 6DoF 헤드셋이에요.

영화 〈레디 플레이어 원〉에서 가상현실 헤드셋을 착용한 인물이 달리거나 뛰어오르는 등 가상현실에서 움직이는 것을 볼 수 있어요. 그런데 만약 방 안에서 가상현실 헤드셋을 사용하면서 뛰거나 움직이면 어떨까요? 방 안에 다른 물건에 부딪히거나 벽에 충돌할 위험이 있겠지요. 〈레디 플레이어 원〉에서도 그런 상황을 방지하고자 사람이 어떤 틀 안에서만 움직일 수 있도록 구성된 장치가 등장해요. 이 장치를 가상현실 플랫폼 또는 트레드밀이라고 불러요. 마치 러닝머신에서 뛰는 것처럼, 고정된 장치 안에서 자유롭게 몸을 움직일 수 있지요. 미국의 '켓-VR(Kat-VR)'이라는 회사에서 VR 플랫폼을 제공하고 있어요.

## 증강현실이란 무엇인가?

가상현실이란 헤드셋을 착용하고 현실을 떠나 완전한 가상 세계로 뛰어드는 것이라면, 증강현실은 현실에 가상 세계를 불러와서 합성하는 것을 뜻해요. 우리가 흔히 접할 수 있는 사례가 자동차 앞 유리에 있는 헤드업 디스플레이(HUD)예요. 전면 유리창에 현재 자동차의 속도는 물론이고 안전 경고, 길 안내 화살표 등이 함께 표시돼요.

증강현실 헤드셋의 가장 유명한 사례는 2013년에 구글에서 개발한 구글 글래스(Google Glass)예요. 안경처럼 생겼는데 카메라와 영상 표시장치를 혼합해서 사람의 눈앞에 마치 자동차의 HUD와 같은 방식으로 정보를 표시해요. 출시 당시에 많은 화제를 일으켰지만 시장에서 성공한 제품은 아니었어요. 부착된 카메라 때문에 상대방이 불편함을 느꼈기 때문이에요.

증강현실 기술로 가장 성공한 사례는 2016년에 선풍적인 인기를 끌었던 포켓몬 GO 게임이에요. 스마트폰을 이용한 게임으로,

가상현실이 어떤 것이고 어떻게 사용될 수 있는지를 분명하게 알려주었어요.

증강현실은 다양한 분야에서 활용될 거예요. 의료, 교육, 게임, 유통 등에서 유용하게 사용될 수 있어요. 다만 착용감을 더 좋게 하고 배터리가 오래 지속되게 만들어야 해요. 그리고 구글 글래스처럼 프라이버시 침해에 대한 이슈(구글 글래스에 달려 있는 카메라가 모든 것을 녹화하는 문제) 등은 해결해야 할 숙제로 남아 있어요.

## 혼합현실과 확장현실은 어떻게 다를까?

가상현실이 완전한 가상 세계 속으로 들어가는 것이고, 증강현실이 현실에 가상의 요소를 더해주는 것이에요. 혼합현실(MR)은 현실에 더해진 가상의 요소를 마치 현실 속에 있는 물체와 동일하게 보고, 느낄 수 있게 해주는 기술이에요.

예를 들어 혼합현실에서 가상의 자동차를 내가 있는 현실 공간에 더해서 보여줄 때 가상의 자동차를 마치 현실에 있는 자동차처럼 가까이 혹은 멀리 움직이며 볼 수 있고 문을 열고 안을 들여다볼 수 있게 만드는 것이에요. 이를 위해서는 단순하게 현실의 허공에 가상의 대상을 보여주는 것뿐만이 아니라 가상의 대상 위치, 크기, 이동에 따른 변화 등 현실의 물리적인 원칙을 적용할 수 있어야 해요. 이 때문에 증강현실보다 훨씬 높은 수준의 기술이 필요해요. 또한 손으로 만지고 느낄 수 있도록 하기 위해 특별한 장갑을 껴야 해요. 이를 '데이터장갑(Data Glove)'이라 불러요.

혼합현실 헤드셋은 가상현실 헤드셋과는 다른 점이 있어요. 가상현실과 현실 세계를 혼합해 다루어야 하기 때문에 헤드셋에 여러 대의 카메라가 설치되어 있어요. 그래서 가상현실의 그래픽과 현실 세계의 실시간 영상을 혼합해 헤드셋 안에서 보여줘요. 이렇게 하면 마치 내가 있는 방 안에 자동차가 들어와 있는 것처럼 보여요.

확장현실(XR)은 VR·AR·MR 기술을 모두 통합해서 구현하는 기술로, 가상 세계와 현실 세계를 통합한 기술이에요. 확장현실이 발전하면 사람들은 현실과 가상 세계의 구분이 더 이상 의미 없는 세상에 살게 될 거예요. 그리고 메타버스가 궁극적으로 실현하고자 하는 세상이 바로 현실과 가상 세계가 융합된 세상이지요.

## 오큘러스 퀘스트2와 구글 글래스

2014년, 페이스북은 오큘러스를 23억 달러에 인수했어요. 가상현실 헤드셋 제조업체인 오큘러스는 지금까지 다양한 제품을 출시했어요. 그런데 2020년에 출시한 퀘스트2의 인기를 따라갈 제품은 없었지요.

2020년 10월 13일에 퀘스트2가 발표되었어요. 전작인 오큘러스 퀘스트의 뒤를 잇는 제품이지요. 가상현실 분야에서 퀘스트2의 등장은 마치 스마트폰 분야에서의 아이폰 등장과 같아요.

지금까지 가상현실 헤드셋은 매우 고가의 제품이었어요. 그런데 오큘러스에서 누구나 구매할 수 있는 가격대로 만든 거예요. 이뿐만 아니라 이전의 가상현실 헤드셋과 달리 완전한 무선 연결 및 독립 작동 방식으로 만들었답니다. 그리고 앱 스토어에서 다양한 앱과 게임을 제공하고 있어서 가상현실 헤드셋 사용자의 수를 크게 늘렸지요. 이러한 제품의 장점을 바탕으로 2021년 1분기 전 세계 증강·가상현실 헤드셋 시장에서 점유율 75%를 기록했어요.

2021년 7월, 저커버그는 페이스북을 '소셜-미디어 회사에서 메타버스 기업(Metaverse Company)으로 전환하는 것이 목표'라는 야심 찬 발언을 했어요. 그는 한 연설에서 "내 희망은 우리가 이 일을 잘해서 앞으로 5년 후에 사람들이 우리를 소셜 미디어 회사에서 메타버스 회사로 볼 수 있도록 효과적으로 전환하는 것이다"라고 말했어요. 그리고 회사 이름도 '페이스북'에서 '메타(Meta)'로 바꾸었지요.

그런데 오큘러스 퀘스트2도 해결해야 할 문제들이 있어요. 먼저 멀미 현상이에요. 가상현실 앱 종류에 따라 다르지만, 일부는 사용자에게 심한 멀미 현상을 일으켜요. 눈으로 인지하는 움직임과 실제 몸의 균형감각 기관이 인지하는 신체의 움직임 차이로,

고해상도 콘솔 게임에서 플레이를 오래 하면 종종 발생하는 현상이지요. 이는 가상현실이 본격적으로 활용되려면 반드시 해결해야 할 문제예요.

가상현실 헤드셋의 착용감도 해결해야 할 문제이지요. 무거운 무게, 눈을 누르는 압박감, 앞에 쏠린 무게중심으로 인한 피로감 때문에 사람들이 오랫동안 착용하기가 쉽지 않아요. 따라서 가볍고 착용감이 개선된 제품을 개발해야 해요. 그리고 활용 가능한 앱 역시 더 많아져야 한답니다.

다만 이미 퀘스트2가 보여주는 가상현실 세계의 가능성만으로도 미래에 가상현실이 얼마나 중요한 기술이 될지, 우리가 느끼기에는 충분해요.

예를 들면 가상현실 영상은 영화 산업의 미래를 바꿀 거예요. 흑백 무성영화에서 출발해 컬러영화를 거쳐 3D 입체 영화, 여기서 나아가 가상현실 영화를 보여주는 현실감과 몰입감은 완전히 다른 차원의 경험을 제공할 것이랍니다. 이는 1956년에 센서라마를 발명했던 모튼 헤일리그가 꿈꾸었던 '관객이 직접 영화 속 세상으로 들어간 것을 경험하게 하고자 했던 것'을 실제로 구현한 사례가 될 거예요.

가상·증강현실 기술 개발의 역사는 꽤 오래전으로 거슬러 올라가요. 가상현실 헤드셋인 오큘러스 퀘스트2, 그리고 2023년에 출시 예고된 후속 버전인 오큘러스 퀘스트3 등 진보된 가상현실 헤드셋이 일반인들도 구매 가능한 가격에 출시되어 인기를 얻고 있어요. 그런데 의외로 가상현실 분야는 스마트폰을 이용하는 방식이 일반화되어 있을 뿐, 헤드셋이나 고글 형태의 웨어러블 디바이스를 사용하는 경우는 드물어요. 그 이유가 무엇일까요?

오큘러스 퀘스트가 시장에 출시된 시점은 2019년 5월경이에요. 그전까지만 해도 오큘러스의 가상현실 헤드셋의 주력 제품은 훨씬 더 비쌌지요. 또한 컴퓨터에 연결해야 제대로 동작하는 구조였고, 컴퓨터에 별도의 그래픽 카드를 장착해야 해서 사용 조건도 까다로웠어요.

구글이 스마트폰과 연결되어 이동을 하거나 외부에서도 사용할 수 있는 증강현실 웨어러블 장치 구글 글래스를 선보인 시기는 오큘러스가 퀘스트를 선보인 2019년보다 훨씬 더 앞선 시기였어요. 2013년 2월 무렵이지요.

구글 글래스를 선보일 당시, 일반적인 안경처럼 편히 사용할 수 있는 가볍고 날렵한 디자인이었어요. 게다가 이동하면서 스마트폰과 블루투스 통신을 통해 정보를 주고받을 수 있었어요.

2013년 4월 15일, 미국에서 구글이 정한 일정한 자격을 갖춘 전문가들에게 구글 글래스 프로토 타입을 1,500달러에 판매했어요. 그리고 2014년 5월 15일부터 일반인들도 구매할 수 있도록 했어요. 구글 글래스는 안경 형태로, 500만 화소의 정지화상 카메라와 동영상 촬영 기능이 있었어요. 그러나 판매를 시작한 지 얼마 안 된 2015년 1월 15일, 구글은 구글 글래스 프로토 타입 생산을 중단했어요. 이후 기업용 버전인 구글 글래스 엔터프라이즈 에디션이라는 형식으로 생산을 재개했으나 판매 실적이 매우 저조했지요. 그렇다면 구글 글래스는 높은 관심을 받은 것에 비해 왜 시장에서 실패한 것일까요?

먼저 구글 글래스의 기능 및 구조가 사람들의 건강에 악영향을 미치고 프라이버시를 침해할 우려 때문이었어요. 사람들은 구글 글래스를 매일 사용해도 안전한지를 걱정했어요. 구글 글래스의 동작 원리를 알게 된 사람들은 '혹시 이 제품이 발암성 방사선을 방출하지 않을까?'라며 우려했지요. 물론 스마트폰도 유사한 특성을 가지고 있어요. 하지만 스마트폰은 구글 글래스보다는 가까이 접촉하는 제품은 아니니까요. 또한 구글 글래스는 언제든지 카메라로 이미지를 캡처할 수 있어서 '개인정보 무단 취득' '불법 복제'가 우려되었지요. 결국 대중들은 구글 글래스를 착용한 사람과 대면하는 일 자체를 불편해했어요.

다음 문제는 '구글 글래스를 어떤 용도로 사용할 수 있는가'에 대한 불확실성이에요. 신제품이 출시되면 가장 먼저 떠오르는 질문이 있어요. 바로 '이 제품을 어떤 용도로 사용할 수 있는가?' 하는 것이지요. 일반적으로 신제품의 기능은 개발을 기획할 때 이미 정해져요. 제품을 시장에 출시한 다음에 사람들의 반응을 보거나 제품의 용도를 결정하지는 않아요. 따라서 일반적으로 신제품의 출시는 사전에 제품의 기능을 계획하고, 해당 제품으로 달성하려는 기본 목표가 설정되어야 해요. 그러므로 마케팅 전략, 프로모션, 타깃 마케팅 등 모든 것을 미리 계획하지요.

그러나 구글 글래스는 이러한 시나리오를 따르지 않았어요. 구글 글래스는 그저 2가지 기능만 있었으니까요. 장착된 카메라를 이용해 사진이나 동영상을 매우 빠르게 캡처하고, 몇 초 안에 인터넷에서 무엇이든 검색할 수 있는 기능뿐이지요. 그 외에 다른 용도나 실용적인 사용 방안은 없었어요. 따라서 사용자들은 구글 글래스를 이용해서 어떤 용도로 사용할지 특별한 경험을 하기가 어려웠어요.

구글 글래스는 기능적인 측면에서 모바일 기기로 분류돼요. 그래서 배터리를 전원으로 사용해야 했지만, 항상 안경처럼 걸치고 있어야 했기에 작고 가벼워야 하죠. 결국 배터리가 문제였어요. 구글 글래스의 배터리 사용 시간은 최대 4시간이라서 4시간마다 계속 충전해야 했어요. 구글 글래스는 방전되면 다시 충전될 때까지는 전혀 쓸모없는 물건이 되기도 했지요. 더구나 구글 글래스의 에너지 소비는 일반적인 모바일 기기보다 훨씬 많았어요. 따로 표준 충전 사양도 없었고, 몇 번을 충전해도 몇 시간 후에는 다운되었어요.

여러 단점에도 불구하고 구글 글래스의 가격은 약 1,500달러였어요. 사람들은 구글 글래스에 실망했지만 구글은 가격을 낮추지 않았어요. 결국 생산이 중단될 때까지 가격은 그대로 유지되었답니다.

구글 글래스는 영어로만 작동했어요. 다른 언어로 명령하면, 구글 글래스는 인식하지 못했지요. 이와 관련된 단점은 키보드가 없어서 수정할 수 없다는 점이에요. 따라서 영어만 지원하는 언어상 제약 때문에 사용할 때 불편했지요.

발열 문제도 있었어요. 10~15분 정도 영상을 녹화하면 집중적인 프로세서의 작업 때문에 과열되기도 했지요. 그런 상황이 발생하면 즉시 사용을 중단하고 기기를 식혀야 했어요. 그렇게 하지 않으면 기기에 치명적인 손상을 일으킬 수 있었어요.

구글 글래스의 실패에서 우리가 얻을 수 있는 교훈은 무엇일까요? 우선 웨어러블 디바이스는 어떤 신제품이든 건강에 대한 불안을 야기해서는 안 된다는 것이에요. 그것이 안경이든 시계든 목걸이든, 장시간 몸에 부착하는 기기라면 염두에 둬야 해요. 메타버스가 본격적으로 확산되려면 다양한 장치를 몸에 부착해야 할 텐데, 구글 글래스의 실패 사례에서 교훈을 얻을 수 있지요.

그다음으로 중요한 것이 프라이버시 침해를 대비하는 일이에요. 가상현실 헤드셋은 사용 장소가 실내로 국한되고 이동 중에는 사용하기가 어려워요. 그래서 특별한 문제가 없지요. 하지만 증강현실 헤드셋은 사용 장소가 국한되지 않으므로, 장소에 따른 상대방의 프라이버시 침해에 대한 대응 방안을 고려해야 해요.

모바일 기기라면 배터리 수명과 충전 방식의 표준화 및 편의성 등에 대한 대안을 제시할 수 있어야 하고, 지원하는 언어 역시 글로벌 시장에 맞추어 사전에 준비해야 하지요. 이는 첨단 IT 기기라면 필수로 고려해야 할 사항이에요. 오큘러스 퀘스트는 출시할 때부터 이미 다국어를 지원했으니까요.

구글은 구글 글래스에 창의성과 첨단 기술을 상당 부분 투입했어요. 그리고 웨어러블 기술로 수익을 창출하고자 했지요. 그런데 구글 글래스는 몇 가지 요소가 부족했어요. 구글은 기술 면에서는 훌륭하고 흥미로운 아이디어가 있었지만, 시장을 읽고 대응하는 데 실수를 저질렀어요.

기술은 진화하고 있지만, 이 진화하는 기술의 목적은 소비자의 요구 사항 충족이에요. 기술의 진화는 구글 같은 회사의 손에 달려 있지만, 사용자는 자신에게 필요하거나 자신이 원하는 제품을 선택할 것이에요. 그러한 점에서 항상 새로운 제품을 출시하고 시장의 변화를 이끄는 데 성공했던 애플이 증강현실 고글을 출시한다고 하는 2023년경에 어떠한 제품을 출시할지 관심이 가는 것은 당연해요. 과연 애플은 구글 글래스의 실패 사례를 뛰어넘고, 증강현실 웨어러블 장치의 대중화를 선도할 수 있을까요?

## 04 ▷▷▷ 비트코인 열풍과 블록체인

'비트코인(Bitcoin)'이라는 말을 한 번쯤 들어본 적 있나요? 아마도 모르는 사람은 거의 없을 거예요. 직접 비트코인 투자를 한 사람도 적지 않을 거예요. "무엇인지 자세히 모르겠지만 가격이 엄청나게 올랐고, 초기에 비트코인에 투자한 사람은 어마어마한 돈을 벌었다더라" 하는 이야기를 듣고서 투자를 한 사람들이 대부분일 것이지요. 그리고 앞으로도 계속 오를 것이라는 예측에 뒤늦게 투자에 뛰어든 사람도 있을 겁니다.

'블록체인(Blockchain)'이라는 용어도 들어본 적 있을 거예요. 전문가들이 TV에 나와서 "비트코인과 블록체인은 달라요. 비트코인은 거품이지만 블록체인 기술은 유망한 미래 기술이에요"라고 이야기하는 것도 한 번쯤 봤을 것이에요. 비트코인과 블록체인은 무엇일까요?

블록체인 기술은 1991년에 스튜어트 하버(Stuart Haber)와 스콧 스토네타(Scott Stornetta)가 처음으로 고안했어요. 문서 타임스탬프를 기반으로 데이터를 변조할 수 없는 시스템에 대해 연구를 진행했던 인물이에요.

2009년 1월 비트코인이 등장하고 거의 20년이 지나서야 블록체인이 실제 응용 프로그램에 처음으로 적용되었어요. 비트코인은 2009년 1월 3일, 사토시 나카모토(Satoshi Nakamoto)가 자신이 만든 블록체인을 처음으로 등록하면서 시작되었어요. 그는 수수께끼 같은 인물이기도 해요. 비트코인 프로토콜은 블록체인을 기반으로 해요. 그는 디지털 화폐를 소개하는 연구 논문에서 이렇게 말했어요. "신뢰할 수 있는 제3자가 없는 완전한 P2P인 새로운 전자 화폐 시스템"이라고 말이지요.

당시에는 블록체인이라는 새로운 IT 기술을 활용하는 하나의 사례로 시작했어요. 그리고 블록체인의 핵심 사상인 분산원장, 탈중앙 관리, 데이터 해킹이 불가능하다는 사실을 입증하기 위해서였다고 해요. 다시 말해 블록체인 기술의 활용으로 '암호화폐'라는 분야를 설정하고, 이를 증명하기 위해 비트코인 블록체인을 만들었다는 것이에요. 해시함수 'SHA-256'이라는 암호기술을 기반으로 블록체인을 관리하기 때문에 비트코인을 암호화폐라고 불러요.

비트코인이 화폐로서 첫 거래된 시기는 2010년 5월 22일이에요. 미국의 프로그래머인 라슬로 핸예츠((Laszlo Hanyecz)가 파파존스 피자 두 판을 사는 데 1만 비트코인을 지불했어요. 당시 피자 두 판은 40달러였는데, 지금 1비트코인이 수천만 원에 이르는 것을 생각해보면 그때의 피자는 '세상에서 가장 비싼 피자'가 아니었을까요? 비트코인의 가격은 세월에 따라 큰 변화를 겪었어요. 최고가는 2021년 11월에 기록한 6만 7,617달러였어요.

비트코인은 실제 존재하는 코인이 아니라 컴퓨터상에 있는 데이터를 말해요. 이 데이터가 블록체인에 기록되어 있어요. 우리가 사용하는 돈에 빗대면, 내가 가지고 있는 은행 계좌가 블록체인이고 계좌에 기록되어 있는 잔고가 내가 가진 비트코인이에요.

우리는 물건을 구입할 때 대가를 지불해요. 현금으로 지불하기도 하지만 계좌이체를 통해서 지불하기도 해요. 상대방에게 계좌이체를 해주는 경우가 블록체인을 통한 비트코인 거래에 해당해요. 내가 물건 값을 이체했다는 기록은 나와 상대방의 계좌에 기록되며, 이 모든 정보는 은행이 책임을 지고 관리해요.

그런데 블록체인은 은행과 같이 중앙에서 관리하는 주체가 있는 것이 아니에요. 비트코인을 거래하는 전 세계 모든 컴퓨터에 분산되어 저장된 블록체인을 기반으로 정보가 관리되는데, 이를 '분산원장'이라고 해요.

철저한 보안 시스템으로 무장한 은행의 정보시스템도 아니고, 자기 컴퓨터에 거래 원장이 저장되어 있다면 얼마든지 잔고를 조작할 수 있지 않을까요? 따라서 이를 방지하는 기술이 있어요. 바로 암호화 기술과 분산 복제 기술로 구성된 블록체인이지요.

비트코인의 가격은 왜 오를까요? 바로 비트코인의 전체 코인 수가 제한되어 있어서 그래요. 그런데 많은 사람들이 사려고 하니 가격이 오르는 것이지요. 사실 화폐라기보다는 디지털 기반의 투자 자산에 가깝다고 볼 수 있어요.

비트코인 거래의 기반이 되는 블록체인 기술을 운영하려면 컴퓨터의 자원을 많이 요구해요. 2018년 기준, 비트코인 네크워크에서 하나의 거래를 처리하는 데 소모되는 전기의 양은 미국의 25가구가 하루에 사용하는 전기의 총량과 같은 규모라고 해요. 아마도 지금은 더 늘어났을 거예요. 그만큼 비트코인은 지구 환경에 나쁜 영향을 주기도 해요.

'비트코인이 화폐인가 아닌가' 하는 논쟁도 있지만 별 의미가 없어요. 실제 비트코인이 거래의 대가로 사용되는 경우는 PC의 랜섬웨어(Ransomeware, PC의 자료를 무단으로 암호화한 뒤 이를 풀어주는 조건으로 돈을 요구하는 소프트웨어) 악성코드로 인한 피해를 복구해주는 비용으로 사용되는 것이 대표적이라 할 만큼, 실생활에서 화폐로서 활용 가치는 없어요.

비트코인은 마치 브렌튼 우즈 체제 시절에 미국 달러의 가치를 보장하는 금의 역할과 같아요. 암호화폐 체계에서 가치 평가의 기준이 되는 중심 화폐로서 기능을 하거나 시세 변동으로 인한 수익을 목적으로 하는 투자(혹은 투기)의 대상일 뿐이지요.

# 블록체인이란 무엇인가?

무섭게 치솟은 비트코인 가격과 이를 팔아서 부자가 되었다는 이야기가 더 관심을 끌지는 모르겠어요. 다만 IT 업계에서는 비트코인 자체보다는 비트코인의 거래 인증 및 관리 수단인 블록체인에 더 관심이 많아요. 블록체인이란 어떤 기술일까요?

블록에 데이터를 담아 체인 형태로 연결, 수많은 컴퓨터에 동시에 이를 복제해 저장하는 분산형 데이터 저장 기술이에요. 공공거래 장부라고도 불러요. 중앙 통제 시스템이 없는 P2P 네트워크의 근본적인 문제는 시스템을 보호하는 중앙 관리 체계가 없는 상황에서 악성 행위를 하려는 네트워크 노드를 처리하는 방법 문제예요. 완전한 공개 네트워크 체계를 구축하고자 하면 네트워크상에서 언제나 고의적이고 악의적인 행위자가 있을 것이라고 가정해야 해요.

그러한 분산 네트워크는 신뢰할 수 없는 환경에서 어떻게 데이터가 정확하거나 정확하지 판별하고, 악성 행위를 감지하며, 어떤 프로세스가 참 또는 거짓인지 구별할 수 있을까요? 이를 '비잔티움 장군 문제'라고 해요. 이 문제는 한 체계에서 연결된 다양한 시스템들 중 일부가 에러 코드, 혹은 잘못된 명령어를 전달하는 상황에서 어떻게 시스템들의 기능을 정상으로 유지시키고, 체계를 정상 작동시킬 수 있는지 고민하는 일종의 사고 실험이에요. 레슬리 램포트와 로버트 쇼스탁, 마셜 피스가 공저한 1982년 논문에서 처음 언급되었어요. 이 문제에서 네트워크상에서 고의적으로 잘못된 정보를 보내는 노드를 비잔틴 노드라고 해요. 악의적인 노드는 합의 프로세스에 관련된 다른 노드에 의도적으로 잘못된 정보를 보낼 수 있어요.

비잔티움 장애는 분산 네트워크에서 가장 어려운 장애 클래스로 인식되었어요. 신뢰할 수 있는 합의 메커니즘은 분산 서비스 거부(DDoS) 공격, 시빌공격(Sybil Attack), 기타 사이버 공격을 견뎌낼 수 있어야 해요. 시빌공격이란 한 개인이 다수의 계정이나 노드, 컴퓨터를 구성해 네트워크를 장악하려는 온라인 시스템 보안 위협 중 하나예요. 비트코인 블록체인이 등장하기 전에는 P2P 네트워크에서 신뢰할 수 없는 노드 간에 내결함성 및 공격 저항성 합의를 달성하는 것이 불가능하다고 여겼어요.

비트코인 프로토콜은 작업증명(PoW; Proof of Work)이라는 방식을 도입해 이 문제에 대한 수학적 솔루션을 제안했어요. 분산 컴퓨팅 역사상 처음이지요. 이는 암호경제학(Crypto Economy)이라고 하는 암호화 도구를 사용하는 새로운 실용적인 과학 분야를 만들었답니다.

암호경제학을 '모든 행위자가 잠재적으로 부패할 수 있는 신뢰할 수 없는 환경에서 경제적 상호 작용에 대한 연구'라고 정의해요. 해싱 기능을 사용해서 노드가 네트워크를 통해 수행되는 트랜잭션을 확인할 수 있으며 해싱 기능과 공개-개인 키 암호화는 모두 작업증명이라는 개념을 통해 원장에 충실한 거래 블록을 추가한 채굴자에게 보상하기 위해 필요해요.

암호경제 메커니즘은 네트워크 내결함성과 공격 및 공모를 방지하는 보안 균형을 제공할 수 있어요. 이를 통해 익명의 네트워크 노드가 모든 네트워크 상호 작용의 상태에 대한 합의에 도달할 수 있는 근거를 마련했어요. 비트코인 블록체인 네트워크는 암호경제학의 첫 번째 실제 사례이며 '법적 계약에 의한 신뢰'가 아닌 '수학에 의한 신뢰'를 생산해요.

비트코인 블록체인의 핵심은 무엇일까요? 바로 정보의 분산 관리와 거래 데이터의 중복성이에요. 이러한 원리에 기반한 거래 원장을 분산원장이라고 하지요. 은행의 금융 정보나 정부기관의 주민 정보는 보안이 철저하고 관리가 잘되는 중앙의 컴퓨터 시스템에 모아져서 관리돼요. 따라서 정보에 접근하려면 인증을 거쳐서 중앙의 서버에 접속해야 해요. 그런데 중앙의 서버는 관리권한을 가진 사람이라면 마음대로 할 수 있어요. 뛰어난 해커라면 중앙 서버에 침투해 데이터를 조작할 수도 있고요.

블록체인은 중앙 관리가 아니라 분산되고 중복된 데이터를 참여하는 모든 컴퓨터에 복사해서 분산시켜 놓은 것이에요. 따라서 누군가가 정보를 조작하려면 블록체인 정보를 저장한 컴퓨터의 절반 이상에 해당하는 컴퓨터(노드, Node)에 있는 정보를 조작해야 해요. 이는 블록체인을 저장하고 있는 컴퓨터의 수를 감안하면 불가능에 가까워요. 한 사람이 모든 컴퓨터를 관리할 수 없기에 중앙에서 통제하는 것도 불가능해요. 이러한 기본적인 원리에 더해서 각 컴퓨터의 정보를 최초의 거래 정보에서부터 가장 최신의 거래 정보까지 일렬로 연결해 누군가 데이터를 조작하려고 할 때, 이를 바로 알 수 있도록 사슬(Chain) 형태로 구성해놓은 구조가 블록체인이에요.

블록체인은 블록헤더(Block Header)와 트랜잭션(Transactions)으로 구성돼요. 블록헤더 영역에는 각 블록의 이전 블록 주소와 자신의 블록 주소가 해시값으로 기록되어 있고, 해당 블록을 채굴해서 비트코인을 받아간 사람(또는 컴퓨터)이 알아낸 논스(Nonce)값이 기록되어 있어요. 비트코인의 채굴과 논스값에 대해서는 뒤에서 알아보도록 해요. 그리고 트랜잭션 영역에는 이 블록이 생성될 당시 거래된 비트코인의 거래 내역이 기록되어 있어요. 이러한 블록이 한 줄로 연결되어 있는 게 블록체인이에요.

비트코인의 블록체인은 2009년 1월 3일에 사토시에 의해 처음으로 생성된 블록(이를 제네시스 블록이라고 부르기도 한다) 이후, 최근에 생성된 블록까지 하나의 체인으로 쭉 연결되어 있어요.

해시함수란 데이터 암호화 기술에서 많이 사용되는 것으로, 입력되는 데이터를 전혀 다른 내용의 데이터로 일대일로 변환해주는 함수를 말해요. 이때 중요한 내용이 있어요. 입력 데이터와 해시 결과로 생성된 데이터 간에는 거의 완벽하게 일대일 대응이 된다는 점이에요. 즉 거의 모든 경우 입력값이 다른데, 해시값이 같거나 그 반대의 경우가 없다는 것이지요.

그리고 해시 결과값만 알고 있는 상황에서 이 값에 일대일로 대응되는 해시 입력값을 알아내는 것이 현재의 IT 기술로는 불가능에 가까워요. 다만 최근 화제가 되는 양자컴퓨터 기술을 이용하면 이를 짧은 시간에 알아낼 수 있다고 해요. 그래서 양자컴퓨터 기술은 블록체인 기술의 종말을 가져올 것이라는 이야기도 있고, 반대로 블록체인이 양자컴퓨터 기술에 대응하는 기술을 개발할 것이라는 전망도 있어요.

이처럼 해시함수의 특징을 기반으로, 블록체인은 체인에 연결되어 있는 모든 데이터가 변조되지 않았음을 증명해요. 동시에 누구든 새로운 블록을 생성해 블록체인에 등록하고, 보상으로 비트코인을 받아갈 수 있는 기회를 제공하고 있어요. 이를 비트코인 채굴(Mining)이라고 해요.

## 블록체인의 안전성과 사용처 알아보기

블록체인은 중앙에서 관리하지 않지만 데이터를 더 안전하게 보존할 수 있다는 것이 강점이에요. 만약 자신이 가진 비트코인을 A라는 사람에게 이전했는데, 그 기록이 사라지면 어떻게 될까요? A라는 사람은 자신이 비트코인을 정당하게 받았다는 것을 증명할 수가 없지요. 또 반대로 주지도 않았으면서 데이터를 위조해서 준

것처럼 해도 문제가 될 거예요. 사용자들 간에 블록체인상의 비트코인 거래 정보를 안전하게 지켜주는 핵심 요소가 해시값과 해시함수예요. 비트코인 블록체인은 SHA-256이라는 해시함수를 사용해요.

그러면 어떻게 해시값을 이용해서 위조를 막을 수 있을까요? 블록체인의 블록에는 해당 블록을 나타내는 고유한 블록 해시값과 이전 블록을 가리키는 다른 블록의 고유한 해시값이 포함되어 있어요. 해당 블록 자신의 해시값은 비트코인의 블록체인이 사용하는 해시함수인 SHA-256 함수를 이용해 이전 블록의 해시값, 블록 내의 비트코인 거래정보인 트랜잭션 내용, 그리고 해당 블록에 기록되어 있는 논스값을 입력값으로 해서 생성한 해시값이에요.

해시함수는 입력값에서 숫자 하나만 바뀌어도 생성되는 해시값이 전혀 다른 값으로 주어져요. 따라서 해시함수에 입력되는 3가지 정보(이전 블록의 해시값·해당 블록에 포함된 비트코인 거래 트랜잭션 정보·논스값) 중에 한 정보의 한 글자라도 바꾸면 고유한 해시값이 변해요. 그러면 이는 세계 곳곳의 컴퓨터에 분산·복제되어 존재하는 블록체인 정보와 다르게 돼요. 하지만 동시에 변경하는 것이 매우 어려우므로 데이터가 조작되었음이 알려지게 되지요.

블록체인의 특성(분산·탈중앙 관리·데이터의 안정성)을 이용해 암호화폐가 아닌 다른 영역에서 사용하려는 아이디어가 많아요. 금융 분야에서 거래 기록의 관리를 위해 사용할 수 있어요. 오늘날 은행은 매우 발전된 정보 시스템과 보안 체계가 있어서 은행 고유의 역할을 하는 데 부족함은 없어요. 하지만 블록체인의 특성은 고도의 시스템을 갖추지 않아도 뛰어난 보안성과 활용성을 제공할 수 있지요. 특히 중앙은행이 발달하지 않은 개발도상국에서 더 가치가 있는 응용 분야예요.

물류, 제조, 유통 분야에서 제품의 이력 관리나 유통 추적 등을 위한 정보 제공으로 사용될 수도 있어요. 공공 분야에서는 여론조사나 선거 등에 활용되기도 해요. 최근에는 블록체인 기술을 응용해 저작권 관리 및 유통을 위한 플랫폼으로 활용되는 방안도 있어요. 향후 더 많은 분야에서 블록체인 기술을 활용하려는 시도가 있을 거예요.

다만 성능 이슈나 관리상의 문제 등 제약도 있어서 기존의 중앙 관리 체계를 완전히 대체할 수는 없을 거예요. 그리고 메타버스 생태계를 구성하는 데 중요한 이슈인 탈중앙화의 기술적 플랫폼으로 활용되고 있으며 활용 범위가 점차 늘어날 거예요.

## 이더리움이란 무엇인가?

블록체인 중에서 가장 유명한 것이 비트코인 블록체인이에요. 반면에 메타버스 생태계에서 비트코인보다 더 중요한 암호화폐와 블록체인이 바로 이더리움이에요. 이더리움 네트워크는 처음으로 스마트 계약을 사용해 가치 전송을 처리할 수 있는 분산 네트워크 기술을 제공하려는 목적으로 개발되었어요. 스마트 계약은 이더리움 플랫폼에서 몇 줄의 코드로 쉽게 만들 수 있으며, 별도의 블록체인 인프라를 만들 필요 없이 이더리움 플랫폼에서 처리돼요.

비트코인 블록체인 네트워크는 개인 간 P2P 송금을 결제하는 단일한 유형의 스마트 계약을 위해 설계되었지만, 이더리움 네트워크는 이더리움 가상머신(EVM; Ethereum Virtual Machine)을 사용해 모든 유형의 스마트 계약을 처리할 수 있는 분산 컴퓨터 네트워크로 설계되었어요. 이렇게 토큰화된 가치를 상호 간에 전송할 수도 있어요. 이더리움의 출현은 스마트 계약 네트워크를 개발하고자 하는 블록체인 프로젝트에 기반이 되었어요. 이러한 프로젝트의 예가 카다노(Cardano), 네오(Neo), 이오스(EOS), 하이퍼레저 패브릭(Hyperledger Fabric), 온톨로지(Ontology) 등이에요.

비트코인과 이더리움 적용 범위에 차이가 나요. 비트코인이 결제나 거래 관련 시스템, 즉 화폐의 기능에 집중하는 반면에 이더리움은 블록체인을 기반으로 거래나 결제뿐 아니라 계약서, SNS, 이메일, 전자투표 등 다양한 애플리케이션을 투명하게 운영할 수 있도록 확장성을 제공해요. 즉 화폐 기능은 물론이고 'dApp(디앱)'이라고 부르는 분산 애플리케이션(Decentralized Application)을 만들고 사용할 수 있는 환경을 제공하지요.

C++, Java, Go, 파이썬 등 대부분의 프로그래밍 언어를 지원해서 범용성도 있어요. 하지만 주류는 자바스크립트를 변형한 솔리

디티를 기본 언어로 만들어요.

이더리움은 활용성이 높아서 다양한 토큰들이 만들졌어요. 대표적으로 파이어폭스를 창시한 베이직 어텐션 토큰(BAT; Basic Attention Token), 이더리움 초기 개발진이 만든 골렘(GOLEM), 예측 시장 플랫폼 어거(AUGUR) 등이 있어요. 모두 업비트와 같은 거래소에서 활발하게 거래되고 있는 코인들이에요. 사실 코인 거래소에서 거래되는 암호화폐 중 비트코인을 제외하면, 대부분이 이더리움 플랫폼상에서 파생·운영되는 토큰들이거나 이더리움과 유사한 플랫폼에서 운영되는 토큰들이에요.

2021년 12월에는 이더리움 코인이 개당 약 500만 원에 거래되었어요. 이는 비트코인을 제칠 수 있을 만큼 잠재성이 높은 가상화폐예요. 비록 인지도 면에서는 비트코인보다 떨어지지만 다른 알트코인과는 비교가 불가능할 정도로 높으며 범용도 높아요. 시가총액 또한 다른 알트코인과는 차원이 다른 수준으로, 비트코인과 양강 체제를 굳혀가고 있답니다. 특히 최근에 유행하는 NFT 거래가 대부분 이더리움으로 이루어지는 만큼, 이더리움의 활용처는 늘고 있어요.

사실 메타버스 생태계에서는 비트코인보다 이더리움 기반의 토큰이 훨씬 더 활용되고 있어요. 게다가 메타버스 기반의 게임이나 가상 세계에서 통용되는 가상화폐의 기술적인 기반도 제공하고 있습니다.

METAVERSE

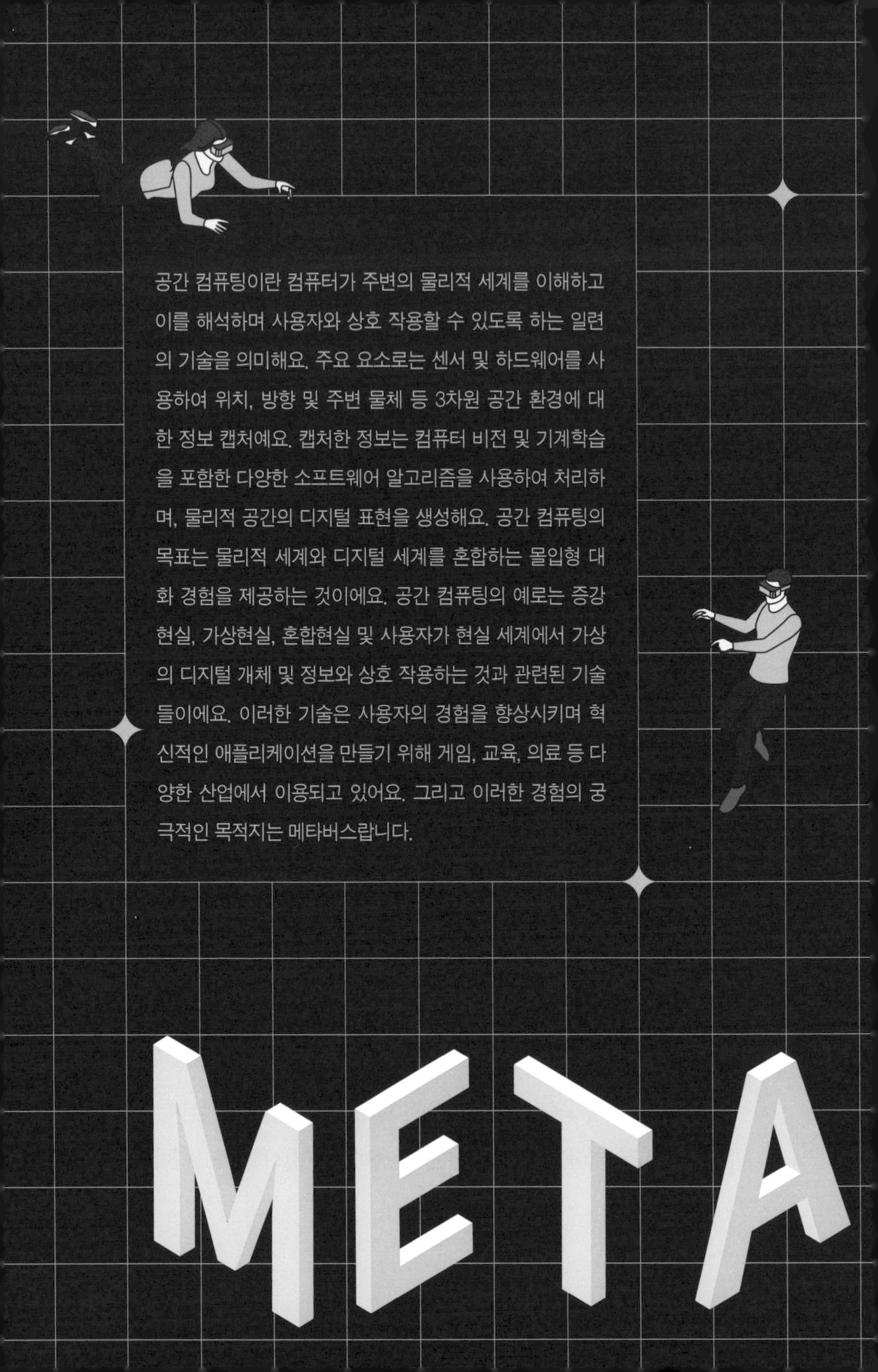


공간 컴퓨팅이란 컴퓨터가 주변의 물리적 세계를 이해하고 이를 해석하며 사용자와 상호 작용할 수 있도록 하는 일련의 기술을 의미해요. 주요 요소로는 센서 및 하드웨어를 사용하여 위치, 방향 및 주변 물체 등 3차원 공간 환경에 대한 정보 캡처예요. 캡처한 정보는 컴퓨터 비전 및 기계학습을 포함한 다양한 소프트웨어 알고리즘을 사용하여 처리하며, 물리적 공간의 디지털 표현을 생성해요. 공간 컴퓨팅의 목표는 물리적 세계와 디지털 세계를 혼합하는 몰입형 대화 경험을 제공하는 것이에요. 공간 컴퓨팅의 예로는 증강현실, 가상현실, 혼합현실 및 사용자가 현실 세계에서 가상의 디지털 개체 및 정보와 상호 작용하는 것과 관련된 기술들이에요. 이러한 기술은 사용자의 경험을 향상시키며 혁신적인 애플리케이션을 만들기 위해 게임, 교육, 의료 등 다양한 산업에서 이용되고 있어요. 그리고 이러한 경험의 궁극적인 목적지는 메타버스랍니다.

PART 3 ▸▸▸

# 가상과 현실을 잇는 공간 컴퓨팅

# 가상 세계와 현실을 통합하는 징검다리

공간 컴퓨팅(Spatial Computing)은 인간과 가상 세계, 그리고 로봇이 현실과 가상 세계에서 활동하는 것은 물론 두 공간을 이동할 수 있게 하는 소프트웨어 및 하드웨어 기술을 의미해요. 따라서 공간 컴퓨팅을 구성하는 IT 기술들은 인공지능, 컴퓨터 비전, 증강현실, 가상현실, 센서 기술 및 자율주행자동차를 비롯해서 진보된 로봇 기술까지 포함하지요.

메타버스와 관련해서 공간 컴퓨팅이 가지는 의미는 무엇일까요? 구체적이고 실질적으로 가상 세계와 증강현실, 그리고 현실을 이어주는 기반 기술을 포함하고 있다는 거예요. 앞으로 공간 컴퓨팅 기술에 영향을 많이 받을 산업 분야로는 운송, 기술, 미디어, 통신, 제조업, 소매, 헬스케어, 금융, 교육 등 거의 모든 분야라고 볼 수 있어요. 이 분야들은 메타버스의 발전과 직간접적으로 관련된 분야들이에요.

구글이나 애플과 같은 글로벌 IT 기업과 실리콘밸리의 벤처 기업들이 공간 컴퓨팅 기술을 연구하고 있어요. 다양한 제품들을 선보이고 있고요. IT를 대표하는 기업인 마이크로소프트에서는 증강현실 기술을 구현하는 홀로렌즈(HoloLens)를 선보였어요. 이는 사람들의 관심을 많이 받았답니다.

오늘날 IT의 혁신을 가져왔다고 인정받는 대표적인 기술이 '스마트폰'이에요. 스마트폰에 이어서 세상을 바꿀 수 있는 차세대 기술은 아마도 공간 컴퓨팅 기술이 될 거예요.

스마트폰에는 4K 해상도 수준의 카메라, 고성능 프로세서, 3D 스캐너와 다양한 센서가 들어 있어요. 5G의 고속 무선 이동통신망도 지원하고 있고요. 공간 컴퓨팅 기술은 스마트폰을 기반으로, 전 세계 네트워크에 연결되어 우리가 상상할 수 없던 미래 세계를 열 준비를 하고 있어요. 공간 컴퓨팅 기술은 우리 주변의 현실 세계를 새로운 방식으로 감지할 수 있도록 할 거예요. 또한 가상 세계와 현실 세계를 통합해서 컴퓨터 화면에서만 존재했던 온라인 공간을 우리가 생활하는 현실 공간과 통합시킬 것이라 생각해요.

자율비행 드론을 예로 들어볼까요? 자율비행 드론은 24시간을 계속 비행하면서 송유관을 감시하고 문제점을 찾아내요. 그런데 불평을 하지도 않고, 쉬어야 할 필요도 없지요. 로봇 기술을 기반으로 한 자율주행 트럭이 도시와 지방으로 제품을 배달하는 시스템을 구축한다면 어떨까요? 아마도 운송과 공급망이 자동화되지 않을까요?

우리는 가까운 미래에, 어쩌면 가상 세계의 메타버스에서 지금보다 더 많은 시간을 보낼지도 몰라요. 이러한 시기가 도래하면 우리가 사용하고 있는 손목시계, 자동차, 가구, 기타 주변 사물을 온라인 메타버스 가상 세계와 연결할 수 있는 인터페이스가 점점 더 확산될 것이에요. 그리고 화학 실험은 물론이고 의학 해부 실험에 이르기까지, 현실 세계에서 이루어지던 교육을 가상화할 수 있게 됩니다.

공간 컴퓨팅은 우리 주변 어디에나 존재하면서 우리의 이야기를 듣고, 질문에 대답할 준비가 된 환경을 제공할 거예요. 이미 우리는 스마트폰으로 경험하고 있지요.

그런데 우리가 공간 컴퓨팅 기반의 증강현실 안경을 착용하기 시작한다면 어떨까요? 시각적으로 보이는 비주얼 컴퓨팅을 통해 새로운 의상 디자인부터 거리의 상점 정보, 주변 사람들에 대한 정보에 이르기까지, 우리 눈에 보이는 정보를 시각화해서 제공받을 겁니다. 이 기술을 '보이지 않는 컴퓨팅(Invisible Computing)' 또는 '앰비언트 컴퓨팅(Ambient Computing)'이라고 불러요. 이 기술은 시각, 음성, 손의 움직임, 심지어 신체 영역까지 컴퓨터를 위한 컨트롤러로 사용하게 될 거예요.

새로운 컴퓨팅 기술은 혁신적인 5G 무선 기술과 결합하면서 다음과 같은 효과를 제공할 거예요.

첫째, 현재 기술로 가장 높은 비트 전송률인 기가비트/초 이상의 데이터 전송 대역폭을 갖게 될 것입니다. 가장 낮은 전송률이라도 현재 LTE 전화보다 더 많은 대역폭을 제공할 거예요.

둘째, 통신을 위한 지연 대기 시간이 거의 필요 없어져요. 지연 대기 시간이 없다는 것은 가상 세계에서 벌어지는 축구 게임에서 플레이어가 축구공을 던지면 전 세계의 관중들이 던져진 공과 달려드는 선수들을 실시간으로 볼 수 있다는 의미이지요.

셋째, 5G는 하나의 무선 타워당 더 많은 사용자 장치를 연결할 수 있도록 지원해요. 그래서 수만 명의 팬이 모인 테일러 스위프트 콘서트에서 모든 관중에게 라이브로 스트리밍을 할 수 있어요.

5G 통신을 공간 컴퓨팅이라는 영역에 포함시켜 새로운 IT 기술과 결합하면 큰 효과를 얻을 수 있어요. 예를 들면 카메라 및 라이다(LiDAR; Light Detection And Ranging)를 활용해서 측정한 자율주행차 전방의 3D 도로 이미지를 뒤에 있는 다른 자율주행자동차에게 즉시 보낼 수 있어요. 수백 명의 사람들이 전 세계 곳곳에서 메타버스상에서 진행되는 가상 축구 게임에 참여할 수도 있을 것이고요. 이를 비롯해서 지금까지는 불가능했던 새로운 종류의 가상 게임이 거리에서 가능해질 것이랍니다.

온라인 가상공간의 쇼핑몰을 찾아갈 수도 있어요. 실제로 쇼핑몰에서 시간을 보낼 수도 있지요. 3D 그래픽 렌더링으로 만들어진 유명 연예인의 모습을 한 가상 캐릭터나 아바타가 우리의 쇼핑을 옆에서 도울 수도 있고요.

머리에 착용하는 고글이나 안경 형태의 다양한 장치들이 선보일 것이고 새로운 기능을 제공할 거예요. 이 제품 중에는 기존의 안경처럼 가볍고, 착용할 때 불편하지 않게 만드는 기술도 등장할 거예요. 비록 구글 글래스는 실패했지만, 공간 컴퓨팅 기술은 시장에서 중요한 위치를 차지할 것이라 생각해요.

이러한 장치를 이용해 사용자는 인터넷 공간을 탐색하거나, 주요 일정을 관리하고, 다양한 알람을 받을 수 있으며, 집 안에서 물건을 찾을 때 위치를 알 수 있어요. 전화통화는 물론이고, 스마트폰으로 할 수 있는 대부분의 일을 처리할 것이랍니다. 이미 스마트워치를 착용한 사람들이 늘고 있고, 스마트폰으로는 지원받을 수 없는 기능들을 경험하고 있어요. 스마트폰을 없앨 수 있는 미래의 기술은 공간 컴퓨팅에 기반한 웨어러블 디바이스라고 생각해요.

한편 성능이 뛰어나고 현실감 있는 전문 가상 고글도 발전할 거예요. 일반인을 위한 디바이스는 물론이고, 엔지니어나 건축가, 의사 등 전문 분야에서 일하는 사람들을 위한 것이지요. 그리고 가상공간과 증강현실을 구현하기 위한 궁극적인 기술로, 머리에 착용해야 하는 불편한 고글이나 안경의 형태가 아닌 스마트 콘택트렌즈 기술도 연구 중입니다.

스마트 콘택트렌즈는 시력을 보완하는 콘택트렌즈와 모습이

유사하나, 착용한 사람에게 가상의 사물을 보여주고 다양한 정보를 실시간으로 보여줄 수 있다는 점에서 달라요. 이게 어떠한 의미이고 미래에 어떻게 활용될 수 있는지 궁금한가요? 그렇다면 영국 드라마 〈블랙 미러〉에서 '화이트 크리스마스' 에피소드를 시청해보세요.

2020년 이후 게임과 기업 교육 분야에 적용할 만한 수준으로, 가격이 수백 달러인 가상현실 헤드셋이 출시되었어요. 물론 더 이전에 출시된 헤드셋들도 있지만, 고가이기도 하고 크고 무거워서 사용하기가 불편했어요. 세계 최초의 휴대폰인 모토로라의 '다이나택 8000X'처럼요. 1983년에 출시된 이 휴대폰은 무게가 800g으로 벽돌만 한 크기였고, 연속 통화시간이 30분에 불과했지요. 그런데 출고가가 4천 달러나 하는, 당시 물가를 고려하면 매우 고가인 제품이에요.

2025년까지 가상현실 및 증강현실과 관련 있는 컴퓨팅 기기들은 어떤 모습일까요? 현재 장치들보다 크기는 훨씬 줄어들 것이고 성능은 향상될 것이며 화면은 더 선명해질 거예요. 이를 통해 우리가 경험할 수 있는 현재의 공간 컴퓨팅 환경을 훨씬 능가하는, 보다 뛰어난 가상·증강 세계를 보여줄 수 있을 것이고요.

공간 컴퓨팅 기술의 발전이 궁극적으로 우리에게 제공하고자 하는 것은 무엇일까요? 바로 인간 생활의 패러다임을 바꿀 수 있는 미래 환경이겠지요. 그리고 이는 우리가 이야기하고 있는 메타버스의 실현을 위한 기반 기술이기도 하고요.

이미 기술들은 물류 창고에서 활용되고 있고, 기업의 업무를 효율적으로 운영할 수 있게 해주며, 의료 분야에서는 초음파 및 CAT 스캔 이미지 또는 기타 의료장비를 통한 데이터를 3차원 이미지로 보여주고 있어요. 창고 바닥에 그려진 가상의 파란색 선을 따라가면 직원이 찾으려는 제품 위치를 안내받거나 외과의사가 환자 몸속의 종양 위치를 안내받을 수도 있지요. 가상·증강현실 기술을 통해 의사, 건축가, 엔지니어 등 사람들의 노력과 시간을 절감하고, 좀 더 향상된 업무 성과를 거두며 회사로서는 비용을 절감할 수 있어요.

예를 들어볼게요. 민간 항공기를 만드는 기업 '보잉'에서는 생산 공장의 크기가 무척 커요. 그래서 공장을 가로질러 가는 데만 30분이 걸리지요. 만약 업무 중에 문제가 생긴다면 담당 직원은 문제를 살펴보려고 30분을 걸어가야 할 수도 있어요.

이때 카메라와 증강·가상현실 장치를 활용하면 어떨까요? 원격에서 도움을 필요로 하는 사람이 무엇을 처리하고 있는지 볼 수 있고, 무엇을 어떻게 지원해야 하는지를 시각적으로 보여줄 수 있겠지요. 기존의 휴대폰이나 태블릿을 사용한다면 작업자는 양손을 자유롭게 사용할 수 없을 거예요. 이때 웨어러블 안경이 있다면요? 작업자가 양손을 사용하며 대화할 수 있고, 원격지에서도 도움을 줄 수 있을 거예요.

규모가 큰 공장뿐만이 아니에요. 일반 기업에서도 비용을 절감할 수 있지요. 업무 회의 때문에 멀리 출장을 가야 하는 경우라면 말이에요. 업무 출장 때 드는 항공료, 숙박비, 식사비, 교통비 등을 생각하면 비용이 많이 들어요. 그런데 가상현실에서 열리는 회의로 대체하면 어떻게 될까요? VR용 헤드셋 2개 정도의 비용만 들면 되지 않을까요?

페이스북, 스페이셜(Spatial), 마이크로소프트 등 IT 기업들은 소셜 가상현실 서비스를 통해 가상 회의를 실제 회의와 비슷하게 만들고자 노력하고 있어요. 그 결과 시간과 비용을 절약할 수 있고, 기업과 근로자 모두 만족도가 높아질 거예요. 왜냐하면 직원들은 새로운 곳에서 겪어야 할 위험(예를 들어 바이러스 감염에 대한 가능성 등)이 줄어들고, 기업은 비용을 절감할 수 있을 테니까요.

## 공간 컴퓨팅은 무엇이고, 왜 주목을 받아야 하는가?

앞으로는 회사에서 일을 하거나 정보를 검색하려고 인터넷을 사용할 때, 그동안 사용하던 컴퓨터나 스마트폰 같은 물리적인 장치가 필요없을 거예요. 대신에 고글이나 안경처럼 신체에 부착할 수 있는 장치, 공간 컴퓨팅과 음성인식 기술 등을 통한 3차원 인터페이스를 기반으로 삼아 더 많은 일을 할 것이랍니다.

스마트폰에서 시작된 모바일 환경에서 한 발 더 나아가 가상·증강현실 기술이 보편화되면서 우리는 3차원 공간으로 표현되는 가상현실을 실제와 유사하게 복제해 활용하고 있어요. 그리고 이러한 욕구는 메타버스라는 미래 온라인 공간으로 표현되고요.

공간 컴퓨팅 기술은 화면에만 머물렀던 기존의 컴퓨터나 스마트폰 인터페이스를 가상의 공간에 사실적으로 표현할 수 있어요. 그리고 시각적 개체를 공간 속에서 이동하거나 가상의 물체를 현실 세계에 통합하고 조작할 수 있지요.

인공지능 기술은 이전까지는 연결되지 않았던 다양한 데이터를 연결해, 의미 있는 정보를 추출하고 시스템으로 구성할 거예요. 공간 컴퓨팅은 기존 현실 세계에 또 다른 가상의 계층을 추가하고 이를 활용해 사용자들의 요구 사항을 충족시킬 수 있어요.

그러나 현실과 가상 세계를 통합하는 기술의 등장이 전부 좋은 것만은 아니에요. 웨어러블 장치이기에 예전에는 알 수 없던 정보를 입수할 수 있다는 점이 문제가 될 수 있어요. 구글 글래스의 실패 사례에서 볼 수 있는 것처럼요.

증강현실과 관련된 문제가 또 있어요. 바로 증강현실 세계에 도입될 수 있는 과도한 광고 문제예요. 케이치 마츠다(Keiichi Matsuda)가 2016년에 제작한 6분짜리 영상으로, 유튜브에서 '하이퍼-리얼리티(Hyper-Reality)'를 검색해보면 알 수 있어요. 동영상처럼 증강현실 광고가 현실과 끊임없이 겹쳐지는, 정말 참을 수 없이 복잡한 세계가 될 수도 있어요.

영화 〈레디 플레이어 원〉에서는 가상 세계에 탐닉해 앞으로는 사람들이 현실에 있고 싶어 하지 않고, 필요한 정보를 언제든지 제공받을 수 있기에 학습의 필요성이 사라지고, 환경 문제와 기아 문제 및 전쟁 등의 현실을 개선하는 노력을 포기하는 디스토피아적 전망이 제시되고 있어요.

이러한 문제는 메타버스 세상이 가져올 문제와 동일해요. 가상현실에 속한 사람은 실제 현실에서 자신의 행동이 미칠 영향을 고민할 필요도 없이 자유롭게 행동하고, 가상현실의 다른 디지털 캐릭터를 다치게 하거나 심지어 죽일 수도 있지요. 가상현실에서의 범죄나 도덕적 타락을 아직까지 진지하게 다루고 있지는 않아요.

가상현실과 관련된 산업이 더욱 발전하면 감독 기관이 마치 영화나 게임을 분석해서 폭력적인 수준을 평가하는 것처럼, 공간 컴퓨팅이 제공하는 경험 등급을 평가해 등급을 분류하고 이러한 경험을 잘 관리하고 제어할 수 있도록 해야 해요. 그래야 부정적인 영향을 완화할 수 있어요.

이동통신 사업자들은 통신 및 미디어 기술과 5G망을 활용해 새로운 서비스를 기획할 수 있어요. 예를 들면 축구 경기장 위에 5G 기반의 이동통신망과 선수를 따라 움직일 수 있는 카메라를 다양한 위치에 설치해요. 그리고 이를 기반으로 공간 컴퓨팅 기술의 도움을 받아 완전히 새로운 방식으로 축구 경기를 볼 수 있게 제공해요. 좋아하는 선수가 축구장을 가로질러서 드리블하는 모습을 마치 옆에서 보는 것처럼, 생생하게 볼 수 있도록 하지요.

대규모의 콘서트도 마찬가지예요. 기존 방식보다 상대적으로 저렴한 비용으로 관객에게 생생한 사운드와 영상을 전달하는 방법도 연구되고 있어요. 기존의 콘서트는 값비싸고 설치하기가 어려운 스크린과 스피커를 곳곳에 설치해야 했어요. 그런데 공간 컴퓨팅과 이동통신 기술을 활용하면 비용을 덜 쓰고도 관객들에게 생생한 공연을 보여줄 수 있지요. 이것들이 실현되려면 아직 시간이 조금은 필요해요. 관객 대부분이 증강현실을 보여주는 고글(또는 안경)을 사용하는 시기가 올 때까지는 기다려야 하기 때문이에요. 게다가 아직까지는 일반화된 가상·증강현실 웨어러블 장치가 없기 때문이지요.

앞서 말한 꿈이 현실로 이루어지면, 아마도 관객들은 새로운 스마트 기기를 갖고 있겠지요. 증강현실 홀로그램이 무대에서 실제 공연자들과 함께 춤추고 노래하는 것을 보기 위해서요. 혹은 커다란 스타디움에 관객들이 모이는 콘서트 자체가 없어질지도 모르고요. 중국에서는 이미 수천 명의 사람들이 컴퓨터로 생성된 3차원 홀로그램 콘서트에 온라인으로 참석해 노래와 춤을 즐기기도 했어요.

중국의 텐센트 뮤직 엔터테인먼트 그룹(TME; Tencent Music Entertainment group)은 가상 콘서트 업체인 웨이브(Wave)에 투자했어요. 수억 명에 달하는 유저들에게 가상 콘서트를 송출할 계획을 갖고 있고요. 웨이브는 브로드캐스팅 기술과 실시간 게이밍 그래픽 기술을 결합해 아티스트들이 자신만의 디지털 아바타를 생성하고, 이를 라이브로 스트리밍해요. 아티스트들이 팬들과 가상공간에서 상호 작용할 수 있는 플랫폼을 제공하지요. 웨이브는 지금까지 가상 이벤트를 50회 이상 개최했고, 그중에서 순 방문자 수가 300만 명 이상을 기록한 이벤트도 있었답니다.

기존의 웹사이트, 컴퓨터 화면 중심의 2D 기술에서 가상현실과 증강현실 등 공간 컴퓨팅 기술에 기반한 3D 기술로의 업그레이드는 20세기에 다양한 분야에서 진행되었던 아날로그에서 디지털로의 변화와 유사한 관점에서 살펴볼 수 있어요.

20세기는 아날로그의 전성기라 할 수 있어요. 필름, 카메라를 이용한 사진 기술이 발명되었고 플라스틱 원반에 음악을 소리골로 기록한 LP가 음반 시장을 형성했지요. 라디오 방송에서 시작한 무선방송 기술은 컬러 텔레비전 방송 기술로 발전하면서 미디어 산업이라는 엄청난 영향력을 지닌 산업까지 등장시켰어요. 게다가 영상을 녹화하는 비디오 기술과 가정용 영화 산업까지 성장시켰어요.

20세기 말에 불어닥친 디지털로의 변환은 아날로그를 몰아냈어요. 콤팩트디스크(CD; Compact Disc)가 LP를 시장에서 몰아냈고, 디지털비디오디스크(DVD; Digital Video Disc)가 아날로그 비디오를 몰아냈지요. 그런데 디지털 기술은 1990년대 중반 이후에 등장한 인터넷과 디지털 미디어 압축 기술 때문에 사양길에 접어들고 있어요. 온라인으로 음악과 영상을 제공하는 아이튠즈(iTunes, 지금의 애플뮤직), 미디어 스트리밍 기술업체인 넷플릭스 등의 등장 때문이지요.

디지털 기술은 오랜 기간에 걸쳐 발전했던 아날로그 기술을 한 순간에 몰아냈을 뿐만 아니라, 디지털 기술 역시 인터넷 중심의 온라인 스트리밍에 의해 짧은 순간 급변했어요. 이러한 아날로그에서 디지털로의 변화 이면에 있는 몇 가지 추진력과 그것이 2D 인터넷에서 공간 컴퓨팅으로의 전환에 어떤 의미를 갖는지 이해하는 것이 중요해요.

새로운 기술의 폭풍이 몰아치는 패러다임 전환은 기존 산업에서 군림하던 대기업을 마비시키고, 새로운 기술을 기반으로 하는 '작지만 새로운 스타'를 만들어냈어요. 스마트폰 시장을 본격적으로 연 애플의 '아이폰'을 한번 볼까요? 아이폰은 기존에 필름을 기반으로 둔 기업 이스트만 코닥(Eastman Kodak)과 휴대폰 세계 1위 기업인 노키아(Nokia)를 시장에서 가라앉게 만들었지요. 두 기업은 한때 사진 산업과 휴대폰 산업을 지배적으로 이끈 글로벌 기업이었지만, 신기술의 등장으로 입지가 줄어들었어요.

이제 막 시작된 공간 컴퓨팅의 미래도 이와 유사할 것이라 생각해요. 공간 컴퓨팅과 3D 웹, 그리고 메타버스가 몰고 올 폭풍은 더 거칠고 그 속도도 빠를 거예요. 그렇기에 우리는 이 현상을 이해하기 위해 좀 더 기본적인 원리를 알아야 해요.

# 아날로그에서 디지털로의 변환

아날로그에서 디지털로의 변환이란 무엇일까요? 마이크나 카메라를 통해 아날로그 파형으로 표현하던 전기신호를 0과 1의 디지털 부호로 바꾸는 것을 의미해요. 우리는 먼저 음악의 변화를 살펴보기로 해요.

소리를 디지털 방식으로 녹음하고 재생하는 기술은 1970년에 미국의 발명가 제임스 러셀(James Russell)이 고안한 광학 디지털 녹음 방식이 최초예요. 이 기술은 후에 CD 기술의 원천이 돼요. 1971년에는 일본 NHK에서 PCM(Pulse Code Modulation) 방식의 상업적인 녹음이 최초로 성공하기에 이르러요.

PCM 방식도 CD 녹음 기술에서 사용되는 기술이에요. 이후 1970년대에 많은 음반사들이 음반 제작할 때 디지털 녹음 기술을 활용했어요. 그리고 LP 레코드 표지에 'digital recording'이란 문구가 있었는데, 이는 디지털 녹음 방식으로 제작된 '아날로그 LP 레코드'를 뜻하는 표시이기도 해요.

1980년에는 CD 녹음 규격을 정한 레드북(Red Book) 표준이 결정돼요. 이때 레드북 표준이 44.1KHz(킬로헤르츠) 샘플링 주파수에 16비트 데이터 형식이에요. 그리고 1982년 소니(Sony)에서 최초의 CD 플레이어를 출시해요. 이후 CD는 사용이 편리하고 음질도 깨끗해서 LP를 역사 속으로 사라지게 만들어요.

아날로그 LP 음반을 시장에서 밀어낸 디지털 기술의 발전은 아이러니하게도 시장에서 CD를 밀어내는 원인이 되기도 해요. CD 레드북 표준에 따라 녹음한 CD 한 장에는 약 74분 분량의 음악을 녹음할 수 있었고, 음원 데이터 크기는 대략 640MB(메가바이트) 정도였어요.

이것은 우리가 예전에 사용하던 CD롬(ROM; Read Only Memory) 디스크의 용량이 700MB인 이유이기도 해요. 1990년대 말까지도 PC의 하드디스크의 크기가 1GB(기가바이트) 정도였으니, CD 한 장의 데이터가 겨우 들어갈 수준이었지요. 그만큼 CD 음반은 불법 복제로부터 안전했어요.

그런데 1989년에 표준이 제정된 CD롬 디스크 기술의 발전으로, 녹음이 안 된 CD롬 디스크(일명 공CD)의 가격이 1990년대 후반부터 급격히 하락해요. 이후 공CD에 CD 음반을 복사하는 일이 비일비재하게 일어나요.

그러나 CD가 몰락하게 된 결정적 계기는 따로 있어요. 바로 MP3 기술의 등장 때문이에요. 당시의 MP3 기술은 아날로그 비디오카세트리코더(VCR)의 차세대 기술로 개발되던 DVD의 부산물이라고 볼 수 있어요. 1988년에 결성된 디지털 동영상 압축기술 개발 조직인 MPEG(Moving Picture Experts Group)의 연구 결과 중에 개발된 MPEG-3 기술을 이용한 디지털 음원 압축 기술이기 때문이지요.

MP3 기술은 귀의 청각 특성을 기반으로, 잘 인지하지 못하는 초고음 영역을 잘라내고 음원 데이터 내의 반복되는 영역을 압축해서 음원의 크기를 최대 1/10까지 줄이는 기술을 말해요. 즉 CD 한 장에 담긴 음원 파일의 크기를 64MB 정도로 줄일 수 있었지요. 1990년대 말의 PC 사양을 감안하면 하드디스크에 저장할 수 있는 용량이지요.

게다가 당시에는 고속 ADSL(Asynchronous Digital Subscriber Line) 회선이 가정마다 보급되는 시기여서 짧은 시간에 온라인 전송도 가능했어요. 결국 기술 환경의 발전에 따라 냅스터, 소리바다 등 MP3 공유 사이트가 등장했고, 그 결과 CD 음원이 불법으로 유통되기 시작했어요.

# 소리, 디지털 샘플링, 그리고 공간 샘플링

PCM 녹음은 음의 신호를 펄스 부호 변조(PCM) 신호로 바꾸어서 녹음하는 방식을 의미해요. 재생할 때는 거꾸로 변환기를 통해서 본래의 신호로 복원하지요. CD의 디지털 음원 표준 방식이에요. CD는 16비트 44.1KHz의 PCM 변환을 수행해요. 이는 1초간의 아날로그 음악을 4만 4,100개의 구간(44.1KHz)으로 쪼개고, 각 구간의 아날로그 신호 크기를 6만 5천 단계로 구분해 16비트의 이진수로 전환하는 것을 의미해요.

컬러 영상은 적색(Red), 녹색(Green), 청색(Blue), 이렇게 3가지 색상이 결합해서 표현돼요. 한 가지 색으로 된 영상은 가로세로의 해상도에 따라 정해진 화소 수(픽셀 수)를 가지며, 각각의 화소(픽셀)의 아날로그 신호 값을 디지털 값으로 변환하는 방식으로 샘플링돼요. 다만 영상은 1초에 25장에서 30장으로 표준화되어 있어요. 따라서 전체 영상을 디지털로 전환하면, 화면 해상도에 따라 결과 데이터의 양이 달라져요.

고해상도 영상은 '가로×세로'가 '1,920×1,080'의 픽셀로 구성된 화면이에요. HD 화질이라고도 불러요. 한 화면의 정지 영상은 약 200만 개(207만 3,600개)의 픽셀로 구성되고, 각 픽셀의 컬러는 독립적인 색상 값(적색, 녹색, 청색)을 가져요. 보통 하나의 색상 값이 8비트(256단계)로 표현된다고 가정하면, HD의 정지화면 데이터의 크기는 약 50Mbit[4,976만 6,400개(207만 3,600개×3×8)] 정도이며 6.2MB 수준이에요. 그런데 이러한 영상이 1초에 30장이 필요하니까 1초에 해당하는 HD 영상의 디지털 데이터 용량은 186MB 정도예요.

디지털 영상 기술은 MPEG 기반의 고효율 압축 기술이 적용되어 있으므로, 크기가 1/30~1/60 수준으로 줄어들어 전송·저장이 돼요. 영상의 디지털 변환은 2차원 신호의 디지털 양자화에 해당하지요.

현실 세계를 디지털 세계로 표현한다는 것은 어떤 의미일까요? 우리가 보는 현실의 빛과 소리를 디지털 기술로 변환된 소리와 영상으로 표현하여, 우리의 눈에 보여주고 귀에 들려주는 것을 말해요.

그러나 공간 컴퓨팅은 3차원 공간을 표현하기 위해 음악이나 HD 영상 같은 1차원·2차원 그래픽과는 달리, 대상 이미지를 슬라이싱 및 작은 폴리곤으로 구성된 형태로 분할해 표현해요. 여기서 폴리곤이란 대부분 삼각형 형태로 구성된 단위 도형이며, 이를 작은 단위로 세분하여 조합함으로써 정육면체나 구면체는 물론 나무, 풀, 동물 또는 사람의 모습 등 3차원 물체를 표현하는 기본 단위를 뜻해요.

공간 컴퓨팅은 앞서 이야기한 음악이나 영상의 1차원, 2차원의 데이터가 아니라, 우리가 살고 있는 3차원 공간을 디지털로 구현하고 활용하는 것이에요. 그렇다면 3차원 공간은 어떻게 디지털로 샘플링되어서 가상공간으로 구현될 수 있을까요?

자율주행차의 개발이 미래 인공지능 기술의 주요 분야가 되었어요. 그 결과 3차원 공간의 샘플링과 이를 기반으로 한 사물의 위치 분석 및 활용 기술이 급격한 발전을 이루었어요. 지금까지 3차원 공간의 샘플링은 3D 스캐너나 그래픽으로 구현되어 내비게이션에 활용하는 수준이었어요.

그런데 자율주행차 기술이 발전하려면 결국 3차원 인식이 필요해요. 교통 상황을 실시간으로 인식하게 하려면 말이에요. 이에 따라 3차원 공간을 실시간으로 모델링하고 이를 데이터화하는 기술이 발전했어요.

사람의 눈이 세상을 인식하는 것처럼, 두 개 이상의 카메라를 활용해서 인식하는 방법이 가장 경제적이에요. 이는 '테슬라'가 주변 상황을 인식하는 방식이기도 해요. 다만 안개가 심하게 끼거나 앞이 어두우면 카메라 영상을 이용할 때 한계가 있어요. 그래서 자율주행차 연구의 초기 단계부터 3차원 공간의 샘플링과 인식을 발전시키고자 하는 기술이 주목받았고, 이 기술이 바로 라이다입니다.

라이다의 원리는 제2차 세계대전 때 개발된 레이다(RADAR; Radio Detection And Ranging) 기술과 유사해요. 1초에 수백만 개에 해당하는 레이저 펄스 광선을 주변으로 발사하고, 반사되어 돌아오는 빛을 카메라로 인식한 뒤 거리를 계산하는 방식이에요. 주변 공간과 사물의 위치를 파악하는 방법으로 레이다에서 전파를 사용하는 것과 달리, 레이저 광선을 사용한다는 점에서 차이가 나요.

초기 라이다 센서는 수백만 원이 넘는 고가의 장비였지만, 아이폰에도 탑재될 만큼 작고 저렴한 센서로 발전했어요. 공간 컴퓨팅 기술을 확산시키려면 3차원 공간 샘플링 데이터가 핵심이 될 거예요. 이때 자율주행차와 스마트폰에 장착된 라이다 센서를 통한 공간 샘플링 데이터는 빅데이터 같은 다양한 분야에 응용될 것이라 예상해요.

# 센서 기술의 혁명, 라이다 센서

자동차 기업인 테슬라는 라이다 센서를 사용하지 않고 카메라와 단순 센서로만 자율주행을 구현하는 대표적인 기업이에요. 그 이유가 무엇일까요? 라이다 센서의 가격이 상대적으로 고가인 데다 이를 처리하려면 별도의 프로세서가 필요해서지요. 그러나 현실적으로 카메라만으로 안전하게 자율주행을 구현하는 일은 어려워요.

라이다는 레이저를 발사해서 주변 사물에 반사되는 빛을 인지하여 사물과의 거리를 알아내요. 레이더가 전파를 발사하고 항공기에 부딪혀서 되돌아오는 전파를 이용해 항공기의 위치를 식별하는 것처럼 말이지요. 이러한 레이저를 360도 방향으로 1초에 수천 번을 발사하고, 되돌아오는 빛을 인식해서 주변 3차원 공간을 인지하는 원리가 라이더의 기본 원리예요.

자율주행 기술을 개발하던 초기에는 라이다가 전기밥솥만큼 컸고, 가격도 1천만 원이 넘을 만큼 고가였어요. 게다가 자율주행 시험 차량 위에 부착하고 다녀야 했지요. 그런데 지금은 달라졌어요. 가격은 수십만 원 대로 떨어졌고 크기도 대폭 작아져서 자동차에 장착해도 눈에 띄지 않을 정도예요. 아이폰 뒷면에 라이다 센서가 내장되어 있을 만큼 작아졌지요.

안전하게 자율주행을 하려면 라이더가 필수인데, 그 이유가 무엇일까요? 카메라는 야간이나 날씨가 안 좋을 때 인식율이 떨어지지만, 라이다는 시야가 나빠도 주변 공간을 비교적 잘 인식하기 때문이에요.

또한 공간 컴퓨팅 관점에서 라이다를 장착한 자율주행차가 도로를 주행하면서 주변의 데이터를 온라인으로 전송하면, 전 세계의 모든 도로에 대한 3차원 지도 정보를 매우 정밀하게 제작할 수 있는 기초 데이터가 될 수 있어요. 게다가 사용자의 스마트폰에 장착된 라이다 센서를 통해 실내 구석구석까지의 공간 정보 데이터를 수집할 수도 있고요.

공간 컴퓨팅으로 가는 길은 인간의 생존 가능성을 높이고 삶의 질을 향상시킬 수 있기 때문에 매우 중요해요. 공간 컴퓨팅은 메타버스를 위한 기초 가상공간 데이터는 물론, 현실 세계를 모델링한 또 하나의 가상공간을 구현하는 디지털 트윈을 위해서도 필수 기술이자 도구이지요. 지금 우리에게 공간 컴퓨팅이란 마치 스티브 잡스와 워즈니악이 애플II를 선보이며 미래의 개인용컴퓨터와 온라인 세상을 열었던 것과 같아요. 미래를 바꿀 핵심 기술이 되는 것이죠. 이는 메타버스와 함께 우리의 세상을 완전히 바꿔놓을 것이라 생각해요.

## 공간 컴퓨팅과<br>제4의 패러다임

공간 컴퓨팅은 컴퓨터 역사의 관점에서 보면 '커다란 변화'를 몰고 올 네 번째 패러다임이 될 거예요. 그동안 지나온 컴퓨팅 패러다임과 비교할 때, 가장 개인 중심적인 패러다임이 될 것이고요. 공간 컴퓨팅을 위한 6가지 기본 기술이 있어요. 광학 장비 및 디스플레이, 무선통신, 제어 메커니즘(음성 또는 손), 센서 및 매핑, 새로운 컴퓨팅 아키텍처(예를 들어 새로운 종류의 클라우드 컴퓨팅), 인공지능(의사결정) 시스템이지요.

컴퓨팅의 첫 번째 패러다임은 개인용컴퓨터의 등장과 텍스트 기반의 인터페이스랍니다. 두 번째 패러다임은 흑백에서 시작해 컬러로 발전한 그래픽 인터페이스의 등장이고, 세 번째 패러다임은 스마트폰으로 대표되는 모바일 컴퓨팅이지요. 기존의 개인용

컴퓨터에서는 없던 휴대성과 이동성이 추가되었지요. 네 번째 패러다임인 공간 컴퓨팅을 통해 우리는 작은 화면에서 벗어나 주변과 융합되는 컴퓨팅 환경을 경험하게 될 거예요.

여기서 공간 컴퓨팅은 인간과 가상공간의 객체, 그리고 로봇으로 연결되는 컴퓨팅으로 정의할 수 있어요. 여기에는 앰비언트 컴퓨팅, 유비쿼터스 컴퓨팅 또는 증강·혼합현실 등의 개념도 포함되고요.

우리는 공간 컴퓨팅 시대에서 라이다 센서, 레이더 센서 등의 센서와 머신 러닝 및 컴퓨터 비전을 포함한 증강현실을 바탕으로, 사람들이 3차원 공간을 대상으로 컴퓨터를 활용하고 조작하는 모습을 목격할 거예요. 향후 미래에 공간 컴퓨팅이 현실화되면서 가져오게 될 3차원 컴퓨팅과 극적으로 변화될 여러 분야의 산업을 상상해볼 수 있어요. 앞으로 기업은 데이터를 2차원이 아닌 3차원으로 생각해서 다루어야 해요. 우리는 평면적인 2차 데이터에 익숙해서 어렵겠지만, 이미 공간 컴퓨팅의 미래가 시작된 만큼 노력이 필요해요.

2019년 5월에 출시된 오큘러스 퀘스트는 공간 컴퓨팅의 미래에서 중요한 시작점이에요. 많은 사람들이 퀘스트를 통해 컴퓨터를 무릎이나 손에 두지 않더라도 자유롭게 움직이면서 컴퓨터와 상호 작용을 하게 되었으니까요. 게다가 3차원 공간 속에 몰입해 환상적인 시각적 세계를 경험하기도 했고요.

이 책을 읽고 있는 시점에서는 이미 구시대의 제품이 되어버린 퀘스트일 수도 있어요. 다만 충분히 역사적인 의미를 가진 제품이자 커다란 변화의 시작을 알리는 것임은 분명해요. 현재는 뛰어난 성능의 제품들이 시장에 출시되고, 퀘스트도 더 발전된 성능으로 진화하고 있어요. 이를 통해 우리는 3차원 디지털 환경에서 자유롭게 움직일 것이고 이는 공간 컴퓨팅 시대, 즉 '퍼스널 컴퓨팅의 네 번째 패러다임'이 도래할 것입니다.

## 첫 번째 패러다임, 개인용컴퓨터의 도래

애플II 컴퓨터는 앞서 이야기한 오큘러스 퀘스트만큼이나 컴퓨팅 역사에서 중요한 위상을 차지해요. 애플II는 사람들에게 '개인이 컴퓨터를 소유하고 직접 다룰 수 있으며, 프로그래밍까지 할 수 있다'는 사실을 처음 느끼게 해주었으니까요.

1980년대가 되면서 개인용컴퓨터가 더 많이 보급되었어요. 정부나 대기업은 물론이고 일반인들도 여러 분야에서 활용했지요. 40여 년이 지난 현재, 우리는 공간 컴퓨팅의 보급 과정을 새로이 경험하고 있어요.

애플II 이후에는 마이크로소프트의 도스(DOS; Disk Operating System)를 실행하는 IBM PC가 등장했지요. 이는 일반 소비자는 물론이고 기업에서도 폭발적인 확산을 만들었어요. 이를 기반으로 전체 산업 분야가 변화했지요. 1980년대 말에는 사무실 책상마다 컴퓨터가 놓였고요.

당시 대학생 신분으로 컴퓨터 사업에 뛰어든 마이클 델(Michael Dell, 델 컴퓨터 창업자)은 지금도 사업을 이어가고 있어요. 공간 컴퓨팅도 과거의 델 컴퓨터처럼, 새로운 기업의 시작을 열 기회를 제공할 것이라 생각해요.

## 두 번째 패러다임,<br>그래픽 기반 사용자 인터페이스

1984년, 애플에서 매킨토시(Macintosh) 컴퓨터가 출시되면서 사람들은 처음으로 그래픽 사용자 인터페이스를 경험했어요. 매킨토시는 문서를 인쇄하거나 복사할 때 텍스트 명령을 입력하지 않고도 아이콘을 클릭하거나 마우스 조작만으로 원하는 기능을 실행했지요. 덕분에 컴퓨팅이 훨씬 쉬워졌고, '데스크톱퍼블리싱'이라는 새로운 프로그램도 등장시켰어요.

마이크로소프트는 '윈도우 3.0'을 거쳐 '윈도우 95'를 출시했고, 이는 컴퓨팅 시장의 기술이 그래픽을 중심으로 구현되는 시대를 여는 계기가 되었어요. 그 결과 다양한 IT 기업들이 등장했답니다. 그리고 마이크로소프트와 어도비 등은 대기업으로 성장했고요. 앞으로 이 기업들은 공간 컴퓨팅 분야에서도 핵심적인 역할을 수행할 것이라 예상돼요.

더글러스 엥겔바트(Douglas Engelbart)는 1960년대 후반에 이미 미래 그래픽 기반의 인터페이스 시대를 예견했을 만큼 천재적인 인물이에요. 그는 죽기 전에 이렇게 말했지요. "손과 눈만으로 컴퓨터와 소통할 수 있는 세상을 만들고 싶다"라고요. 이 말은 어떤 의미일까요? 결국 그는 모바일 세상을 넘어, 진정한 공간 컴퓨팅 세상으로의 진화를 예측한 셈이에요.

## 세 번째 패러다임, 모바일 컴퓨팅

책상 앞에서 꼼짝하지도 못하고 일하기를 좋아하는 사람이 있을까요? 아마 별로 없겠지요. 이는 개인용 컴퓨팅의 새로운 패러다임을 불러왔어요. 그 결과 수십억 명의 사람들이 인터넷에 접속할 수 있었고(개발도상국에서 스마트폰으로 이야기하면서 자전거 타는 사람들의 모습을 볼 수 있는데, 이는 선진국에서 일상화된 유선 통신망의 발전을 건너뛰고 곧바로 무선통신을 접한 사람들이에요), 새로운 센서, 유비쿼터스 데이터 네트워크, 다양한 앱 등을 사용할 수 있게 되었지요. 새로운 변화였어요.

세 번째 기술 변화는 토론토(RIM Blackberry)와 헬싱키(노키아) 등에서 시작되었어요. 두 기업은 팜(Palm), 트레오(Treo) 및 몇 가지 제품군을 통해 기술 산업의 방향을 제시했어요. 당시 그들은 손에 꼭 맞는 휴대형 IT 제품을 생산했는데, '세상을 바꿀 만한' 것은 아니었지요. 그들의 목표는 메모를 하거나 전화를 걸거나 사진을 찍거나 문자메시지 보내는 일 등을 '편하게' 만드는 것이었는데, 오히려 이 점이 성장의 열쇠였어요. 2000년에 노키아가 국가 GDP의 4%, 헬싱키 증권거래소 시가총액의 70%를 차지했을 정도였으니까요.

2007년 1월 9일, 스티브 잡스가 아이폰을 세상에 공개했어요. 그날, 블랙베리와 노키아 경영진의 반응이 인상적이에요. 정상에 오른 기업들이 보인 오만함 때문이지요. 당시 몇몇 경영진은 "쿠퍼티노(애플 본사가 있는 지역 이름)는 전화기 만드는 방법을 모릅니다"라고 말했어요. 그런데 그들은 새로운 시장이 있다는 사실을 간과했어요. 사람들이 걸으면서 IT 기기를 사용하고 싶어하고, 통화하거나 사진 찍는 용도 말고도 휴대용 IT 기기를 사용하고 싶었다는 것을요.

노키아나 블랙베리에서 출시한 기기들은 여러 작업에 활용되기에는 어려웠어요. 그럼에도 직원들은 기기를 편리하게 사용하도록 만드는 방법조차 생각하지 않았어요. 그 무렵, 인터넷의 확산과 함께 등장한 웹은 다양한 분야에 사용되었어요. 아이폰에 이어서 안드로이드폰이 등장했고, 언제나 휴대할 수 있고 손가락 터치만으로도 여러 기능을 이용할 수 있었답니다.

# 네 번째 패러다임,
# 공간 컴퓨팅

»»»

패러다임은 이전의 패러다임을 기반으로 구축되고 발전해요. 그 결과 사람들의 삶을 바꾸고 혁신을 도모하지요. 그런데 모바일 컴퓨팅의 주역이라고 할 수 있는 스마트폰, 태블릿, 컴퓨터는 여전히 한계가 있어요. 바로 '인간처럼 작동하지 않는다'는 한계예요.

네 번째 패러다임은 인간 중심의 '사용성 혁신'이라는 변화의 바람을 불러일으킬 거예요. 어린아이라 해도 우유를 컵에 따라 마시는 방법은 알고 있어요. 그런데 컴퓨터를 조작하고 사용하는 일은 쉽지 않을 거예요. 아이가 편리하게 조작하도록 만들려면, 마우스를 이용하거나 화면을 터치하는 식으로 바꿔주어야 해요. 즉 화면 속의 인터페이스를 사용하게끔 하는 것이지요.

공간 컴퓨팅은 아이가 실제 컵을 손에 쥐는 것처럼 가상의 컵을 움켜잡게 만들 수 있어요. 그 결과 좀 더 많은 사람들이 컴퓨팅에 쉽게 입문할 수 있고, 우리가 수행하는 작업도 쉽게 만들 수 있어요.

예를 들면 연극을 관객석에서만 보고 듣는 것이 아니라, 무대 중앙과 무대 너머의 공간까지 관객이 경험할 수 있게 하는 거예요. 결국 사람들은 연극, 영화, 음악 공연 등 기존의 경험에서 벗어나 새로운 경험을 할 수 있게 돼요.

04 ▷▷▷

# 공간 컴퓨팅을 위한 6가지 기술

공간 컴퓨팅은 컴퓨터가 주변의 물리적 세계를 이해하고 이를 해석하며 사용자와 상호 작용할 수 있도록 하는 일련의 기술을 의미해요.

공간 컴퓨팅을 구현하려면 6가지 핵심 기술이 필요해요. 여기에서 6가지 핵심 기술은 광학 장비 및 디스플레이, 무선통신, 제어 메커니즘(음성과 손), 센서 및 매핑, 컴퓨팅 아키텍처(예를 들어 새로운 종류의 클라우드 컴퓨팅), 인공지능(의사결정 시스템)을 말해요. 이 6가지 기술에 대해서 알아보기로 해요.

## 6가지 기술
## 자세히 알아보기

광학 기술과 디스플레이 기술은 사람의 시각적 인지능력을 지원하려는 목적으로, 두 눈에 영상을 비추거나 현실 공간 위에 가상공간을 혼합하여 표현할 때 필요한 기술이에요. 안경이나 눈 전체를 가리는 고글의 형태로 구현되지요. 이를 통해 마치 눈앞에 가상현실이 펼쳐진 듯한 3차원 입체 영상을 경험할 수 있어요. 증강현실(현실 세계 위에 가상의 세계를 혼합해 마치 가상의 물체가 현실 공간에 위치하고 있는 것처럼 보이게 하는 것) 또는 가상현실(순수한 가상 세계만 경험하게 하는 것)을 경험할 수 있지요.

앞으로 광학 장비와 디스플레이 기술은 현실과 가상 세계를 시각적으로 완전히 통일하는 단계로 발전할 것입니다. 그 결과 사용자는 어떤 것이 가상현실의 요소이고, 어떤 것이 현실의 요소인지 구분하기조차 어려운 상황까지 이를 수도 있어요.

안경 한쪽에만 작은 화면이 있는 구글 글래스부터 현실의 이미지 위에 가상 이미지를 매력적으로 표현하는 마이크로소프트의 홀로렌즈에 이르기까지, 이미 공간 컴퓨팅 광학 장비는 시장에 나와 있어요. 다만 대중적인 성공을 거둔 제품이 오큘러스의 퀘스트 시리즈를 제외하면 없지요. 퀘스트도 스마트폰에 비하면 보급률이 매우 낮고요.

광학 장비는 기술적인 결함 때문에 대중화가 아직 이루어지지 않았어요. 무거운 무게, 짧은 배터리 수명, 선명하지 않은 화면 때문이에요. 그래서 이 기기를 지원할 만한 애플리케이션 개발도 하지 않은 상황이에요. 2019년 11월에는 애플이 가상·증강현실 고글을 개발하고 있다는 소문이 돌았어요. 그런데 2023년인 현재까지 정식으로 출시된 제품은 없답니다.

구글 글래스나 홀로렌즈는 렌즈 위에 디스플레이를 결합한 방식이에요. 반면에 시야를 완전히 가린 상태에서 카메라를 전면에 부착해 현실 세계의 영상을 고글 디스플레이에 실시간으로 투영해주는 방식도 있고요. 이 방식을 따르는 대표적인 제품이 있어요. 바조(Varjo)의 'VR-1'이에요. 2019년 봄에 처음 출시된 제품으로 패스스루 방식을 활용했어요.

패스스루 방식은 넓은 초광각 시야(FOV)를 제공한다는 장점이 있어요. 다만 실시간으로 영상을 카메라로 캡처해서 디스플레이를 하지만 시차가 생길 수 있다는 점, 이로 인해 어색함이 느껴질 수 있다는 점이 단점이에요.

패스스루 방식이 가진 몇 가지 제한 사항이 있어요. 다른 사람들은 내 눈을 볼 수 없기 때문에 현실에서 다른 사람들과 이야기해야 하는 상황에서는 적합하지 않아요. 게다가 시차가 있기 때문에 순간적인 판단으로 기민하게 대응해야 하는 경우, 예를 들면 총을 쏘는 군인이나 경찰에게는 적합하지 않아요. 같은 이유로 전동 톱 같은 위험한 공구를 다뤄야 하는 작업자나 도로에서 운전하는 상황에서도 마찬가지에요. 따라서 패스스루 방식이 현실을 실시간으로 보여주기는 하지만, 기본적으로 가상현실을 중심으로 현실 세계를 오버레이하는 응용 분야에서 본격적으로 사용될 것이라 생각해요. 최근에 메타(구 오큘러스)에서 출시된 '퀘스트 프로'도 이러한 개념에 가장 근접한 제품이에요.

가상현실을 위한 고글은 대부분 가상 세계를 보여주는 목적에 충실해서 현실 세계를 볼 수 없거나 보더라도 제한적이에요. 반면에 시스루(See-through) 디스플레이는 가상 캐릭터나 아이템을 현실 세계와 함께 보거나 현실 세계의 일부에 오버레이 또는 대체하는 화면을 주로 보는 증강현실 구현에 중심을 둘 거예요.

이러한 디스플레이 기술 및 디바이스들은 공간 컴퓨팅을 위한 주요 구성요소로, 각기 용도와 장단점이 있어요. 2025년쯤이면 아마도 패스스루 방식의 고글로 거실이나 야외에서 초대형 4K 디스플레이 화면을 현실 세계에 오버레이해서 볼 수 있지 않을까요? 이렇게 광학 장비와 디스플레이 기술이 완성되면 거실 한 벽면을 차지하던 TV는 역사 속으로 사라질지도 모르겠네요.

사무실 책상에서 일하는 사람들은 실제 세상을 볼 필요가 거의 없기 때문에 더 넓은 시야, 더 나은 색상, 더 높은 해상도를 선호하겠지요. 이때 패스스루 장치를 활용하는 것이 어울리지 않을까요? 애플이 출시할 증강현실 고글이 바로 이들을 주요 대상으로 삼고 있을 거예요.

패스스루 고글을 위한 초고해상도 마이크로 디스플레이 기술은 소니, 모조비전(Mojo Vision)에서도 개발하고 있어요. 기존의

LCD나 OLED가 아니라, 마이크로 LED 기술이 미래 디스플레이의 중심이 될 것이라 전망해요.

가상현실이나 증강현실의 초고해상도 영상을 위해서는 데이터가 많이 필요해요. 현실 세계와 구분하기 어려울 정도로 가상현실이나 증강현실을 구현하려면 어떻게 해야 할까요? 웨어러블 스크린의 해상도가 8K 정도로, 고해상도여야 해요. 고글이라면 주변의 영상을 동시에 전송해야 하고요. 사용자가 수시로 고개를 돌려 주변을 보려고 할 것이기 때문이지요. 이를 위해 360도 영상을 표현하기 위한 32K 비디오를 제공하는 고글을 테스트하고 있다는 기업의 이야기도 들려요.

사용자의 시각적 경험을 위해서는 엄청난 양의 데이터가 필요해요. 영상은 사용자가 어색하게 느끼지 못할 만큼, 짧은 시간 안에 실시간으로 전송될 수 있어야 하지요. 그런데 가벼운 고글로 처리해야 하는 경우에는 기술적인 제약들이 생길 수밖에 없어요. 이를 해결할 방법은 무엇일까요? 별도의 컴퓨팅 장치에서 처리하되 고글에는 실시간으로 스트리밍하는 방식을 고민해봐도 좋아요. 실시간 컴퓨팅의 성능을 보완하기 위해 클라우드 컴퓨팅 기술을 통해 작고 제한된 고글이 아닌, 원격의 고성능 시스템에서 일부 처리를 지원하는 방식도 좋고요.

앞서 말한 기술들이 성공하려면 현재보다 더 많은 대역폭이 필요하고, 대기 시간도 짧아야 해요. 현재 무선통신 기술의 중심은 5G예요. 5G는 여러 이점을 제공해요.

첫째, 매우 높은 대역폭이에요. 사용자는 스마트폰에서 LTE로 얻을 수 있었던 것보다 약 10배 더 많은 대역폭을 사용할 수 있어요. 둘째, 짧은 대기 시간이에요. 5G는 기지국까지 대기 시간이 약 2ms(밀리초)예요. LTE는 약 10배나 느리지요. 5G는 안테나당 몇 배나 더 많은 장치를 연결할 수 있어요.

그렇다고 단점이 없는 건 아니에요. 5G의 경우 가장 높은 주파수는 벽을 쉽게 통과할 수 없고, LTE보다 안테나에 훨씬 더 가까이 있어야 해요. 다만 진보된 공간 컴퓨팅과 메타버스를 구현하려면 5G의 기술 사양으로도 부족할 수 있다는 이야기를 하고 싶어요. 이를 위해 통신 회사에서는 이미 6G 기술을 개발·시험하고 있지요. 결국 무선통신 기술은 공간 컴퓨팅의 발전을 위해 필요로 하는 광대역 네트워크를 제공하고자 지속적으로 발전할 거예요.

만약 홀로렌즈나 퀘스트를 처음 사용한다면 사람들은 가장 먼저 어떤 동작을 취할까요? 아마도 눈에 보이는 가상의 물체를 손으로 잡아보려고 하지 않을까요? 기존의 컴퓨터나 스마트폰처럼 2차원인 평면 인터페이스에서는 경험해보지 못한 일이니까요. 손으로 만지고, 잡고, 조작하려는 인간의 욕구는 매우 당연하고 강력하지요. 증강현실 또는 가상현실 헤드셋에 컴퓨팅을 제어하는 것이 마우스와 키보드가 있는 기존의 랩톱 또는 데스크톱과는 매우 다르다는 것을 알 수 있어요. 이처럼 직접적인 조작, 즉 손을 자유롭게 하기 위해 여러 기술과 응용 분야 개발이 진행되고 있어요.

사람들이 3차원 공간에서 손을 자유롭게 움직이면서 컴퓨팅 환경을 조작하는 모습은 영화에 단골로 등장하는 장면이에요. 영화 〈마이너리티 리포트〉에서도 볼 수 있지요. 다만 영화에서는 주인공이 고글을 안 쓴 상황이에요. 고글 없이 허공에 여러 화면이 디스플레이되지요. 다만 이 기술은 아직 개발 전인 만큼, 디스플레이는 고글을 통해 실현될 것이랍니다.

인간은 태어나면서부터 움직이고 이동하는 일에 본능적으로 적응했어요. 반면에 컴퓨터는 사물이므로 공간을 이동한다는 개념이 없었지요. 컴퓨터에는 눈도, 손도, 발도 없으니까요.

그런데 스마트폰의 등장으로 세상은 어떻게 달라졌나요? 사람들은 스마트폰을 쥐고 돌아다니지요. 그 결과 공간의 이동은 당연시되었고, 센서를 통해 디지털 지도를 구축해서 컴퓨터에게 '이동한다'는 의미를 가르치고 있지 않나요?

컴퓨터에 '눈'도 달아주었어요. 카메라나 라이다, 새로운 종류의 3D 센서로 주변 데이터를 수집하기 시작했지요. 라이다 센서는 빛이 표면에서 반사되어 제자리로 되돌아오는 데 걸리는 시간을 알아내어서 주변 3차원 공간을 매우 정확하게 측정해요. 이것이 최신 아이폰에 장착된 라이다 센서의 역할이기도 해요. 게다가 이러한 기술을 응용하기도 해요. 사람의 표정을 따라 하는 아바타 기능을 제공하거나, 사용자의 얼굴을 인식해 신원 확인 용도로 사용하고 있지요. 앞으로 센서가 할 수 있는 일은 더 많아질 거예요.

이처럼 센서를 통해 데이터를 측정하고, 이를 기반으로 증강현실이 정상적으로 작동하게 만들어요. 가상의 아이템을 현실 세계에 자연스럽게 위치하고 조작하기 위해서는 그 상황의 현실 세계를 모델링한 '디지털 트윈'이 필요해요. 디지털 트윈은 이미 다양한 분야에서 주요 기술로 인식되고 있어요.

제조업 공장을 예로 들어볼게요. 공장 전체를 3차원 가상공간에 모델링해 업무 효율을 높이기 위한 가상 실험을 할 수 있는 디지털 트윈 세계를 구축할 수 있어요. 또는 뉴욕의 타임스퀘어에 자동차 회사나 운송 회사가 운행하는 자동차에 센서들을 탑재해 주변 공간을 스캔하고, 이 데이터들을 수집해 IT 기업에서 현실 세계의 디지털 트윈을 제작할 수도 있고요.

결국 완전한 공간 컴퓨팅, 그리고 메타버스 세계를 구현하기 위해서는 세상에 대한 상세한 3차원 공간 지도가 필요해요. 아우디, 폭스바겐이 운영하는 공장에는 이미 디지털 트윈이 구축되어 있어요. 카메라와 3D 센서를 활용해서 공장의 모든 것을 정확하게 측정하는 비주얼릭스(Visualix) 회사의 시스템을 사용해, 공장 현장에 고해상도 가상 버전을 구축했답니다.

컴퓨팅 아키텍처는 메인 프레임 컴퓨터가 등장한 후 클라이언트-서버 컴퓨팅, 웹 시스템을 거쳐 현재 클라우드 컴퓨팅이 중심이에요. 공간 컴퓨팅 시대를 맞이하면 또 한 번 컴퓨팅 패러다임의 진화를 볼 수 있을 거예요. 한때 단일 서버에 저장되었던 데이터베이스가 여러 대의 서버에 저장되어서 가상 클라우드 서버로 이동되었듯, 컴퓨팅 서버를 다양한 형태로 보이지 않는 곳에서 컴퓨팅 자원을 공급하고 있어요. 오늘날 컴퓨팅 자원을 필요로 하는 고객이라면 1초도 안 되는 시간에, 필요한 컴퓨팅 자원을 가상 서버 형태로 클라우드 서비스 회사에서 구입할 수 있지요.

클라우드 컴퓨팅은 컴퓨팅 자원을 필요로 하는 고객과 가까운 곳에 클라우드 컴퓨팅 리소스를 구축하고 있어요. 오늘날 기업에서 사용하는 표준 아키텍처는 데이터를 3~10개 지역의 데이터 센터에 분산시키는 것을 기본으로 해요. 하지만 공간 컴퓨팅이 요구하는 5G 기반의 무선 이동통신 인프라 기반의 컴퓨팅 세상에서는 그것만으로는 충분하지 않아요.

만약 3~10군데에 집중되어 있다면 대화형 가상현실 경험과 같은 새로운 고객 요구로 인해, 공간 컴퓨팅이 필요로 하는 부하를 처리하고자 막대한 서버 성능이 필요할 거예요. 따라서 미래에는 클라우드보다 더 분산되고 확산된 컴퓨팅 개념이 필요해요. 몇몇은 이를 '안개컴퓨팅(Fog Computing)'이라고 불러요.

공간 컴퓨팅이 필요로 하는 시스템 용량을 공급하기 위해서는 3개의 계층으로 구성된 다층 서비스 아키텍처가 필요해요. 상대적으로 멀리 떨어진 데이터 센터를 중심으로 하는 '클라우드' 계층, 사용자에 좀 더 가까이 위치한 서버 중심의 '안개' 계층, 집이나 사무실에 위치한 '에지' 계층으로 구성되어 있지요.

주요 클라우드 서버는 수백 또는 수천 마일 떨어진 아마존이나 마이크로소프트 애저(Azure)에 있을 수 있어요. 이를 여전히 '클라우드'라고 부르지만 소규모의 데이터 센터가 발전해서 도시 혹은 지역 단위에 컴퓨팅 서비스를 제공할 거예요. 이 새로운 계층은 아마존, 마이크로소프트, IBM, 구글이 제공하는 클라우드 인프라와 사용자 컴퓨터(또는 스마트폰, 헤드셋) 사이에 존재하기 때문에 '안개(Fog)'라고 불러요. 실제 안개처럼 하늘의 구름(거대한 클라우드 데이터 센터)과 지상(사용자의 컴퓨터) 사이에 있어요.

다계층 방식으로 구성하는 이유는 무엇일까요? 엄청난 양의 데이터 전송을 원거리까지 이동하지 않도록 만들기 위해서예요. 컴퓨팅 자원이 사용자의 가까이에 위치하기에 빠른 반응을 얻을 수 있고, 지역적으로 소규모 단위로 분산되어 있어서 클라우드 센터보다 훨씬 더 소형 시스템으로 감당할 수 있어요. 따라서 3계층 접근 방식은 새로운 애플리케이션 유형으로 확장될 것입니다.

오늘날 인공지능은 개와 고양이 사진을 구분하는 수준은 이미 넘어선 지 오래예요. 머신 러닝, 딥 러닝 형태를 기반으로 컴퓨터 비전(Computer Vision)의 도움을 받는 인공지능은 여러 분야에서 이용되고 있어요. 가상공간에서의 도시 건설, 자율주행차 및 로봇 제어, 수준급의 대화 능력으로 이메일 응답 지원하기까지 다양하지요.

우리는 인공지능, 머신 러닝, 딥 러닝, 컴퓨터 비전이 무엇인지 알아보기로 해요. 인공지능은 소프트웨어를 기반으로 앱이나 기계를 사용해 인간의 지능을 시뮬레이션해요. 머신 러닝은 가장 기본적인 형태의 인공지능으로 분류돼요. 데이터 패턴을 식별하고, 인식된 패턴을 기반으로 결정을 내려서 분석모델 구축을 자동화해요.

딥 러닝은 '감독(사람이 학습 과정에 관여함)' 또는 '비감독(순수하게 컴퓨터 프로그램과 데이터를 기반으로 스스로 학습함)' 방식으로 다층 은닉 인공신경망을 사용하는, 좀 더 강력한 머신 러닝 기술이에요. 일반적으로 비감독 방식이 사용돼요. 그리고 학습 결과를 바탕으로 결정을 내리지요. 여기서 말하는 다층 신경망은 실제로 특정 데이터 세트의 패턴이 무엇인지 결정하기 위해 함께 작동하는 수학적 알고리즘 시스템을 의미해요.

컴퓨터 비전은 머신 러닝과 딥 러닝 모두에서 중요한 역할을 해요. 인간의 시각과 유사하게 디지털 이미지와 실제 이미지가 모두 '감지'되는 메커니즘 역할을 하며, 이미지 속성이 학습 메커니즘(이때는 머신 러닝 및 딥 러닝)으로 전송돼요. 디지털 이미지를 주로 처리하는 컴퓨터 비전의 경우, 이를 '이미지 프로세싱'이라고 해요. 공간 컴퓨팅에서는 컴퓨터 비전과 결합된 인공지능 알고리즘이 광범위하게 사용되고요.

애플이 증강현실 고글을 출시한다면 음성 인터페이스로는 '시리'를 제공할 것이라고 생각해요. 미래에는 자연스러운 손 조작, 음성 탐색, 명령이 컴퓨팅의 사용자 인터페이스 역할을 할 것이고요. 최근 인공지능 분야에서 관심을 끌고 있는 것이 있어요. 오픈AI(OpenAI)의 챗GPT예요. 인간의 언어 능력과 유사한 수준의 대화형 인터페이스가 앞으로 공간 컴퓨팅과 메타버스의 기본 인터페이스가 될 것입니다.

가상으로 인물이나 아바타의 캐릭터를 합성하고 구현하는 것을 인공지능 캐릭터라고 해요. 그런데 가상 캐릭터는 인공지능의 대화 능력과 학습 능력을 인간 수준으로 끌어올리기까지는 오래 걸릴 수 있어요. 이러한 합성 캐릭터는 3차원, 즉 공간적으로 만들 수 있고, 가상현실은 물론 증강현실 앱, 사용자 경험에서도 사용할 수 있을 거예요. 이는 엔터테인먼트를 넘어 영업·마케팅, 교육, 고객 관계, 기타 비즈니스 용도로 확장될 것이라 생각해요.

운송, 기술, 미디어 및 통신, 생산, 소매, 보건 의료, 자원, 교육은 인공지능을 기반으로, 공간 컴퓨팅 활용으로 나아가는 초기 단계에 있어요. 공간 컴퓨팅의 3D 인터페이스는 새로운 차원의 도약을 가능하게 해요. 현재의 기술은 향상되고 심화될 것이지요. 그리고 우리가 상상조차 하기 어려운 새로운 세상을 위한 컴퓨팅 환경을 제공할 것입니다.

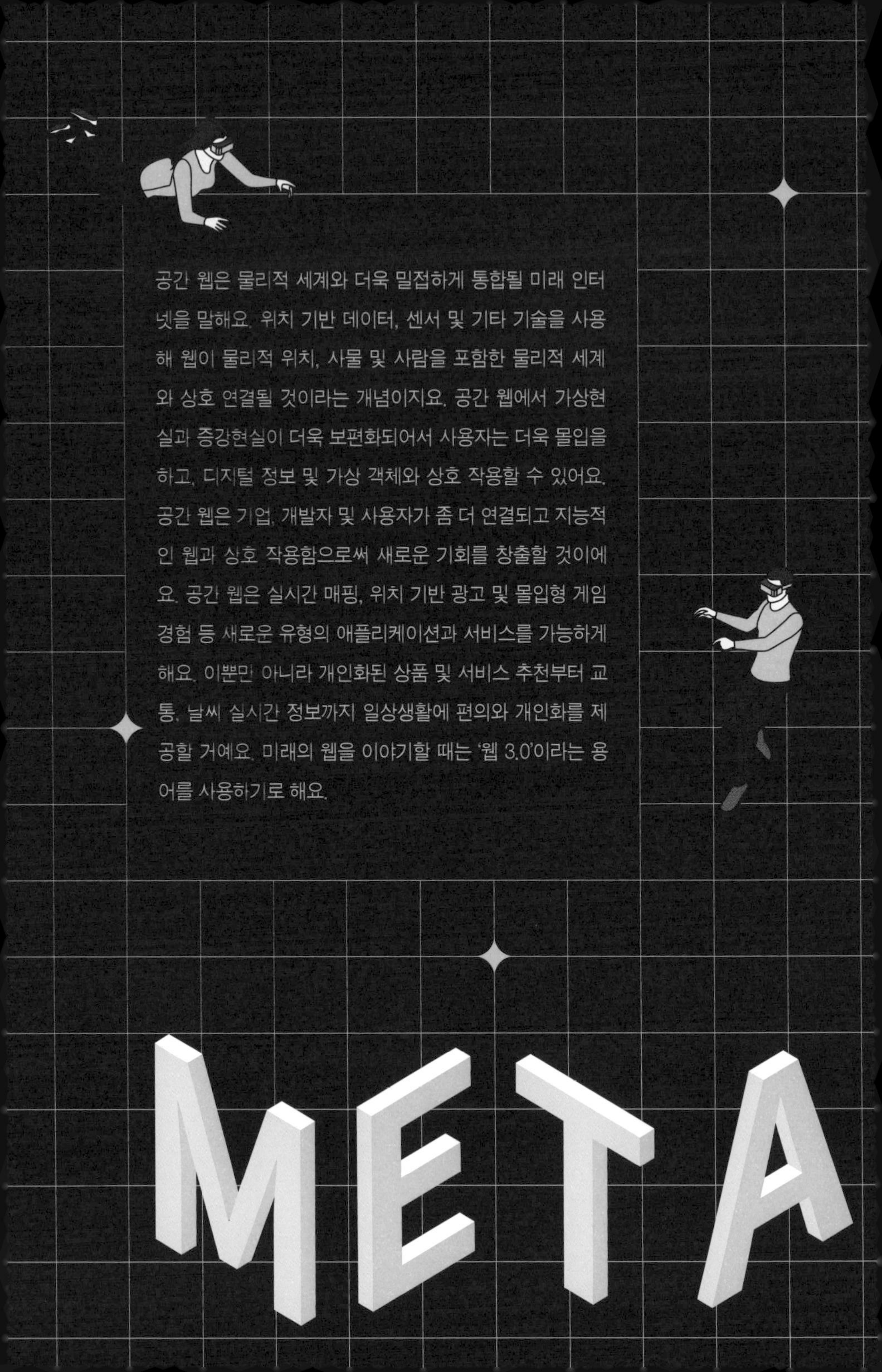

공간 웹은 물리적 세계와 더욱 밀접하게 통합될 미래 인터넷을 말해요. 위치 기반 데이터, 센서 및 기타 기술을 사용해 웹이 물리적 위치, 사물 및 사람을 포함한 물리적 세계와 상호 연결될 것이라는 개념이지요. 공간 웹에서 가상현실과 증강현실이 더욱 보편화되어서 사용자는 더욱 몰입을 하고, 디지털 정보 및 가상 객체와 상호 작용할 수 있어요. 공간 웹은 기업, 개발자 및 사용자가 좀 더 연결되고 지능적인 웹과 상호 작용함으로써 새로운 기회를 창출할 것이에요. 공간 웹은 실시간 매핑, 위치 기반 광고 및 몰입형 게임 경험 등 새로운 유형의 애플리케이션과 서비스를 가능하게 해요. 이뿐만 아니라 개인화된 상품 및 서비스 추천부터 교통, 날씨 실시간 정보까지 일상생활에 편의와 개인화를 제공할 거예요. 미래의 웹을 이야기할 때는 '웹 3.0'이라는 용어를 사용하기로 해요.

PART 4 ▸▸▸

# 미래의 인터넷, 공간 웹

VERSE

01 ▷▷▷

# 세상을 바꾼 웹의 등장

인터넷이 없는 세상을 상상해볼까요? 이제는 상상조차 하기 힘든 일이지만, 약 30년 전만 해도 우리는 인터넷이 없는 세상에서 살았어요. 정확히 말하자면 인터넷은 연구소나 대학에서 주로 사용되었고, 일반인은 인터넷을 잘 모르던 시절이었지요. 더 거슬러 올라가 1970년대 말에 개인용컴퓨터가 등장하기 전까지는 손바닥이나 책상 위에 놓고 사용하던 전자계산기가 전부였어요.

1980년대에 들어서면서 본격적으로 개인용컴퓨터 시대가 열렸어요. 애플에서 출시한 개인용컴퓨터를 중심으로 일반 가정에서도 사용할 수 있는 기기와 소프트웨어가 시장에 등장했지요. 당시 IBM은 개인용컴퓨터인 'IBM-PC'를 출시하면서 컴퓨터 시대를 본격적으로 열었어요. 동시에 운영체제를 공급하는 마이크로소프트가 등장했고요. 그 결과 현재 노트북, PC, 스마트폰 산업을 선도하고 있는 마이크로소프트와 애플이 성장하게 되었답니다.

그런데 1990년대 초반까지는 지금의 모습과는 달랐어요. 집에서 사용하는 컴퓨터는 주로 독립적으로 소프트웨어를 설치하고 사용하는 방식이었지요. 즉 네트워크 연결이 되지 않아서 소프트웨어를 자체적으로 설치하고 사용했답니다. 네트워크 연결이 안 된 컴퓨터를 상상하기 힘들지만, 당시에는 당연한 환경이었어요.

그러다가 전화선을 이용한 모뎀 장비가 등장했지요. 통신 서버에 접속해서 다른 컴퓨터와 데이터를 주고받을 수 있는 서비스가 시작되었어요. 그 결과 채팅, 게시판 등 온라인 서비스를 이용할 수 있었지요. 미국에서는 AOL(America Online)이 대표적인 서비스 기업이고, 우리나라에서는 KT와 데이콤이 '하이텔'과 '천리안'이라는 서비스를 제공했어요.

집에서 온라인 서비스를 이용하려면 집 전화 모뎀으로 해당 서비스 회사에 전화를 하고 잠시 후 특유의 모뎀 연결 소리가 들리면 그제야 다른 컴퓨터들과 연결됐어요. 책상에 앉아 세상 어딘가에 있는 낯선 사람들과 채팅을 하거나 정보를 주고받을 수 있었지요. 이때부터 우리는 메타버스 세상을 꿈꾸기 시작한 셈이에요. 멀리 있는 친구도 사귀고, 연애도 했던 사람들의 이야기도 적지 않지요. 그러다가 1990년대 중반, 인터넷과 웹이 등장하면서 세상은 완전히 변했어요.

인터넷은 20세기 냉전시기에 핵전쟁이 발발할 경우에도 네트워크 통신이 가능하도록 만드는 기술을 연구하는 과정에서 개발된 네트워크 구성 기술이에요. 핵심은 어떤 특정한 위치의 네트워크가 공격을 당해서 망가져도 우회경로를 통해 전체 네트워크가 동작할 수 있는 구조로 설계되었다는 점이지요. 따라서 인터넷을 구성하는 요소는 여러 지역에 흩어져 있는 컴퓨터들이 독립적으로 네트워크에 접속하고, 각 컴퓨터는 고유의 주소가 있어서 이 주소만으로 어디에서나 해당 컴퓨터와 통신을 할 수 있어요. 이 주소가 바로 'IP 주소'이지요.

인터넷 기반 서비스로는 고퍼 프로토콜(Gopher Protocol)이 대표적이었어요. 대학이나 연구소에서 사용하던 전자우편 서비스, 게시판, 오늘날의 검색 엔진과 유사한 서비스예요. 그런데 인터넷에 접속하려면 별도의 장비와 전문적인 컴퓨터 지식이 필요했고, 인터넷에 접속되는 컴퓨터들도 대부분 연구소나 대학, 정부기관에서 사용되었기에 일반인들이 접속할 일은 거의 없었어요.

그러다가 1990년대 중반, 정보를 그물망처럼 링크로 연결하는 하이퍼텍스트(Hypertext) 연구가 시작되면서 HTML(Hypertext Markup Language)이 등장했어요. 이를 기반으로 정보를 표현하고 제공할 수 있는 HTML 기반의 문서 서비스를 제공하는 월드와이드웹 기술이 등장했고, 인터넷은 순식간에 퍼져 나갔지요.

월드와이드웹은 HTML 방식으로 작성된 문서를 저장하고 접속한 컴퓨터들에게 서비스를 제공하는 웹 서버(Web Server)와 HTML 문서를 해독하고 이를 사용자가 쉽게 읽고 볼 수 있도록 화면상에서 표현해주는 웹브라우저(Web Browser)로 구분돼요.

1990년대에 모자이크라는 이름의 윈도우용 웹브라우저 프로그램이 등장했고, 뒤이어 넷스케이프 웹브라우저 프로그램이 등장해요. 넷스케이프는 크롬 브라우저나 인터넷 익스플로러의 '원조'에 해당하지요. 또한 웹 서버를 구축할 수 있는 'CERN httpd' 및 기타 초기 웹 서버 프로그램을 통해 HTML 기반의 웹서비스를 구축할 수 있는 길이 열리면서 웹 세상이 펼쳐졌어요. 이때가 '웹 1.0' 세상이 열린 시기이기도 해요.

## 웹 세상, 자세히 알아보기

웹 1.0 시대에는 웹브라우저를 이용해 URL(Uniform Resource Locator)이라는 새로운 형식의 웹 서버에 접속했어요. 그리고 웹 서버에 등록되어 있는 HTML 문서를 웹브라우저로 전송받아 PC에서 텍스트, 사진, 그래픽 등의 정보를 조회하고 HTML 문서에 있는 하이퍼링크를 이용하지요. 순식간에 HTML 문서를 다운받아 소화하는 방식이 중심인 서비스예요.

웹 1.0 서비스의 초창기 특징은 다음과 같아요.

- 웹 서버에 등록된 HTML 문서를 웹브라우저에서 조회한다.
- HTML 문서는 웹 서버를 구축한 사람이 미리 등록해둔 HTML 파일들이다.
- HTML 문서에는 하이퍼링크와 연결된 내용이 포함되어 있다. 하이퍼링크는 특정 웹 서버의 URL과 다른 HTML 문서가 저장된 위치 정보를 가지고 있다.
- 모든 HTML 문서는 사전에 작성된 것이며 문서가 수정되기 전까지는 항상 동일한 내용을 보여준다.

위와 같은 특징 때문에 웹 서버는 블로그처럼 등록자가 미리 등록한 내용만 제공할 수 있었어요. 또한 누가 접속하든 같은 내용을 보여줄 수밖에 없고, 표현할 수 있는 정보도 텍스트, 그래픽, 사진 등으로 국한되어 있었지요. 그럼에도 사람들에게는 이 기능들이 신선한 충격이었어요. 웹브라우저만 있다면 콘텐츠를 쉽게 볼 수 있었고 하이퍼링크를 클릭하면 새로운 웹페이지로 이동이 가능했기 때문이지요.

웹 1.0 시대는 정적인 웹페이지 중심의 웹사이트와 전자메일, 그리고 메시지를 주고받을 수 있는 인터넷 메신저 서비스가 주된 기능이었어요. 특히 인터넷 메신저는 세계적인 인기를 얻었지요. 당시 인기를 끌던 서비스가 바로 ICQ나 AOL 인스턴트 메신저(Instant Messenger), 그리고 마이크로소프트의 MSN이랍니다. 국내에서는 SK의 네이트온이 대표적이고요. 지금도 많은 사람들이 기억할 거예요. 그러나 지금의 웹과 인터넷 서비스에 비하면 조금은 아쉬운 콘텐츠예요. 웹페이지는 주로 블로그와 포럼 형태의 콘텐츠가 중심이거나 기업의 비즈니스용 온라인 브로슈어 성격이었으니까요.

당시만 해도 소셜 네트워크 서비스라는 개념은 없었어요. 실시간으로 대화를 주고받는 메신저, 단순한 웹페이지 중심의 웹사이트가 어떻게 블로그 서비스로 발전하고 소셜 미디어로 이어졌을까요? 사람들의 인터넷 사용 습관 변화 때문이에요. 사람들은 컴퓨터가 있어야만 인터넷 사이트를 방문할 수 있었어요. 그러다가 사용 시간이 늘어나면서 인터넷을 사용하려는 욕구가 커졌지요. 그 결과 새롭게 등장한 페이스북과 트위터가 사람들의 욕구를 충족시킬 돌파구가 되었어요. 한 연구에 따르면 근무 시간 중 약 40%를 소셜 미디어를 사용하는 데 소비한다고 하니, 그들의 욕구를 잘 파악한 결과가 아닐까요?

웹 2.0은 소셜 미디어 서비스의 등장으로 시작된 셈이에요. 2003~2004년에 마이스페이스(My space), 플리커(Flickr) 등 새로운 서비스가 등장했어요. 이는 단순한 웹페이지로 구성된 콘텐츠에서 벗어나 사람들의 이야기가 실시간으로 공유되는 서비스였지요. 그 결과 지금까지의 웹에서는 경험할 수 없었던 새로운 의사소통과 콘텐츠의 세계가 열렸어요.

소셜 미디어의 인기는 지금까지도 이어지고 있어요. 유튜브, 인스타그램, 틱톡 등 미디어를 기반으로 한 서비스를 통해, 사람들을 웹서비스의 세계로 불러 모으고 있어요.

웹 1.0과 웹 2.0의 차이점은 무엇일까요? 바로 정적이고 단순한 서비스 중심에서 시스템의 다양한 기능, 상호 작용, 실시간으로 변화하는 콘텐츠 중심으로 전환되었다는 것이지요.

최근 웹 3.0에 대해 이야기하는 글들을 자주 볼 수 있어요. 웹 1.0과 웹 2.0은 쉽게 구분이 가능한 기능적인 특징이 있어요. 그리고 우리는 지금의 다양한 웹서비스를 사용할 때, 특별히 다른 웹서비스가 등장했다고 느끼지도 않고요. 그런데 웹 3.0은 어디에 있을까요? 지금의 웹서비스들과 어떤 차이가 있을까요?

인공지능 기술은 오늘날 거의 모든 분야에 영향을 주고 있어요. 앞으로도 그 활용 범위는 넓어질 거고요. 미디어 네트워크에서 인공지능이 본격적으로 적용되면 사람이 중심이던 서비스가 새로운 모습으로 진화할 것이라 생각해요. 웹 2.0을 이끌어온 소셜 네트워크 서비스가 인공지능 기술의 발전에 따라 웹 3.0 시대를 열어갈 것임은 분명하고요. 웹 3.0의 소셜 서비스에서는 인공지능이 사람과 자연스럽게 상호 작용을 할 것이므로, 사용자는 그 대상이 사람인지 인공지능인지조차 구분하기 어려울 거예요.

인공지능은 사용자의 선호도나 관심 분야에 맞춰서 광고를 보여줄 것이고, 각자에게 적합한 서비스도 추천할 거예요. 사람들은 인공지능을 대상으로 상호 작용하고 있다는 사실조차 알지 못할 만큼, 인공지능 서비스는 우리 삶에 자연스레 스며들 것이랍니다.

웹 3.0은 웹 2.0이 제공하던 화면, 키보드, 마우스, 터치스크린 등 2차원적인 인터페이스를 넘어설 거예요. 3차원 가상공간과 현실, 가상이 혼합된 증강현실이 사용자 인터페이스를 제공할 것이고요. 이처럼 혁신적인 사용자 경험(UX)을 바탕으로 '지금까지 없었던 새로운 서비스와 경험'을 제공하는 기업들도 등장할 것입니다. 그래서 간혹 메타버스와 웹 3.0을 동일하게 생각하는 사람들이 있어요.

웹 3.0을 정의하는 기준을 보면, 비트코인에서 시작된 암호화폐 메커니즘과 이를 뒷받침하는 블록체인 기술을 웹서비스에 활용하는 것까지 포함해요. 웹서비스에서 '보안' 문제는 과거에도, 현재도 매우 중요한 이슈예요. 해킹 공격을 받아서 피해를 입은 사례는 무수히 많아요. 그만큼 보안 시스템은 웹서비스 기업이라면 가장 우선시되는 분야이지요.

웹 2.0 세상에서는 정보 관리가 중요한 임무예요. 이때 문제는 데이터 소유권 논란이에요. 개인정보와 인터넷에서의 활동 정보 등이 실제 사용자에게는 소유권이 없고, IT 기업이 독차지하고 있지요. 기업은 이를 기반으로 막대한 이익을 거두고 있고요. 이를 바꾸고자 기술 플랫폼으로 분산되고 소유권이 한곳에 집중되지 않으며, 한 기업이 마음대로 독차지할 수 없는 보안과 정보 저장 및 공유 기술로 블록체인과 관련 기술들이 등장했어요. 웹 2.0 시대를 구분하는 것이 바로 블록체인과 분산정보 보안 체계이지요.

웹 3.0에서 자주 언급되는 기술 중 하나가 'IPFS'예요. IPFS는 분산형 파일 시스템에 데이터를 저장하고 인터넷으로 공유하기 위한 프로토콜이에요. 데이터를 하나 또는 소수의 컴퓨터 시스템에 모아서 저장하는 것이 아니라, 전 세계에 분산되어 있는 수많은 컴퓨터들을 연결하여 만든 거대한 네트워크 공유 체계를 기반으로, 데이터를 분산·복제·보관·활용할 수 있는 기술을 말해요.

IPFS는 웹서비스의 중심이라고 할 수 있는 웹서버 기술을 대체할 수 있는지, 그 가능성이 검토되고 있어요. 이와 관련해 기존의 HTTP 프로토콜의 성능을 대폭 개선할 수 있는 'HTTP/2(Hypertext Transfer Protocol)' 프로토콜도 관심 가져볼 기술 중 하나예요.

## IPv4와 IPv6

지금까지 널리 사용되는 IP 주소는 IPv4체계이고 32비트의 값을 가져요. 보통 8비트씩 끊어서 '0~255'의 십진수 숫자로 나타내며, 각 숫자는 점(.)으로 구분해요. 총 32비트의 정보를 가지므로 최대 232개, 약 43억 개의 고유한 주소를 부여할 수 있지요.

그런데 인터넷에 연결되는 기기가 폭증하면서 이 주소 체계가 고갈되고 있어요. 한 보고서에 따르면 2025년에는 인터넷에 연결되는 기기의 숫자가 무려 2천억 개가 넘을 것이라고 해요. 이를 극복하고자 새로운 인터넷 주소 체계인 IPv6체계 도입이 진행되고 있어요.

IPv6는 IPv4 주소의 고갈을 앞두고 차기 주소 체계로서 고안되었고, 조금씩 적용 사례가 늘고 있어요. IPv4의 이론상 주소의 개수는 $2^{32}$개인 반면, IPv6의 최대 할당 IP 개수는 $2^{128}$(약 3.4×1,038)개 주소를 배정할 수 있어요. 통신이 가능한 기기마다 공인 IP를 하나씩 할당해도 고갈될 걱정이 없을 만큼 주소가 많아요. 이렇게 모든 기기들이 고유의 IP를 확보할 수 있는 상황이 되면, 우리의 행동과 움직임에 대한 데이터를 수집할 수 있는 전례 없는 기회를 제공할 거예요.

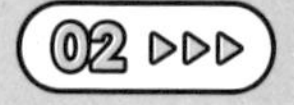

# 웹 3.0과 가상 세계

영국에서 한 학교의 교장이던 에드윈 애벗(Edwin Abbott)은 소설 『플랫랜드(Flatland)』를 썼어요. 가상의 2차원 세계인 플랫랜드에 사는 스퀘어가 3차원 세계에서 온 스피어라 부르는 개체를 만나면서 벌어지는 이야기를 다룬 소설이지요. 이 책은 당시의 정치 상황을 풍자한 소설이지만 2차원과 3차원의 개념이 등장하는 '차원'을 다룬 소설로 더 유명해요.

이 소설이 사람들의 관심을 끈 배경을 볼까요? 에드윈이 이 책을 쓴 1884년은 '차원'을 연구했던 알베르트 아인슈타인이 등장하기 전이었어요. 게다가 아인슈타인의 친구였던 호프만이 이 책을 극찬했고요. 실제로 미국에서도 이 책을 '차원학' 개론으로 생각할 만큼, 미국의 대학교에서 필수도서로 지정되었다고 하지요.

에드윈의 모교인 케임브리지대학교와 미국수학협회가 공동으로 기획해서 '플랫랜드 해설서'를 출간하기도 했어요. 수학뿐 아니라 소설의 배경이 된 서양 문명과 문학 작품까지 설명해준답니다.

이 책은 출시될 때만 해도 인기도 없었고 잘 알려지지도 않았어요. 그런데 상대성이론 등 차원에 대한 관심이 높아지면서 재조명되기 시작했어요. 이후 후속작으로 디오니스 버거의 『스피어랜드(Sphereland)』, 이언 스튜어트의 『플래터랜드(Flatterland)』, 루디 러커의 『스페이스랜드(Spaceland)』, 다큐멘터리 〈코스모스〉 등 여러 작품들에도 영향을 미쳤어요.

이 책은 소설을 쓰는 원작자의 입장이 아니라, 마치 수필처럼 가상 세계의 주인공이 현실의 독자들에게 쓰는 형식으로 되어 있어서 묘한 현실감을 느낄 수 있어요.

## 웹 3.0의 주요 특징

초창기 인터넷을 구성하는 단위인 노드는 컴퓨터 서버로 정의되었어요. 각 서버에는 IP 주소가 고유 값으로 부여되어 있었지요. 인터넷은 1969년 첫 4개 노드에서 급격히 성장해 웹 1.0(PC의 읽기 전용 웹사이트), 2.0(스마트폰의 소셜 미디어) 시대를 거쳐 진화했어요. 현재는 전 세계에 노드가 500억 개 넘는 규모로 성장했고요. 노드에는 노트북, 스마트폰, 스마트워치, 스마트 가전제품, 드론, 자동차, 로봇들이 포함돼요. 언젠가는 우리도 IP 주소를 받고 노드 중의 하나로 포함될 날이 오지 않을까요?

웹 3.0 시대에 들어서면 발전된 IT 기술과 분산 패러다임의 적용을 통해 인터넷이 우리 삶의 모든 측면으로 확장될 거예요. 향후 10년간 새로운 유형의 웨어러블 및 생명공학 장치를 포함해 수조 개의 센서, 비콘 및 다양한 디바이스들이 사물인터넷(IoT)에 추가될 것이랍니다. 이 과정은 가상의 물체와 공간을 물리적 세계의 사람, 장소, 사물을 연결시키고, 이 세상이 곧 메타버스 세상이 되지요.

인터넷이 태동하면서 그동안 추구했던 분산의 정신이 웹 1.0과 웹 2.0시대를 거치면서 크게 훼손되었어요. 그러나 웹 3.0 시대에서는 분산을 기준으로 돌아가고자 해요. 현재 인터넷 세상에서 기업과 정부는 웹 사용자와 데이터에 대한 감시는 물론, 관리를 중앙집중화하고 막대한 수익을 거두고 있어요.

웹 3.0으로 전환하면서 이러한 문제점들을 해결할 수 있었어요. 모든 사람에게 개방된 가상공간을 제공하겠다는 초기 인터넷이 추구했던 비전을 재구축할 기회를 얻을 수 있어요. 그리고 이 기반이 바로 공간 웹이에요.

# 공간 웹과
# 웹 3.0

초기의 컴퓨터는 방 하나를 가득 채울 만한 거대한 규모였어요. 그러다가 데스크톱, 랩톱을 거쳐서 손바닥에 둘 만큼 작아졌지요. 성능은 비약적으로 향상되었고요. 컴퓨터 네트워크 역시 빠르게 성장했어요. 건물 내부 영역부터 기업, 국가를 넘어 전 세계를 연결하는 네트워크로 말이지요.

오늘날 자동차, 도시 인프라 등 복잡한 대상에 컴퓨터를 적용하는 일은 충분히 의미 있어요. 그런데 향후에는 컴퓨터를 적용하는 대상이 좀 더 작은 대상으로 확대될 것이에요. 예를 들면 반지, 의류, 단추, 심지어 세포 단위에 이르기까지 컴퓨터와 연결하려는 시도가 전개될 것이지요.

기존의 인터넷이 그랬던 것처럼 수많은 네트워크를 하나의 네트워크로 연결하면 가치가 가장 잘 축적되기 때문에 사람, 장소, 사물, 규칙, 가치의 새로운 네트워크는 웹 3.0 시대의 만물 인터넷을 만들어요. 모든 것을 컴퓨터화하고 연결하는 능력은 컴퓨팅 기술과 네트워크 기술이 추구하는 궁극적인 목표이지요. 메타버스 세상을 준비하고 있는 현재, 이러한 통합에 대한 욕구는 그 어느 때보다 더 강렬해요. 그렇다면 이런 질문을 해볼 수 있어요. '만약 우리가 가상 세계와 현실 세계를 연결하고 물리적 영역과 생물학적 영역을 가상공간과 통합하면 어떠한 일들이 벌어질까?'

새로운 네트워크 프로토콜에 의해 촉진되는 물리적 영역과 디지털 영역의 통합은 물리적 장소와 가상 장소를 연결하는 새로운 웹의 생성으로 이어질 수 있어요. 이는 개방적이고 상호 운용이 가능한 차세대 웹, 즉 개인의 프라이버시와 재산권을 보호하는 동시에 인간, 기계, 가상 세계 간의 안전하고 신뢰할 만한 상호 작용과 거래를 보장하는 웹 3.0 시대를 가능하게 만들 거예요. 말 그대로 웹이 새로운 차원을 창조하게 되는 것이지요. 그것이 공간 웹이에요.

공간 웹은 미래 세계의 디지털, 물리적 대상들을 차세대 컴퓨팅 기술을 통해 통합된 세계를 생성해 새로운 우주를 창조하는 것과 같아요. 사람과 장소가 연결된 '살아 있는 공간들의 네트워크'예요. 그리고 현실의 사물과 가상공간의 사물 간의 상호 작용은 물론이고, 거래 및 운송 등 사람들이 원하는 행위가 현실과 가상의 구분 없이 자유롭게 이루어지는 통합 세계를 추구해요.

물론 공간 웹 세상을 구현하려면 기존의 인터넷과 웹을 구성하고 있는 소프트웨어 및 하드웨어, 그리고 네크워트 기술이 필요해요. 더 나아가 새로운 사회적·윤리적·법적 기준들도 필요해요.

만약 현실 세계를 정밀하게 스캔하고 모델링한 3차원 모델과 지역의 지도 데이터를 기반으로 로봇과 인공지능 기술이 연결되고 공간 웹으로 통합된다면 어떻게 될까요? 아마도 지금 가상현실 고글이 제공하는 수준의 가상공간이 아닌, 현실 세계와 유사한 열린 가상공간으로 나아갈 수 있을 거예요. 그리고 이러한 통합 세상에 블록체인과 분산원장 등 웹 3.0이 추구하는 분산 설계의 기술들이 융합되면 가상 세계에 대한 데이터를 안정적으로 관리하고 검증하는 동시에, 현실 세계와 유기적으로 통합될 수 있어요. 이를 통해 지금은 상상하지 못할 새로운 세상을 만들 수 있을 거예요. 그리고 이 세계가 궁극적으로 메타버스 세상이 꿈꾸는 진정한 통합의 세계이지요.

공간 웹이 기존의 웹과 다른 점은 무엇일까요? 기본적으로 3차원 공간과 기하학적 데이터를 구현하는 웹 시스템이라는 점이에요. 공간 웹은 현실 세계의 3차원 공간은 물론이고 가상공간의 공간 데이터를 디지털로 표현하며, 이를 다루는 범용 언어가 필요해요. 이를 통해 웹에서 현재 사물의 위치를 공간적인 맥락에 따라 표현하고 관리할 수 있도록 하며, 사용자는 단순히 보고 말하거나 몸짓, 심지어 생각하는 것만으로도 자연스럽고 직관적인 방식으로 정보를 주고받을 수 있어요.

이렇게 하려면 현실 세계에 배치될 센서들과 가상공간의 객체가 실시간으로 연결되어 현실 세계에서 상호 작용할 수 있는 로봇이 필요해요. 이를 통해 우리가 만나는 모든 장소, 모든 사물, 모든 사람에게 지적인 데이터와 행위를 상호 작용할 수 있게 되지요. 그리고 콘텍스트를 추가함으로써 세상을 더 똑똑하게 만들고, 분산 환경 및 분산 관리를 통해 새로운 네트워크에 대한 관계를 더 안전하고 빠르게 만들 수 있어요.

공간 웹은 이를 위한 데이터의 저장소와 컴퓨팅 서버를 통해 확산돼요. 공간 웹은 교육, 예술, 건강, 비즈니스, 법률, 정치, 환경 등 우리 사회의 모든 측면에 대한 가상공간과 현실 공간의 통합을 가속화하여 한 차원 더 높은 세상을 만들어요. 공간 웹은 보다 공평하고 포용적인 사상으로 전환할 수 있는 잠재력을 제공할 것입니다.

웹이 등장하기 전에는 물리적인 세상만 존재했어요. 이를 세상의 1단계라고 한다면, 2단계 세상은 별도의 디지털 세상이 있던 시기로 정의할 수 있어요. 그리고 현재의 세상은 디지털 세상과 현실 세계가 정보를 주고받는 3단계 세상으로 정의할 수 있어요. 우리는 3단계 세상의 끝자락을 살고 있는 셈이에요. 앞으로 다가올 웹 기반의 세상은 물리적 현실 세계와 디지털 가상 세계가 서로 융합되어 구분이 점차 모호해지는 세상이 될 것이고, 이를 4단계 세상이라 정의할 수 있어요.

우리는 웹 3.0에서 세상의 특성을 캡처해 디지털 세상으로 변환한 디지털 카피 세상, 소위 '디지털 트윈'을 만들고, 이를 물리적 현실 세계와 연결하는 고유한 ID, 상호 작용 규칙, 검증 가능한 기록을 가진 스마트 트윈을 생성해요.

디지털 트윈은 물리적 객체에 대응하는 고유의 가상공간의 객체를 구현하여 가상공간에서도 전 세계를 검색하게 만들고, 모든 객체, 사람, 프로세스 및 시스템을 업데이트하고 최적화하며 결과를 공유할 수 있어요. 디지털 트윈의 응용 프로그램은 매우 다양할 것이고, 그 효과는 상상하기 어려울 정도예요.

디지털 트윈, 그리고 공간 웹을 구현하기 위한 중요한 기술이 있어요. 바로 증강현실 기술이지요. 세상을 복사한 디지털 트윈이 어떻게 사물인터넷, 인공지능, 블록체인과 결합해서 스마트 트윈이 될 수 있을까요? 증강현실은 어떻게 작동할까요? 증강현실의 사촌 격인 가상현실 같은 현실에서는 어떻게 작동할까요?

가상현실의 응용 분야는 빠르게 늘어날 거예요. 가상현실의 미래를 이야기할 때, 닐 스티븐슨이 쓴 공상과학소설 『스노 크래시』를 생각해볼 수 있어요. 또한 오아시스라고 불리는 영화 〈레디 플레이어 원〉의 가상현실 시스템도 생각해볼 수 있고요. 여기에 증강현실을 연계하고 디지털 트윈을 포함해서 공간 웹까지 확장하기 위해서는 새로운 기술이 필요해요.

웹 3.0에서는 기존의 웹 2.0과는 달리 텍스트, 이미지, 2차원 영상을 뛰어넘어 공간 개체 및 환경, 그리고 이와 관련된 가상 세계와 현실 세계와의 통합 및 확장이 시도될 거예요. 그리고 웨어러블과 생명공학 장치와 연계되어 사람들의 맥박을 추적하고 음식 메뉴까지 추천할 것이고요. 게다가 행동과 감정을 인공지능이 분석해서 실시간으로 피드백할 수 있는 세상으로 이끌어갈 것이랍니다. 이를 기반으로 3차원 인터넷 가상현실인 메타버스 또는 가상현실 클라우드, 그리고 증강현실 클라우드 및 공간 컴퓨팅이 제공하는 통합된 세상을 구현할 것이라 생각해요. 이는 지금까지의 그 어떤 용어로도 정의된 적 없는 새로운 개념의 서비스일 거예요. 공간 웹 및 웹 3.0 시대에는 진정으로 세상의 만물이 인터넷과 연결된 세상이 될 것이에요.

공간 웹에서 '공간'이라는 용어는 미래 웹 또는 온라인 인터페이스가 화면 너머로 확장되는 3차원 웹이 될 거예요. 분산 컴퓨팅, 분산 데이터, 유비쿼터스 인텔리전스 및 클라우드와 에지 컴퓨팅에 의해 구현되는 시스템이지요. 각각의 기술 트렌드는 근본적으로 컴퓨팅을 우리 주변으로 확장하여 새로운 차원의 경험, 연결, 신뢰 및 인텔리전스를 세상에 제공해요 이러한 매크로 컴퓨팅의 변화를 '공간화(Spatialization)'라고 불러요.

공간 웹의 미래는 어디에서 볼 수 있을까요? 바로 우버(Uber), 에어비앤비(Airbnb), 포스트메이트(Postmates), 스냅(Snap), 나이언틱(Niantic), 태스크래빗(TaskRabbit)과 같은 유니콘 스타트업에서 엿볼 수 있어요. 언급한 기업들 중에서 상당수는 기업가치가 10억 달러를 초과했지요.

스타트업의 성공은 스마트폰의 하드웨어 성능 향상, 특히 GPS가 제공하는 위치기반 기능, 자이로스코프 및 가속도계 등 센서를 통한 위치 및 방향 분석 기능, 카메라 기술의 소형화 및 라이다 등 3차원 센서 기술의 발전 덕분이에요. 기술은 공간화를 위한 가치를 열어주기 때문에, 이들의 가치는 더욱 확대될 것이랍니다.

03 ▷▷▷

# 메타버스와 웹 3.0에 대한 기대

페이스북의 창업자 마크 저커버그는 "향후 5년 이내에 페이스북을 소셜 네트워크 회사가 아닌 메타버스 기업으로 변신시키겠다"라고 선언했어요. 서점가에서도 '메타버스'를 주제로 한 서적들이 눈에 띄고 있어요. 기업들 역시 메타버스를 활용한 비즈니스 모델을 검토하거나 이미 시작한 상황이지요. 마치 2017년 무렵의 비트코인 열풍을 떠올리게 해요. 메타버스에 대한 일반인들의 관심은 그 당시의 비트코인에 비할 바는 아니지만, 앞으로 메타버스에 대한 일반인들의 관심은 분명히 커질 거예요.

인터넷을 기반으로 한 웹 기술, 이를 통한 서비스와 비즈니스의 발전 과정을 설명할 때 웹 1.0과 웹 2.0으로 구분해왔어요. 웹 1.0은 1990년대 중반부터 2005년 무렵까지의 웹 생태계를 의미하고, 웹브라우저와 전자상거래 사이트 중심의 초창기 웹 시대를 의미해요.

이후 아이폰의 등장으로 모바일 인터넷의 확산, 페이스북의 성공을 통한 소셜 네트워크의 성장과 이에 따른 웹 생태계의 개인 참여 확대, 그리고 클라우드 서비스가 일반화되면서 다양한 P2P 서비스와 O2O 비즈니스 모델의 성장 시기를 웹 2.0으로 정의했고, 현재의 웹 생태계를 의미해요.

웹 3.0이라는 용어는 웹의 창시자인 팀 버너스 리가 처음 사용했어요. 이후 웹 전문가들의 정의가 이어졌고요. 공통적인 의미는 웹 3.0이 다가올 웹 생태계를 일컫는 의미라는 거예요.

웹 3.0 시대를 주도할 기술로 인공지능, 블록체인 기반의 분산 데이터 환경, 에지 컴퓨팅이 꼽혀요. 하지만 웹 3.0에 대해 증강현실·가상현실·혼합현실 기술과 블록체인 플랫폼, 그리고 아바타로 정의되는 가상 세계와 현실 세계를 하나로 연결하는 메타버스 웹 환경의 확산으로 정의하는 전문가들도 많아요.

2021년 9월 초, 마이크로소프트 CEO인 사티아 나델라는 투자자와의 통화에서 '엔터프라이즈 메타버스'를 언급했어요. 현재 메타버스는 실리콘밸리의 투자자와 벤처 창업자들이 관심을 갖는 주제예요. 왜 그럴까요? 이는 웹 3.0과 관련이 있어요. 웹 1.0 시대에는 넷스케이프를 시작으로 아마존, 이베이 등의 성공 모델이 있었어요. 웹 2.0의 시대에는 페이스북, 유튜브, 구글, 넷플릭스 등의 성공 모델이 있고요. 그리고 비트코인으로 대표되는 암호화폐 열풍도 있었어요.

다가올 웹 3.0 시대는 이더리움 블록체인 플랫폼상의 생태계, 그리고 이를 기반으로 한 NFT 및 Di-Fi를 통한 창의적인 비즈니스 모델의 등장 가능성, 오큘러스로 대표되는 가상현실 기술과 구글 글레스 류의 증강현실 기술 등으로 명명될 것이지요. 웹 1.0이 PC 기반의 인터넷 공간이라면 웹 2.0은 모바일 기반의 인터넷이에요. 그리고 웹 3.0은 증강·가상현실 기술을 활용한 메타버스 기반의 인터넷이 될 것이라 전망해요. 그만큼 웹 3.0 시대에는 엄청난 성공을 거둘 기회가 있어요. 투자자들은 웹 1.0과 웹 2.0 초창기 때 동참하지 못했던 기회를 얻고자 해요. 그래서 메타버스를 표방하는 기업과 기술에 투자가 몰리고 있어요.

일례로 미국의 투자자문사인 라운드힐 인베스트먼트에서 메타버스 ETF(상장지수펀드) 상품을 출시했어요. 향후 메타버스가 성장할 때 수익을 거둘 수 있는 관련 기업들을 중심으로 구성된 ETF이지요. 여기에 포함된 기술과 기업들을 볼까요? 5G와 6G 통신기술의 퀄컴(Qualcomm), 언리얼(Unreal)엔진과 포트나이트(Fortnite)의 에픽 게임즈(Epic Games), 유니티(Unity), 이더리움(Ethereum), 엔비디아(Nvidia), 오큘러스의 페이스북, 텐센트, 로블록스(Roblox), TSMC, 오토데스크(Autodesk) 등이에요. 웹 3.0 시대에서 관심을 가져볼 만한 기업들이지요.

많은 사람들이 인터넷 기업에 투자하지 않은 것을 안타까워해요. 또한 여러 벤처기업들이 IT 패러다임의 전환기에 주도권을 잡지 못해 경쟁에서 밀려났지요. 게다가 비트코인의 가치 폭등을 넋 놓고 바라보았고요. 이것이 웹 3.0 시대의 개막 초기라고 할 수 있는, 오늘을 함께하는 사람들이 메타버스에 열광하는 이유예요.

어쩌면 앞에서 언급한 메타버스 ETF 내에 포함된 기업이 아닌, 새로운 기업이 메타버스를 주도하는 강자로 부각될 수 있어요. 새로운 형태의 상거래 모델과 가상 자산이 인기를 얻어서 비트코인에 버금가는 가치 상승을 보여줄 수도 있고요. 물론 1990년대 후반 '닷컴 열풍'과 '묻지 마 투자'에서 보여준 위험성을 또다시 재현하게 될 가능성도 있어요. 그러나 메타버스에 대한 관심이 제약을 받을 것이라 생각하지는 않아요.

토머스 프리드먼은 이렇게 말했어요.

"비관론자들이 대체로 옳지만, 세상을 바꾸는 것은 낙관론자들이다."

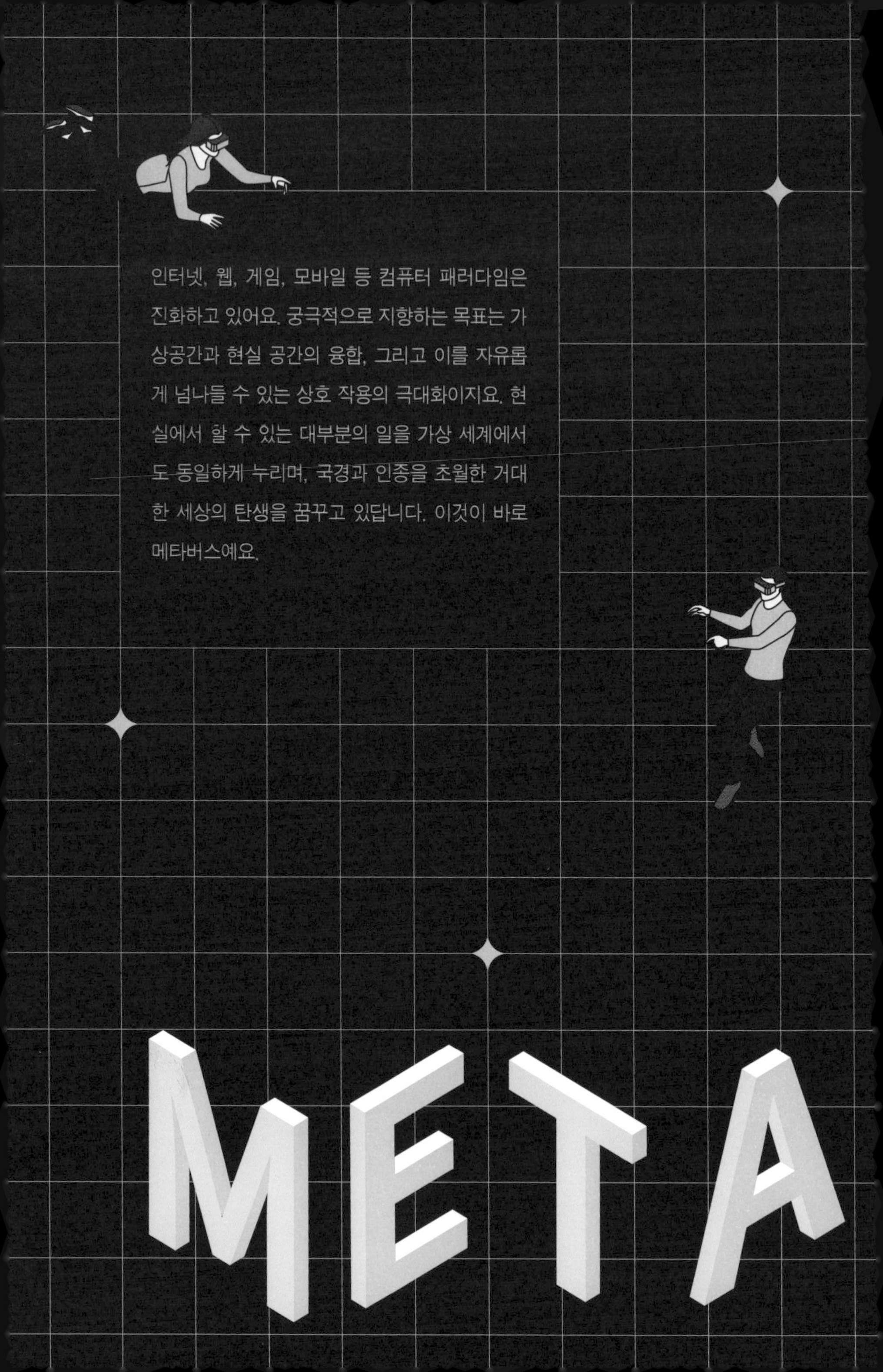

인터넷, 웹, 게임, 모바일 등 컴퓨터 패러다임은 진화하고 있어요. 궁극적으로 지향하는 목표는 가상공간과 현실 공간의 융합, 그리고 이를 자유롭게 넘나들 수 있는 상호 작용의 극대화이지요. 현실에서 할 수 있는 대부분의 일을 가상 세계에서도 동일하게 누리며, 국경과 인종을 초월한 거대한 세상의 탄생을 꿈꾸고 있답니다. 이것이 바로 메타버스예요.

PART 5 ▸▸▸

# 메타버스의 등장

VERSE

# 현실 세계와 메타버스, 그리고 평행우주

온라인 세계와 커뮤니티의 성장은 가히 폭발적이에요. 인터넷에 대해 비우호적인 시각이 있었지만, 수십억 명의 사람들이 소셜 네트워크 서비스를 이용하는 것은 사실이지요. 초고속 인터넷, 스마트폰, 다양한 기기의 브라우저 덕분에 일상생활에서 인터넷과 단절된다는 것은 불가능에 가까운 일이 되었어요.

오늘날 우리들이 사용하는 인터넷의 서비스와 시스템 체계는 2004년에 정의된 개념이에요. 웹 2.0 프레임워크라고 부르는 사용자 중심의 콘텐츠 생성 및 상호 작용 개념에 따른 것들이지요. 웹 2.0의 예로는 워드프레스, 페이스북, 유튜브, 쇼피파이, 트위터 등이 있습니다.

다음 세대의 인터넷은 웹 3.0이에요. 이는 모든 것을 바꿀 거예요. 인터넷의 자연스러운 진화는 분산화 기술과 블록체인 기술에 기반한 P2P 네트워크 기술의 조합으로 이루어질 것이에요. 현재 우리가 사용하고 있는 중앙집중적인 관리와 웹 애플리케이션을 통해 서비스되는 인터넷을 바꿀 것이지요. 이러한 인프라 스트럭치와 네드워크 모델의 변화는 새로운 애플리케이션은 물론, 메타버스를 새로운 각도에서 재조명하는 계기가 될 것이에요. 메타버스의 비전은 디지털 기술을 응용해 우리의 현실 세계와 연결된 디지털 평행우주를 구현하는 것이에요.

메타버스 내의 평행 가상 디지털 환경, 온라인 세상과 오프라인 세상이 융합된 세계는 우리가 아바타(사용자가 설정한 개인적인 자아)를 통해 소통하고 경험을 공유하는 디지털 세상을 제공해요. 현실에 존재하는 빌딩, 토지, 물건 등의 자산 개념을 메타버스에서 제공할 것이고요. 이러한 메타버스 중 일부는 토지의 규모를 제한하는 개념을 적용할 것이며, 토지는 사용자가 다른 사람에게 빌려주거나 개발·사업을 할 수 있는 기반을 제공할 거예요.

시간이 흐르면서 메타버스는 실제와 가까운 모습으로, 아니 실제보다 더 진화할지도 몰라요. 사용자의 아바타는 자유로이 이동하며 다른 아바타를 만나 소통하고 다양한 정보를 접하겠지요. 또한 메타버스를 통해 원거리에서도 회의하고 업무를 진행할 거예요. 그리고 다른 회사의 사람들과 메타버스의 가상공간에서 만날 것이고요. 업무가 물리적 공간이 아닌 가상공간에서 이루어질 거예요.

앞으로 메타버스가 어떻게 발전할지 예상해보기 전에, 그동안 어떻게 발전되어 왔는지를 알아볼 필요가 있어요. 메타버스 열풍은 언제, 어떻게 시작된 것일까요?

## 메타버스의 기원

메타버스는 'Metaphor(메타포)'와 'Universe(유니버스)'가 합쳐진 말이에요. 메타버스의 어원은 철학자 플라톤의 이야기를 살펴봐야 알 수 있어요. 플라톤은 동굴의 안과 밖을 우리가 감각으로 인지하는 세상(동굴 안)과 실제 현실 세계(동굴 밖)로 빗대서 구분했어요. 마이클 헤임이 쓴 『Metaphysics of Virtual Reality(가상현실의 형이상학)』에 플라톤 식으로 정의한 메타버스 개념이 나와요. 그는 네트워크로 연결된 컴퓨터 시스템을 인류 사회의 커뮤니티에 비유했지요.

또 다른 책으로는 앞서 언급했던 소설 『스노 크래시』예요. 저자 닐 스티븐슨은 메타버스를 '시각, 청각, 후각, 그리고 다양한 센서 장치들을 기반으로 구성된 가상현실 환경'이라고 정의했지요. 소설의 주인공 히로(Hiro)는 "메타버스는 매우 거대하며 마치 확장하는 우주와 유사하게 계속 커지고 있다. 이론적으로 메타버스가 얼마만큼 거대해질 것인지에 대한 한계는 이론적으로 제한이 없다"라고 이야기하지요.

소설에서는 온라인 세상에서 물건, 서비스, 자산을 구입하고 오락 수단으로 가상화폐가 나와요. 주인공 히로는 가상 세계의 수많은 소비자 중에 하나가 되는 것을 거부하는 입장이에요. 다만 메타버스에 좀 더 많은 기업가들이 그 필요성을 알아야 하고, 그들이 사물을 개발하고 친구들을 불러 모아야 한다고 생각하지요. 이렇게 불러 모은 친구들과 그들의 친구들을 통해, 입에서 입으로 마치 바이러스처럼 관계를 확장해요.

소설에서 방문자들은 다른 방문자들과 소통하고자 가상현실 고글을 착용해요. 또한 방문자들은 방문할 때마다 '사용자 라이선스 동의서'에 동의할 것을 요구받지요. 사용자들이 로그인을 하면 아바타를 하나씩 배정받는데, 이 아바타는 방문자의 외모를 만화처럼 표현한 것이에요.

만약에 방문자들이 로그아웃하지 않고 고글을 벗고 메타버스를 떠나면, 아바타들은 자동 모드로 변환되어서 독자적으로 활동해요(이 기능은 프리미엄 가입자에게만 주어진 특별 기능이다). 메타버스에서 아바타들은 다른 지역의 사람들과 어울릴 수 있도록 방문 가능한 지역을 제한하고 옷 스타일도 제한해요.

사용자가 메타버스의 다른 가상 세계를 방문하는 동안, 사용자의 아바타는 메타버스 내의 제한된 지역에서만 머무를 수 있어요.

각각의 세상을 '도메인'이라고 부르며 각자 고유한 온라인 법이 있지요. 이 법은 사용자의 온라인 활동을 일일이 감시하는 '스크래그(Scrags)'라는 소프트웨어 에이전트에 의해 유지돼요. 만약 사용자가 메타버스 세상에서 법을 어기면 스크래그에 의해 체포되어 감옥에 갇히거나 아바타를 압수당할 수 있어요.

메타버스의 한 지역은 컴퓨터 인프라스트럭처 자원과 가상 토지를 소유하고 있는 센트럴 인텔리전스 코퍼레이션(Central Intelligence Corporation)이라는 개인 재벌에 의해 관리돼요. 가상 토지는 메타스페이스(주인공 히로가 현실적인 감각을 위해 사용하는 용어)의 실제 토지와 유사한 가치를 가지고 있으며, 이들 가상 토지는 사용자들끼리 사고팔 수 있어요.

메타버스를 체험하려면 물리적인 하드웨어가 필요해요. 스티븐슨의 이야기를 보면, 메타버스는 주문 제작된 덱(Custom-built Deck)이 있어야 하고, 방문자들은 특수 고글과 사운드 장치가 필요해요. 바로 이 점이 헤드셋과 마이크로폰을 착용하고 서로 얼굴을 볼 필요 없이 이야기하며(물론 메타버스에서도 사용자들 간의 대화는 가능하지만) 온라인에 접속해 게임을 진행하는 멀티 플레이어 게임과 메타버스의 차이예요.

소설에 등장하는 가상현실 기술은 경제적으로 제약이 있어요. 사용자들은 특수 장치를 사용할 경제력이 없으면 자기의 경제력이 허용되는 만큼만 사용하고, 사용을 마치면 로그아웃을 해야 하지요.

일본에만 100개가 넘는 가상현실 테마파크가 있고, 온라인 접속을 위해 비용을 청구하지요. 도쿄에 있는 한 테마파크에는 게임과 라이브 공연을 즐길 수 있고 클래스에도 참가할 수 있어요(대부분의 사용자들이 서로 다른 공간에 있다는 것을 인지하지 못한 채로 말이에요). 이보다 진보된 버전은 사용자에게 향기와 감촉을 제공하는 경우예요.

메타버스라는 용어는 최근 사이버 세상을 대표하는 의미로 사용되는 경향이 있어요. 하지만 국가마다 똑같은 의미는 아니에요. 예를 들어 러시아어에서 메타버스는 컴퓨터나 비디오 게임 콘솔을 통해 접속하는 가상현실 세계를 의미해요. 그리고 이와 유사한 온라인 커뮤니티도 의미하고요. 스칸디나비아에서 메타버스는 '엘프(Elves)들의 섬'을 뜻하며 신화적인 세상을 의미해요. 또한 스페인에서는 인터넷 채팅 방을 가리키는 용어로 사용돼요.

영어권에서 메타버스는 가상 세계, 증강현실, 인터넷을 포함하는 포괄적인 의미로 사용돼요. 메타버스는 가상현실 게임인 세컨드라이프와 대규모 온라인 롤 플레잉 게임 및 인터넷 포럼 등을 통칭하는 용어가 되었지요.

우리는 메타버스와 사이버스페이스가 어떤 차이가 있는지 알아볼 필요가 있어요. 메타버스가 '네트워크를 통한 소통을 가상현실에 기반해 강화한 것'이라면, 사이버스페이스는 '모든 전자매체를 통한 디지털 정보들이 모인 공간'을 의미해요. 사람들은 '사이버'라는 용어가 가상 또는 컴퓨터 네트워크를 의미한다고 생각하지만 이는 오류예요.

사이버스페이스는 물리적인 공간을 필요로 하지 않아요. 이 용어는 인터넷이 물리적인 법칙의 지배를 받지 않는, 새로운 개념의 차원을 가지는 것을 표현하기 위해 사용되었기 때문이에요.

반면 메타버스는 개방 플랫폼이자 끊임없이 발전하고 있는 개념이에요. 가상현실을 통해 사람들이 협력할 수 있도록 설계되었고, 사용자들이 가상 세계에서 지속 가능한 존재를 유지할 수 있는 환경을 제공하는 것을 의미해요. 이러한 기능에는 음성 인식과 안면인식 기술을 기반으로 한 아바타 애플리케이션이 포함돼요.

## 메타버스의 다양한 가능성

메타버스의 확산과 사용자들의 데이터를 기반으로 한 사업 모델이 등장할 수 있어요. 일례로 메타버스의 가상공간에서 사용자들이 만든 가상의 광장과 공원, 상상 속의 장소 등을 현실에 구현할 수도 있지요. 패션을 예로 들면, 가상의 공간에서 자신의 아바타가 입고 다니는 복장을 현실에서 만들어줄 수도 있고요. 이는 'NFT(Non-Fungible Token, 대체 불가능한 토큰)'를 이용해 새로운 기회를 만들 수도 있어요.

메타버스는 사이버스페이스를 통해 서로 교감하는 다양한 지적 대상(객체)들로 구성된 모든 현실(또는 메타-현실)을 하나로 통합하는 역할을 할 수 있어요. 그리고 물리적인 공간과 시간의 제약을 뛰어넘어, 광대한 영역에 걸쳐서 사람들과 기타 대상들 간의 정보 공유와 소통의 수단으로 활용할 수도 있지요.

게임 '하프라이프(Half-Life)'는 자신만의 현실을 유지할 수 있는 메타버스 기반 게임이에요. 고든 프리먼(Gorden Freeman)은 가상현실의 게임 주인공임에도 현실 세계 또는 메타-현실 세계에서 존재감을 가질 수 있다는 좋은 예입니다.

가상공간을 물리적 공간과 지역의 확장된 개념을 지원하는 정보시스템 인프라스트럭처의 일부라고 볼 수 있어요. 사용자들은 아바타를 통해 소통해요. 아바타들 간의 상호 작용은 메타버스 내에서 존재 상태에 영향을 주거나 외부에서의 관점을 제공해요.

## 메타버스와 아바타

메타버스가 발전하고 현실에 좀 더 가까워지면 가장 중요한 이슈가 무엇일까요? 바로 자신의 아바타를 선택하는 일이 될 거예요. 아바타란 무엇이고, 왜 필요할까요?

먼저 아바타를 다음과 같이 정의해볼게요.

- 첫 번째 정의: 특정한 대상을 그래픽으로 표현한 것(그림, 모델 등)
- 두 번째 정의: 표현하려는 대상의 특징과 특성을 상징하고, 대표하는 개념이나 아이디어

두 번째 정의가 첫 번째 정의와 무엇이 다른지 알겠나요? 아바타가 단지 개성만 나타내는 것이 아니라, 아바타가 상징하는 것이 특성과 연관될 수 있다는 점이에요.

아바타는 가상 세계에서 사용자들을 표현하는 역할을 해요. 동시에 상대방이 자신에게 특정한 성향을 보일 것임을 예상하게 만드는 역할도 하고요. 예를 들어 현실 세계에서 정장을 입은 사람을 만났을 때, 일반적으로 사람들은 상대방이 정장 차림과 어울리는 행동을 할 것이라 예상해요. 그런데 캐주얼한 복장을 입은 사람에게는 다른 기대를 하지요.

가상 세계의 아바타가 표현하는 모습은 현실 세계의 모습과 완전히 다를 수 있어요. 예를 들어 아바타는 10세 소녀이지만 사용자는 45세의 남성일 수 있지요. 하지만 아바타로서 상징되는 특성이 가상공간에서는 여전히 남아 있을 가능성이 높아요.

아바타 없이는 메타버스 전략이 있을 수 없어요. 가상 세계의 수익이 2025년까지 4천억 달러에 달할 것이라 해요. 패션, 음악, 미디어, 심지어 정치까지도 디지털 아바타에 의존하는 시점이 올 것이라 예상해요. 사람들은 아바타에 옷을 입히거나 움직이게 하는 방식으로 자신을 표현해요. 또한 아바타는 NFT 구매를 과시하

는 메커니즘이 될 수도 있고요.

울프3D(Wolf3D)의 CEO 티무 토케(Timmu Tõke)가 공유한 '레디 플레이어 미(Ready Player Me)' 아바타를 볼게요. 레디 플레이어 미 아바타는 독특한 신발을 신고 비트에 맞춰서 춤을 춰요. 이 신발은 최신 게임 내 엔진, NFT, 블록체인 인증 및 증강현실을 활용해서 만든 것이에요.

지니(Genies)는 아바타 경제에 중점을 둔 디지털 아바타 기업이에요. 지니의 CEO인 아카시 니감(Akash Nigam)은 기업이 메타버스를 위한 길을 닦을 수 있도록 하고 있어요. 축구선수 메수트 외질(Mesut Özil)과 파트너십을 맺었고, 가상 유니폼과 희귀 한정 디지털 상품을 니프티 게이트웨이(Nifty Gateway)에서 50만 달러에 판매했지요.

저스틴 비버, 리한나, 제이 발빈은 모두 지니 아바타로 변신한 스타들이에요. 아카시 니감은 이렇게 말했어요. "Z세대와 밀레니얼세대의 관심사는 지속적으로 변화하고, 다음 표현의 매체를 모색하고 있어요. 이들이 중심이 되어 인터넷과 메타버스에서 더 많이 소비하고 있지요. 그들은 온라인 평판에 매우 민감하게 반응해요. 온라인에서 좋은 평가를 얻길 원하죠. 아바타는 이를 달성하는데 도움이 되는 수단 같아요. 따라서 MZ세대와 아바타를 직접 연결하는 것이 게임의 중심이 되고 있어요."

아바타 기업의 성공은 사람들이 얼마나 메타버스에 관심이 있고 참여를 원하는지 알 수 있게 했어요. 그리고 길을 열어주었지요. 기업은 패션, 장식 등을 위한 가상 제품 공간에 어떻게 진입할 것인지, 그리고 인터넷의 다음 세대에 어떻게 참여할 수 있는지 고민해야 해요.

02 ▷▷▷

# 메타버스에 대한 도전들

메타버스 개발은 여러 면에서 도전해야 할 과제가 따라와요. 이에 대해 이론적으로 분명하게 할 수 없는 부분도 있어요. 한 예가 일반 시장에서의 메타버스 적용 문제예요. 특히 가상공간에서 아직까지 열광적인 관심이 이어지지 않는 분야에 적용하는 일이지요.

기술 애호가라면 온라인 공간에서 개인 아바타를 사용한다는 개념을 쉽게 받아들이고 적응하겠지요. 그러나 이 분야는 전통적인 웹 애플리케이션 분야와 비교하면 여전히 미지의 세계예요.

메타버스에 대해 가장 부정적인 이슈가 있어요. 여전히 메타버스상에서 콘서트에 참여하거나 유명 연예인을 직접 만나는 것이 현실에서 벌어지는 것과 똑같지 않다는 점이지요. 그러나 기술적으로 아쉬움은 있더라도 공연장과 멀리 떨어진 지역에서도 연예인을 만날 수 있다는 기회가 있다는 사실이 의미 있어요. 메타버스가 제공하려는 경험이 현실의 '진짜 경험'으로 대체하려는 목적은 아니에요. 오히려 사람들에게 다양한 경험을 확산시키는 방법, 즉 '차선책'으로 기회를 제공하는 것이 목표이지요.

메타버스는 지리적·경제적 측면에서 소외된 사람들에게 동등한 기회를 제공하는 것이 목적이에요. 소설 『스노 크래시』에서 이를 잘 표현했어요. "만약 네가 거지 같은 환경에서 살고 있다면 거기에는 메타버스가 있다. 그리고 메타버스에서는 히로가 주인공이자 영웅이다."

또 다른 문제는 메타버스에서 상호 작용(상호교감)을 어떻게 구현해야 하는지, 그리고 구현하는 방법은 무엇인가 하는 점이에요. 만약 사람들이 메타버스 내에서 무엇이든지 조작할 수 있다면 모든 참여자에게 공통되는 경험을 만들어낼 수 있을까요? 테스트를 해보면 돼요. 만약 진정한 첫 번째 메타버스가 구현된다면, 이를 위해서는 수많은 경쟁자들이 존재하는 상황에서 가능할 거예요.

그래픽으로 구현된 가상 세계인 세컨드라이프나 분산 세계 등은 물론이고, 대중적인 인기를 얻고 있는 가상현실 게임 등을 통해 메타버스 내의 가상 세계와의 상호 작용을 위한 표준들이 개발되고 있어요. 인터페이스를 통해 이메일, 인스턴트 메신저, 위키나 문서 공유를 위한 협업 소프트웨어, 전자상거래 사이트, 비디오 미디어 재생 프로그램, 3D 입체 비디오 콘퍼런스, 음성 채팅을 통한 연결 등 다양한 의사소통 기술들이 지원되고 있답니다.

## 메타버스의 구현

»»»

메타버스를 구축하려면 막대한 규모의 자본이 필요해요. 컴퓨터 하드웨어와 소프트웨어 라이선스 비용은 물론이고, 24시간 운영되는 체계도 구축해야 해요. 이는 투자자들의 지갑을 열어야만 조달할 수 있어요. 세컨드라이프의 경우를 볼까요? 정식 오픈 전인 베타 테스트 단계까지 투입된 금액이 6천만 달러가 넘어요.

가상현실과 증강현실의 차이점을 살펴보기로 해요. 기술과 사용 목적에 차이가 있어요. 가상현실의 경우 사용자는 헤드셋과 이어폰을 착용하고 완전한 가상 환경에 몰입하는 것이 목표예요. 반면에 증강현실은 구글 글래스처럼 현실 세계의 모습에 추가적으로 정보를 표시하는 것이 목표이고요. 모두 헤드 마운트 디스플레이(HMD)를 착용한다는 점에서는 유사해요. 그러나 가상현실과는 달리 증강현실에서는 현실 세계의 모습을 차단하지 않는다는 점이 달라요.

일부 사람들은 헤드 마운트 디스플레이가 현실에서 고립되고 반사회적인 모습이라며 비판하기도 해요. 일부 연구자들은 헤드 마운트 디스플레이를 착용하면 호감도가 낮아진다는 연구 결과를 발표하기도 했고요. 그런데 이러한 비판이 증강현실과 가상현실에만 있는 것은 아니에요. 선글라스나 기타 안경을 착용한 사람에게 매력을 덜 느끼는 경우가 있으니까요.

앞으로의 증강현실은 가상현실보다 일반화될 거예요. 가상현실과 달리 현실 세계를 완전히 단절하지 않고, 좀 더 다양한 분야에 응용할 가능성이 있기 때문이죠. 그리고 기술이 발전하면 고글이나 이어폰조차 필요 없는 상황이 될 수도 있어요. 이렇게 되면 오늘날 증강현실이 스마트폰이나 태블릿에서 게임을 위해서만 사용되는 것이 아닌 다양한 응용 분야에도 적용될 거예요.

2013년에 일반용 구글 글래스를 '실험용 에디션' 형식으로 처음 선보였어요. 이후 다른 기업들도 증강현실 안경을 개발했어요. 그런데 기대와는 달리 시장에서 살아남지는 못했어요. 다만 정보화 시대에서 가상현실 시대로 나아가는 시작을 알리는 계기가 되었지요. 이러한 기술에는 구글 글래스 같은 증강현실 헤드셋, 오큘러스 리프트, 퀘스트와 같은 가상현실 헤드셋도 포함돼요. 증강현실과 가상현실은 온라인 콘텐츠를 사용하고 상호 작용 방식을 혁신적으로 변화시킬 원동력이 될 것입니다.

가상현실과는 달리 증강현실에서는 현실 세계와 융합하는 가상 정보를 표현하기 위해 카메라 입력을 정확히 해야 해요. 즉 증강현실을 사용하려면 주변 환경이 밝아야 하지요. 가상현실 헤드셋도 어두운 곳에서 작동하지 않는 경우가 있어요. 오큘러스 퀘스트2가 그렇지요. 그런데 아마도 안전상의 이유 때문인 것 같아요.

기본적으로 증강현실은 주변의 밝기에 영향을 받지 않아요. 그리고 빛에 의한 사물의 그림자 때문에 증강현실 장치가 인식하는 영상에 문제가 생길 수도 있어요. 그런데 가상현실은 문제가 되지 않아요. 가상현실에서는 카메라 입력이 아닌 가상 이미지만을 사용자에게 보여주기 때문이지요.

어두운 환경에서도 동작하는 증강현실에 대한 연구가 진행되고 있어요. 이 연구가 폴 페드리안의 '다이내믹 글로우 연구'입니다. 폴 페드리안은 어두운 곳에서도 키넥트 소프트웨어가 손의 움직임을 추적하고, 이를 3차원 가상공간에서 재구성하는 것을 보여주었어요. 세심한 캘리브레이션(Calibration)을 거치면 빛이 없어도 키넥트 소프트웨어가 상대적으로 잘 동작할 수 있다는 가능성을 보여주었답니다.

또 다른 요소는 원격 접촉 기술이에요. 원격 접촉 기술은 고해상도 파노라믹 디스플레이와 카메라 및 마이크를 기반으로, 비디오 콘퍼런스 형태로 사용되고 있어요. 가상 세계에서는 게임 '더 림 온라인(The Realm Online)'이나 '월드 오브 워크래프트'처럼 가상현실에서 서로 모일 거예요.

현재까지는 가상현실 구현을 위한 그래픽 환경이 독자적으로 구현되고 있어요. 이 때문에 사용자들은 조작법을 익혔다고 해도 다른 가상현실에 들어가면 새로운 조작법과 인터페이스를 익혀야 해요. 그러므로 여러 회사나 조직이 함께 참여하는 오픈소스 시스템 기반의 가상현실 구현 환경이 필요하지요.

## 오픈 메타버스 표준

이러한 움직임은 오픈 메타버스 표준(OMSP; Open Metaverse Standard)이라는 특정한 형태로 이어지고 있어요. 오픈 메타버스 표준을 제정하기 위한 노력은 2007년 4월에 처음 시작되었어요. XML, RDF, 기타 웹 표준을 제정하는 데서 비롯되었지요. 이러한 표준이 어떻게, 어떤 레벨로 구현될 수 있는지는 아직도 논란이 있어요. 예를 들어 '표준을 만들기 위해 아바타 상호 작용을 위한 새로운 언어 개발이 필요할까?'라는 것이죠.

이에 대한 첫 드래프트 사양이 온라인에서 활용 가능하고, 토론을 위한 메일링 리스트가 있어요. 개발 현황은 지속적으로 관심을 가져야 할 사안이에요. 다만 통합된 오픈 환경의 메타버스를 가까운 시일 내에 구현할 수 있을지에 대해서 부정적으로 보는 사람들이 있어요. 지금의 가상 세계는 전적으로 상업화되어 있고, 경쟁하는 체계이기 때문이에요.

만약 표준 인터페이스가 성공적으로 정착해도 변화를 거부하는 사람들 때문에 걸림돌이 될 수도 있어요. 사용자들은 이미 가상 세계에서 이뤄놓은 것들을 쉽게 포기하려 하지 않을 것이지요. 게다가 기존의 많은 친구들과 형성된 관계 때문에 포기하지 않을 거예요.

이러한 문제를 극복하는 방법이 있어요. 바로 기존의 가상 세계와 새로운 가상 세계를 동시에 지원해 사용자가 원하는 대로 선택하는 방법이에요.

예를 들면 세컨드라이프에서 기존의 린든랩 인터페이스로 접속하거나 새로운 오픈 소스 그리드인 '오픈심(OpenSim)'으로 접속하도록 말이지요. 다만 새로운 환경으로 변화하는 문제를 해결하려면 새로운 아이디어가 필요해요.

사용자가 메타버스 세상에 있는 디지털 자산과 기록에 자유로이 접속할 수 있는 능력인 상호호환성(Interoperability)의 확보는 장기적인 성공을 위해서는 필수예요. 만약 사용자가 한 메타버스 세상에서 가지고 있는 NFT와 스킨, 배지, 모든 활동 성과를 다른 메타버스 세상으로 가지고 갈 수 있다면 사용자들은 매우 반기겠지요. 아이들이 디즈니랜드에서 구매한 상품들을 다른 테마파크에 가서도 가지고 다니는 것처럼요.

그러나 상호호환성의 구현은 사용 권한과 기술 문제 때문에 해결이 쉽지 않은 과제이지요. 인프라스트럭처의 관점에서 보면 정보를 공유한다는 한 가지 이슈만 보더라도 메타버스를 구성하고 있는 기본 기술인 블록체인이 메타버스에 따라 서로 다르다는 상황을 극복하고 상호 연계해야 하는 문제가 있어요.

접속 권한에서 봐도 해결해야 할 문제가 있어요. 페이스북 호라이즌 같은 개별적인 메타버스가 다른 메타버스 세상과 현재 존재하는 가상현실 게임 및 엔터테인먼트 사업에 대해 협조 의사가 있어야 상호호환성을 구현할 수 있어요. 이 때문에 아직까지 성공 사례조차 없는 상호호환성 이슈에 대해 적극적인 협조를 얻어내기란 쉽지 않아요(또한 게임 개발자들과 디즈니, 레고 같은 브랜드를 가진 기업들이 요구할 가능성이 높은 막대한 라이선스 협약 비용도 중요한 걸림돌이 될 수 있어요).

## 메타버스 구현의 중심, 과연 누가 차지할까?

수많은 창업가들이 증강현실 기술을 이용한 비즈니스 모델을 개발하고, 사업을 확장시키려고 노력하지요. 그럼에도 불구하고 증강현실에 대한 시장의 반응이 예상과는 달라서 사업 마케팅 면에서 어려움을 겪는 기업들도 있어요. 이럴 때는 어떻게 해야 어려움을 극복할 수 있을까요?

증강·가상현실 헤드셋, 모션 트래커를 장착한 제품이 시장에서 대중적인 인기를 끈다면 바뀔 수 있어요. 오큘러스 퀘스트가 출시된 후 변화의 가능성을 볼 수 있었지요. 그리고 애플이 헤드셋을 정식으로 출시하면 또 다른 변화를 기대할 수 있어요. 이를 통해

서드파티 벤더(사용자와 컴퓨터 제조업자 사이에서 관련 기기나 소프트웨어를 판매하는 사람)의 전폭적인 지원이 없어도 증강현실을 이용한 사업모델을 전개할 수 있어요. 현재 이 분야에 가장 적극적인 기업은 페이스북이에요. 마크 저커버그는 2014년에 인수한 가상현실 헤드셋 기업 오큘러스를 통해 사업을 진행하고 있답니다.

페이스북은 메타버스를 제공하고자 온라인 소셜 네트워크 플랫폼을 3D 환경으로 구현해, 사람들이 접속할 수 있도록 할 거예요. 모바일이 새로운 경험을 할 수 있는 환경을 만들었듯, 가상현실을 기반으로 한 거대한 컴퓨팅 환경을 제공할 것이지요. 페이스북은 가상현실 환경을 '호라이즌(Horizon)'이라고 명명해요. 호라이즌을 통해 전 세계 어느 곳에 있든, 어느 시간이든 서로 연결하고 교류할 수 있을 거예요.

사람들은 호라이즌에서 가상현실을 탐험해요. 이 가상현실에서 퍼즐을 풀거나 게임을 하며 디지털 세상을 만들어가지요. 이 과정에서 흥미롭고 영감을 줄 새로운 것들을 창조하고 함께 성장해요. 창조에는 다양한 도형과 도구들을 사용해 3D 오브젝트를 만들 수 있어요. 이를 기반으로 멀티 플레이어 게임과 비주얼 스크립팅 기능을 통한 상호 작용 경험을 만들고 함께 즐길 수 있고요. 기술의 배경에는 공간 컴퓨팅과 공간 웹 기술이 기반이 될 것입니다. 다만 개인정보 유출 문제도 있으므로 얼마나 많은 권한과 정보를 줄지, 그 문제도 생각해봐야 해요.

메타버스의 초기 시장을 주도하고 있는 기업들도 간과해서는 안 돼요. 디센트럴랜드, 솜니움 스페이스, 액시 인피니티 등의 기업이 있어요. 이 기업들은 메타버스와 관련된 산업 혁명과 사용자 확대라는 첨병에 선 기업들이랍니다.

## 메타버스 초기 시장을 주도하는 기업들

디센트럴랜드(Decentraland)는 이더리움 블록체인 플랫폼 위에 개발된 메타버스예요. 디센트럴랜드에서 발생하는 트랜잭션들은 데이터베이스 역할을 하는 블록체인 기반의 분산원장에 기록되고 관리되지요. 제한된 사용 영역을 가진 비트코인의 블록체인과는 달리, 이더리움의 블록체인은 다양한 응용 시스템이 플랫폼으로 사용할 수 있도록 개발되었어요. 이를 통해 이더리움에서는 스마트 계약, 디앱, 토큰 등을 구현할 수 있는 범용 블록체인 프로그램 환경을 제공해요. 이더리움 블록체인을 통해 가상 세계 자산의 소유권 변화를 추적할 수 있는 기능을 제공하는데, 이는 매우 중요한 역할이에요.

디센트럴랜드는 '파셀'이라 부르는 작은 단위의 노드들로 구성돼요. 각 파셀은 3D 세상을 만들 수 있는 기본 단위예요. 그런데 일부 제약이 있어요. '가로×세로'의 크기가 '16m×16m'이지요. 디센트럴랜드에 있는 것들은 개인이 소유한 것이며, 사용자 간에 형성된 시장가를 기준으로 블록체인을 통해 거래할 수 있어요. 사용자들은 거래 시장에서 다른 사용자와 거래를 하지요. 각 파셀의 소유주들은 자신의 파셀 디자인에 대해 제어권이 있어요. 그래서 디센트럴랜드의 개발팀은 정책에 위반되지 않는다면 어떠한 간섭도 하지 않아요.

아직까지 디센트럴랜드의 메타버스는 완벽하지 않아요. 그럼에도 최대 4만 3천 개로 정해진 한정적인 파셀에 대한 개발들이 진행되고 있어요. 디센트럴랜드에서 부동산(파셀) 투자와 개발을 주도하고 있는 주체는 리퍼블릭 림(Republic Realm)이에요. 2021년에 9만 달러 규모의 투자를 단행해서 신문의 헤드라인을 장식한 적 있지요. 리퍼블릭 림은 자사에 투자한 개인 투자자들이 디지털 부동산 관리와 투자로부터 얻는 이익, 자산의 가치 평가에 참여할 수 있도록 기회를 제공해요. 디센트럴랜드도 여기에 포함되지요.

리퍼블릭 림이 디센트럴랜드에 소유한 대표적인 자산은 '메타주쿠(Metajuku)'라고 불리는 가상 쇼핑 거리에요. 이는 도쿄의 하라주쿠 쇼핑가를 모방한 곳이지요. 메타주쿠에서는 디센트럴랜드의 아바타들이 디지털 상품과 스킨들을 구매해요.

리퍼블릭 림은 다른 메타버스 플랫폼에도 투자하고 있어요. 메타버스 영역을 이끌 크립토 네이티브, 드레스엑스 등에도 열심히 투자하고 있고요. 이외에도 개인이 NFT를 기반으로 판매되는 섬을 구매해 개인을 위한 비치 클럽을 소유하고 사용할 수 있는 경험을 제공하는 분야에도 투자하고 있습니다.

디센트럴랜드에 대해 더 알고 싶다면 그들의 디스코드에 가입하거나 디센트럴랜드에 직접 계정을 만들고 로그인해보면 돼요.

솜니움 스페이스(Somnium Space)는 가상 세계에서 주택을 매매·임대하거나 NFT를 생성·거래하며, 다양한 이벤트에 참여할 수 있는 메타버스 세상이에요. 솜니움 스페이스는 마치 섬나라 국가처럼, 고유의 경제와 역사가 있는 공동체를 구성해요. 그리고 아바타를 통해 사회를 운영한다는 측면에서 디센트럴랜드나 세컨드 라이프와 유사하지요.

솜니움 스페이스는 이더리움 블록체인상에 구현되었어요. 큐브(CUBES)라는 독자적인 화폐도 발행하고 있고요. 그런데 디센트럴랜드와는 달리 가상 세계의 단위 토지인 파셀의 수를 제한하지 않아요. 따라서 사용자의 요구에 따라 가상 세계를 확장시킬 수 있어요. 그리고 솜니움 스페이스에서는 가상 토지의 공급이 제한되지 않으므로 디센트럴랜드보다 가상 부동산의 가격이 낮게 형성되어 있어요.

솜니움 스페이스는 3D 가상 세계 모델이 기본이에요. 사용자들은 오큘러스 퀘스트와 같은 가상현실 헤드셋 장비를 이용해 3차원 메타버스 세상을 경험할 수 있지요. 반면에 디센트럴랜드는 기존의 PC나 모바일 기기를 통한 2D 그래픽 기반의 브라우저가 기본 환경이에요.

솜니움 스페이스는 사용자들 간에 공동체 의식이 매우 강한 편이에요. 사용자들이 솜니움 스페이스상에서의 새 소식을 전하고자 〈솜니움 타임즈〉라는 신문을 발간할 정도이니까요.

사이코프(Artur Sychov)는 솜니움 스페이스의 설립자예요. 그 역시 매일 2~4시간을 솜니움 스페이스에서 활동해요. 그리고 인터뷰를 통해 자신의 비전을 세상에 열심히 알리고 있지요. 그는 다른 메타버스의 설립자들과 마찬가지로 솜니움 스페이스를 소유하고 있으나, 다른 사용자들처럼 부동산 등을 매입할 때 비용을 주고 있어요.

솜니움 스페이스는 아이들이 도박장이나 클럽 같은 성인 콘텐츠에 접근하는 것을 막고자 세심하게 주의를 기울여요. 그래서 사용자 인증 제도를 채택하고 있지요. 사전에 개인 동의를 받고 사용자 정보를 사용하는 '옵트-인(Opt-in)' 방식이에요. 예를 들어 사용자가 자신의 파셀에 콘텐츠를 업로드하려면 18세 이상 등급으로 분류되어 업로드가 돼요. 그러고는 사용 가능한 연령대 인증을 받기 전까지는 파셀에 등록된 콘텐츠를 사용할 수 없어요. 다만 사용자들은 연령 인증을 하지 않아도 가상 세계를 배회할 수는 있어요.

액시 인피니티(Axie Infinity)는 '액시'라고 불리는 작은 창조물로 가득한 가상 세계에서 벌어지는 모험을 다룬 게임이에요. 플레이어들은 액시들의 종을 모으고 교배할 수 있으며 거래할 수 있어요. 그리고 액시들을 이용해 전투를 할 수 있고, 승리하면 이더리움 등 실제 가치를 상으로 받지요. 이 게임은 'P2E(Play to Earn)'라는 개념을 알린 대표적인 사례이기도 해요.

모든 플레이어들은 각자 액시를 가지고 있으며 다른 플레이어의 액시와 전투를 벌일 때마다 레벨이 상승해요. 전투는 자동화되어서 플레이어가 일일이 개입할 필요는 없어요. 플레이어는 액시를 얻기 위해 비용을 지불하고, 전투에서 승리하면 이더리움을 받아요.

플레이어 대 플레이어 전투는 이더리움 스마트 계약을 기반으로 진행돼요. 전투가 시작되면 두 명의 플레이어가 자신의 도끼에 걸고자 하는 AXI 금액을 결정하지요(최대 베팅은 현재 잔액의 10%). 모든 참가자는 승률과 기여도에 따라 보상을 받고요.

한편 플레이어는 액시들을 사육하고 거래해서 돈을 벌 수도 있어요. '액시 기르기' 기능은 2017년 10월에 출시되었지요. 플레이어는 두 마리의 액시를 이용해 '알'을 만들 수 있어요. 알이 부화해서 아기 액시가 되면, 알을 낳은 어미 액시의 유전자 통계에 따라 보상을 받아요.

## 선택과
## 네트워크 이론

선택과 네트워크 이론(Adoption & Network Theory)은 블록체인 업계에서 중요한 주제예요. 사람들이 메타버스를 받아들이는 데 필요한 이론으로도 적용되고요. 네트워크 이론은 생물학적 유기체의 확산·진화에서부터 페이스북 네트워크에 이르기까지, 시스템을 이해하기 위한 도구에요.

네트워크 효과는 암호화폐, 스마트 계약 플랫폼, NFT, DeFi(탈중앙화 금융) 및 메타버스를 포함한 블록체인 프로젝트의 선택과 확산의 배경이 돼요. 네트워크 이론은 일반적으로 노드와 에지가 있는 그래프 형태가 중심이지만 표준 모델 이외에 많은 것에도 적용될 수 있어요. 프로젝트 또는 커뮤니티는 느슨한 그래프 형태이며 노드(개인)와 에지(연결)가 있어요. 노드는 크기에 따라 노드의 영향력, 강도, 네트워크에서의 비중을 나타내며, 이 노드의 크기에 따라 네트워크에서 중요도 순으로 노드의 순위를 결정할 수 있어요. 이러한 프로젝트와 커뮤니티 분석의 핵심 과제는 네트워크 내의 핵심 노드, 즉 영향력 있는 사람을 결정하는 것이에요.

네트워크 효과의 기본 전제는 다음과 같아요. '제품이 더 많은 사용자를 확보하면 효용 증가를 통해 더 많은 가치를 얻을 것이라는 기대 하에 수요가 증가한다.' 자기 강화 순환구조는 일단 네트워크 효과를 지배하는 시장 모멘텀을 얻은 후에는 다른 경쟁자가 이를 깨기가 매우 어려워요.

메타버스 프로젝트의 잠재적 가치를 평가할 때 서로 연계된 제휴 네트워크가 웹 3.0 프로젝트의 성장과 쇠퇴에 어떤 영향을 미치는지 확인을 통해 검증될 수 있어요. 사람들이 레딧(Reddit), 트위터 같은 소셜 미디어를 통해 메타버스 정보를 어떻게 퍼뜨리는지 살펴봄으로써 성장 가능성을 가늠해볼 수 있지요. 또한 유튜브 동영상을 만들거나 기사를 작성하거나 팟캐스트를 통해서도 알 수 있어요. 네트워크 기반의 미디어는 메타버스 생태계에 대한 외부 확산과 인지도를 제공하기 때문에 네트워크 효과의 사례로 분류될 수 있답니다. 상호 연결된 네트워크는 새로운 플랫폼이 대규모 사용자 기반을 빠르게 구축할 수 있도록 하는 바이럴 마케팅을 통해 프로젝트 성장에 영향을 줘요.

네트워크 이론 다음으로 중요한 측면은 중소 네트워크와 대형 네트워크 사이에 큰 차이가 있는 임계값 효과예요. 2~3명이 연결되기는 쉽지만 참가자가 10명 이상이라면 모든 사람이 연결되리라는 보장을 하기가 어려워요. 그만큼 규모가 큰 그룹을 관리하기가 어려우므로 네트워크 효과를 위한 관리 상황이 변화해요. 즉 일정 규모 이상의 네트워크로 성장하기 위해서는 다른 차원의 변화가 필요할 수 있지요.

블록체인에 참여하는 사람들은 규칙과 프로토콜을 따라야 해요. 그런데 대부분은 자기에게 이익이 되지 않으면 규칙을 따르지 않아요. 이 점이 문제예요. 참가자가 플랫폼에서 상호 작용할 수 있는 방법과 관련해 어느 정도 자유가 주어지지 않으면 문제가 생길 수 있어요. 다행인 점은 현재 블록체인 기술은 투표, 공급망 관리, 기록·소유권 저장의 형태로 진행되고 있다는 거예요.

또 다른 문제는 비용을 지불하지 않고 성과만을 이용하려고 하는 '무임승차' 문제예요. 커뮤니티 코드 기반에 기여하지 않으면서 결과물만 무료로 사용하려고 하는 오픈 소스 플랫폼이 대표적이지요. 이는 직원을 고용하거나 세금을 내지 않고 이익만 얻는 형태예요. 사용자라면 자발적으로 비즈니스 모델을 개발하고 구축해야 해요. 그리고 사회적 상호 작용을 통해 메타버스에서 가치를 창출해야 하지요.

디센트럴랜드 가상 자산의 소유권을 전문 금융 투자자가 소유하고 가상 자산이 투자 수단이 되어서 메타버스 내에서 활동이 정지되고 콘텐츠가 비어 있다면, 신규 사용자가 메타버스에서 시간을 보낼 동기가 없어져요. 즉 메타버스의 생태계와 경제에 기여하지 못한다는 의미예요.

네트워크 효과는 한 플랫폼이 사용자 기반을 확장하고 해당 생태계로 사용자의 트래픽을 유도하는 제휴 네트워크 형태로 확산되어 영감과 가치를 제공함으로써 수요와 유용성을 증가시킬 수 있어요. 이 때문에 메타버스 커뮤니티의 성장과 프로젝트 개발에 매우 중요해요. 또한 네트워크를 통해 참여자들에게 균등하게 분산된 인센티브가 없다면 메타버스를 성공적으로 구축하기가 어려워요. 따라서 새로운 메타버스가 가상 토지를 인센티브 제공의 기본 수단으로 제공하는 사례가 많지요.

네트워크 효과와 제휴 네트워크는 사람들이 필요로 하는 제품이나 서비스가 있을 때만 네트워크 플랫폼이 메타버스 커뮤니티를 성장시켜요. 사람들이 가치를 느낄 만한 것이 없다면 제품에 관심이 없어요. 따라서 제품을 홍보할 인센티브가 없기 때문에 제휴 네트워크가 효과를 발휘하는 것은 불가능하죠. 그러므로 메타버스가 성장하려면 메타버스가 제공하는 인센티브와 서비스에 의존하고, 그다음으로 성장을 위한 도구로 네트워크 효과 및 제휴 시스템이 역할을 해야 해요. 이러한 사례로 액시 인피니티(모든 참여자가 다양한 방법으로 이익을 얻을 수 있는 인센티브 시스템 포함)와 같은 가상 게임 메타버스가 디센트럴랜드(토지 소유로 이익을 얻을 수 있는 사용자 수에 상한선이 있는 경우)보다 더 많은 사용자를 모을 것이라 기대해요.

## 개발도상국과 메타버스

새로운 트렌드가 등장하고 성장하려면, 네트워크 전체에 인센티브가 확산되어서 사람들이 참여하고 공유할 만한 동기가 있어야 해요. 선진국 국민들은 대개 대인 관계와 사회 경험을 소중하게 여기는 편이에요. 그래서 가상 세계에 몰입하는 '비현실적'인 메타버스를 부정적으로 생각하는 경우가 많아요. 게다가 새로운 트렌드 때문에 사회에서 고립될 가능성이 있다면 누구도 트렌드를 받아들이려 하지 않겠지요.

그런데 개발도상국에서는 조금 다르게 적용될 수 있어요. 이곳에서는 불가능하다고 여기던 기회를 더 제공할 수 있지요. 모바일 게임 액시 인피니티를 볼까요? 한 달에 500달러의 암호화폐를 버는 플레이어들의 리그가 있을 정도예요. 이 정도 돈이면 삶을 변화시킬 만한 수입이지요. 메타버스 기술은 컴퓨터와 인터넷만 있다면 누구나 접근할 수 있어요. 이 때문에 개발도상국이나 저성장 국가에서도 선진국처럼 참여할 수 있어요.

메타버스는 가상현실 기술을 활용해 현실의 지리적·경제적 장벽도 무너뜨려요. 세계의 주요 랜드마크를 복제하거나 가상 디지털 사본으로 대체함으로써 직접 가지 않더라도 방문할 수 있지요. 달리 말하면 개발도상국 입장에서는 관광 수입을 얻을 수 있는 가상도시를 만들 수 있다는 뜻이기도 해요.

04 ▷▷▷

# 페이스북의 야심 찬 계획

2012년 8월, 킥스타터(Kickstarter)는 VR 헤드셋 개발 자금을 모금하는 캠페인을 실시했어요. 목표로 했던 25만 달러를 훌쩍 뛰어넘어 약 240만 달러를 모금했지요. 이렇게 출범한 기업이 오큘러스예요.

2014년 3월에 페이스북이 23억 달러라는 어마어마한 금액으로 인수할 때, 사람들은 이렇게 기대했어요. "조만간 페이스북이 VR 기술을 결합해 30억 명에 이르는 페이스북 사용자에게 세컨드라이프를 능가할 만한 새로운 세계를 열어줄 것이다"라고 말이죠.

그런데 실제는 달랐어요. 페이스북은 여전히 앱과 웹브라우저에서만 가능한 서비스를 고수하고 있지요. 다만 오큘러스는 기술 개발과 제품 경쟁력 강화에 힘쓰고 있어요. 2020년 기준, 오큘러스는 VR 헤드셋 시장에서 53.5%라는 시장점유율을 기록했어요. 2위는 플레이스테이션의 소니로 11.9%를 기록했고, HTC 5.7%, DPVR 5.5%, PICO 4.8% 순이에요.

2021년 7월, 저커버그가 "페이스북을 소셜 미디어 회사에서 메타버스 기업으로 전환하는 것이 목표"라며 야심 찬 발언을 했어요. 드디어 오큘러스 인수 후 페이스북의 변화에 대해 이야기한 것이지요.

저커버그는 한 연설에서 "메타버스는 모바일 인터넷의 뒤를 이을 기술이라고 생각하면 된다"라고 했지요. 필자 역시 이 말에 공감해요. 인터넷이 여러 독립적인 망이 아닌 것처럼, 메타버스 역시 기업마다 개별적으로 구축할 수 있는 것이 아니에요. 사용자들은 결국 하나의 메타버스로 통합되는 방향으로 갈 것이기 때문이니까요.

그는 연설에서 "그리고 내 희망은 우리가 이 일을 잘해서 앞으로 5년 정도 후에, 사람들이 우리를 소셜 미디어 회사에서 메타버스 회사로 볼 수 있도록 전환시키는 것이다"라고 했어요. 5년 후면 그리 멀지 않은 미래 아닐까요?

다만 인터넷은 어느 한 기업이 소유하기보다는 공공재의 성격을 띠고 있어요. 만약 저커버그가 페이스북을 성공적인 메타버스의 플랫폼으로 만들 능력이 있다고 해도 '과연 페이스북을 공공재로 볼 수 있는가?' 하는 문제는 남아 있지요. 현재 미국에서는 페이스북을 상대로 반독점 소송이 진행되고 있어요. 1차 소송에서 정부가 패소하긴 했으나 의회에서는 법을 개정해서라도 페이스북의 독점 문제에 관여하려 할 것이에요.

페이스북이 오큘러스를 인수해서 퀘스트2와 같은 훌륭한 성능의 VR 헤드셋을 경쟁력 있는 가격으로 시장에 출시한 것, 그리고 인스타그램을 인수하고 30억 명이 넘는 세계인을 하나의 플랫폼에 불러 모은 것 등을 볼 때 5년 이내에 전 세계인을 연결하는 메타버스의 구현은 불가능하지 않아요.

물론 페이스북의 메타버스를 향한 야심 찬 계획은 최근 주춤한 상황이에요. 메타버스에 대한 열기가 식었기 때문이지요. 다만 페이스북은 '메타버스의 완성'을 향한 행보를 멈추지는 않을 거예요. 그리고 페이스북은 정보 유출, 정치 관여 등 비도덕적인 이슈를 해결해야겠지요. 스티븐 스필버그는 이미 2018년 영화 〈레디 플레이어 원〉에서 가상현실 플랫폼에 중독된 세계와 이를 지배하는 기업에 대해, 우리에게 분명한 메시지를 전달하지 않았던가요.

최근의 페이스북을 보면, 메타버스 구현에 대한 추진력이 조금은 떨어진 듯해요. 아마도 저커버그가 꿈꿔왔던 메타버스 세상이 오기까지는 시간이 좀 더 필요할 것 같아요.

METAVERSE

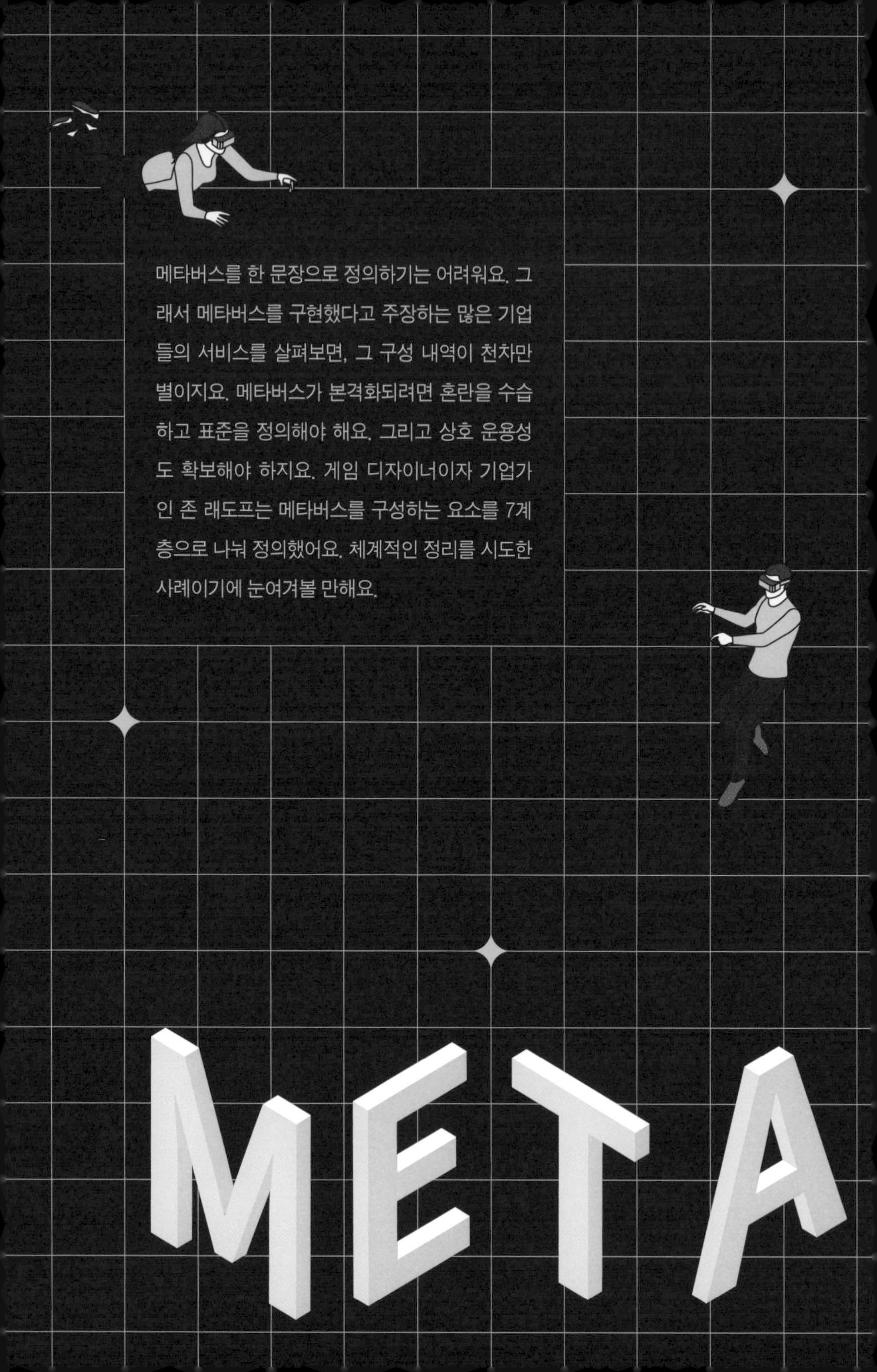


메타버스를 한 문장으로 정의하기는 어려워요. 그래서 메타버스를 구현했다고 주장하는 많은 기업들의 서비스를 살펴보면, 그 구성 내역이 천차만별이지요. 메타버스가 본격화되려면 혼란을 수습하고 표준을 정의해야 해요. 그리고 상호 운용성도 확보해야 하지요. 게임 디자이너이자 기업가인 존 래도프는 메타버스를 구성하는 요소를 7계층으로 나눠 정의했어요. 체계적인 정리를 시도한 사례이기에 눈여겨볼 만해요.

PART 6 ▸▸▸

# 메타버스를 구성하는 7계층

VERSE

01 ▷▷▷

# IT 패러다임의 변화

사람들은 IT 분야가 패션처럼 유행에 민감한 영역이라고 생각해요. IT는 1980년대부터 현재에 이르기까지 주기적으로 패러다임의 전환기를 거쳤어요. 개인용컴퓨터의 등장부터 모바일 중심의 IT 세상이 오기까지, 여러 변곡점을 거친 셈이지요. 오늘날의 메타버스는 다음 세대를 이어갈 새로운 패러다임으로 떠오르고 있어요. 다만 메타버스가 명확하게 정립되지 않은 시점인 만큼 잘못된 해석이 난무하고 있지요.

1990년 말, 회사 이름에 '닷컴(dot com)'만 붙으면 투자자들이 줄을 섰을 때와 지금의 메타버스 열기가 비슷해요. 사업계획서에

'메타버스'라는 단어만 넣어도 기업가치가 오르거나 투자자들이 몰려들기도 했고요. 심지어 페이스북은 기업명을 아예 '메타'로 바꾸었으니 그 열기를 알 만해요.

확실한 것은 다음 세대를 이어갈 IT 패러다임의 전환이라는 차원에서 메타버스를 본 것은 2021년부터예요. 그전까지는 기술 영역들이 각자 독립적인 미래를 꿈꿔왔지요. 그러나 지금은 달라졌어요. 메타버스에 대한 관심이 끓어오른 만큼 메타버스의 정의와 해석이 다양해요. 특히 몇몇 게임 기업은 자신들이 만든 게임 시스템이 메타버스 플랫폼의 대표라고 주장해요. 로블록스, 세컨드 라이프, 포트나이트, 마인크래프트 등이 대표적이지요.

메타버스를 잘 알고 있는 사람들은 메타버스를 구현하는 데 아직 기술이 부족하다고 말해요. 특히 현재의 인터넷과 웹을 대체할 수준으로 발전해서 온라인과 오프라인 세계를 통합하는 메타버스를 구현하려면, 몇 년이 걸릴지 모른다고 하고요. 5G 이동통신, 증강현실, 인공지능, 클라우드 및 빅데이터 등의 기술들이 충분히 발전해야 가능한 일이에요.

존 래도프(Jon Radoff)는 메타버스를 7계층(Layer)으로 나눠서 정리했어요. OSI(Open Systems Interconnection)의 네트워크에 대한 7계층 모델과 유사하지요. 메타버스를 구성하는 전체 기술 및 응용 분야를 7개 계층으로 구분하고 각 계층 간의 상호 작용과 추상화 개념 및 서비스 내용을 정리해, 메타버스라는 하나의 개념으로 제시했어요.

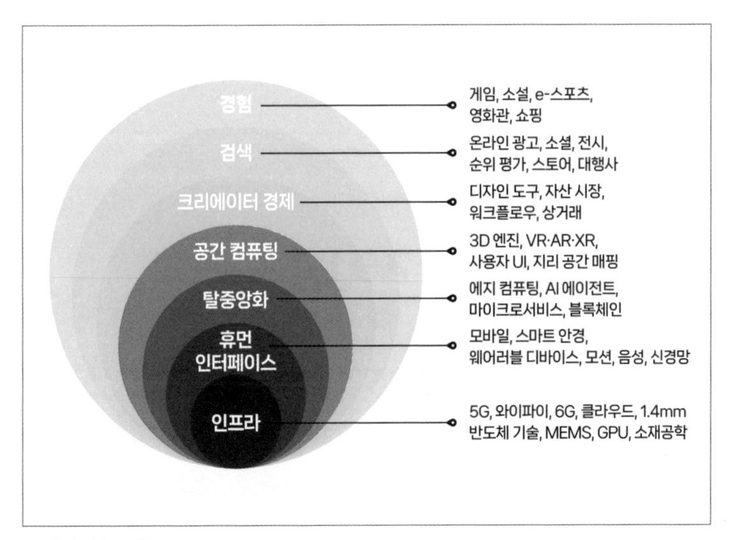


▶ 메타버스 7계층

개념적 메타버스 프레임워크(소프트웨어 애플리케이션이나 솔루션의 개발을 수월하게 하고자 소프트웨어 기능들에 해당하는 부분의 설계와 구현을 재사용 가능하도록, 협업화된 형태로 제공하는 소프트웨어 환경)는 7계층으로 구성돼요. 여기에는 메타버스에서의 기회, 관련 분야의 기술 혁신, 현재 문제에 대한 솔루션이 등이 제공돼요.

기본적인 계층은 인프라 계층이에요. 하드웨어와 소프트웨어 기반의 인프라 프레임워크 없이는 다른 개발이 불가능해요. 기술 요소가 메타버스의 핵심이라는 뜻이지요. 상위 계층은 경험, 검색, 크리에이터 경제, 공간 컴퓨팅, 탈중앙화, 휴먼 인터페이스예요. 그런데 기존의 OSI의 네트워크 7계층에서는 계층 1이 물리적 계층이지만, 여기에서는 상위 계층에 해당되는 '경험(Experience)'이 계층 1로 분류돼요.

## 계층 1: 경험

»»»

사람들은 메타버스를 현실과 유사한 3차원의 가상공간에 로그인하고 참여하는 수준으로만 여겨요. 그런데 메타버스가 지향하는 궁극적인 목표는 그렇지 않아요. 현실의 물리적인 공간, 물체와 도시 등 디지털 기반에 근거한 모든 것의 비물질화, 디지털 트윈화된 버전을 의미하지요. 디지털 공간에는 3D 그래픽은 물론이고 2D도 포함돼요.

물리적 공간이 디지털 전환을 통해 비물질화되면서 메타버스 세상에서는 물리적인 제약이 더 이상 존재하지 않을 거예요. 따라서 메타버스는 우리에게 풍부한 경험을 선사할 것이지요. IT 기업이 메타버스 가상공간에서 대화형 이벤트를 주최하는 일에 집중하는 것이 그 이유예요. 디센트럴랜드, 로블록스 같은 가상공간 플랫폼에서 호스팅되는 대형 이벤트는 메타버스에 참여자들이 쉽게 참여할 수 있도록 아이디어를 시도하는 사례이기도 해요. 트래비스 스콧(Travis Scott)의 콘서트 앞좌석 티켓을 모두가 얻을 수는 없어요. 그런데 메타버스에서는 모든 사람이 맨 앞에 설 수 있어요.

래도프는 이 계층을 설명하고자 '콘텐츠-커뮤니티 콤플렉스' 개념을 등장시켰어요. '사용자 생성 콘텐츠'라는 기존의 의미뿐만 아니라, 이벤트와 사회적 상호 작용의 참여 형태로 많은 소비자들이 콘텐츠 제작자가 되고 있답니다.

## 계층 2: 검색

존 래도프는 검색 계층을 '사람들에게 새로운 경험을 제공하는 푸시 앤 풀 서비스 영역'이라고 설명해요. 메타버스 생태계에는 인바운드와 아웃바운드의 정보 검색 시스템이 동시에 존재해요. 인바운드 검색은 사람들이 정보를 적극적으로 찾고자 할 때 사용하는 시스템이지요. 아웃바운드는 사람들의 요청 여부에 관계없이 다양한 메시지를 사용자에게 푸시하는 방법이고요.

정보 공유의 일부 측면은 웹 3.0 영역에서 중요해요. 래도프는 커뮤니티 기반 콘텐츠가 메타버스 마케팅에 중요하다고 주장해요. 인플루언서의 역할이 중요해지는 만큼, 콘텐츠 제작의 가치는 메타버스에서도 중요해질 거예요.

최근에 NFT의 가치 폭등과 거래 확산, 대중의 관심 고조 등은 미래 변화를 예고하는 사례라고 할 수 있어요. 2021년 무렵에 뜨거운 주제였던 NFT 디지털 자산은 다양한 브랜드에서 마케팅 도구로 사용되기 시작했어요. 이러한 패러다임은 커뮤니티 참여를 높이는 방법으로, 앞으로 더 발전할 것이라 예상해요.

실시간으로 상대방이나 객체를 검색하고 연결하는 것도 핵심이 될 거예요. 스팀(Steam) 및 엑스박스(Xbox) 같은 비디오 게임 서비스는 게임을 하는 사람들에게 게이머의 플레이 과정도 공유할 수 있게 해요. 그래서 여러 명의 게이머들이 협동해서 게임을 진행할 수 있지요.

음악 스트리밍 플랫폼인 스포티파이(Spotify)는 사용자의 친구가 현재 듣고 있는 노래를 함께 들을 수 있도록 하는 기능을 추가했어요. 그리고 트위터는 실시간 오디오 대화를 위한 도구로 스페이스(Spaces)를 출시했고요. 이처럼 메타버스에서 실시간 상호 작용이 가능해질 것입니다.

## 계층 3:
## 크리에이터 경제

과거에는 시스템 제작자가 도구, 앱, 디지털 자산 시장을 설계하고 구축하려면 어떻게 해야 했을까요? 어느 정도의 프로그래밍 지식이 필요했어요. 그런데 요즘은 어떨까요? 웹 애플리케이션 프레임워크 덕분에 코딩 없이 개발이 가능해졌어요. 그 결과 웹상의 디자이너와 제작자의 수가 놀라울 만큼 기하급수적으로 늘고 있답니다.

앞으로는 프로그래밍을 배우는 데 시간을 많이 할애하지 않아도 제작자가 될 수 있을 거예요. 크리에이터의 급격한 증가는 웹 3.0의 경제, 즉 크리에이터 시대를 여는 계기가 될 것이고요.

존 래도프는 이렇게 말했어요. "크리에이터는 기존의 상향식 코드 중심 프로세스에서 콘텐츠 중심의 하향식 크리에이티브 프로세스로 개발 방향을 전환할 수 있는 콘텐츠 도구, 템플릿, 마켓플레이스를 만날 수 있게 될 것이다"라고요.

우리는 실제로 크리에이터의 가치가 올라가는 것을 직접 보고 있어요. 유튜브를 한번 생각해보세요. 몇 년 전만 해도 동영상 조회 수가 수백만 회에 이르는 대형 유튜버는 별로 없었어요. 그들은 대개 코미디, 튜토리얼, 브이로그 형태의 한정된 콘텐츠를 제작했지요.

그런데 지금은 어떤가요? 시청자의 규모에 상관없이 주제가 다양하지요. 틱톡도 비슷해요. 오히려 유튜브보다 더 많은 이들에게 동일한 기회를 제공했어요.

이처럼 소비자도 창작자가 될 수 있고, 때로는 수익을 얻기도 해요. 메타버스는 다른 사람들과 동일한 경험을 공유하는 대신, 고유의 틈새시장을 찾도록 할 거예요. 창조자가 제공하는 경험은 몰입적이고 사회적이며 고도로 개인화될 것이라 예상해요.

# 계층 4:
# 공간 컴퓨팅

공간 컴퓨팅은 가상현실과 증강현실을 병합하는 기술 솔루션을 아우르는 개념이에요. 공간 컴퓨팅은 3D 공간을 설계·조작·활용하는 데 필수적인 기술이에요. 클라우드 시스템을 사용해서 물체를 디지털화하고, 센서를 사용한 측정 기술로 공간을 매핑하지요. 이를 통해 물리적인 세계를 3차원 가상공간으로 디지털화할 수 있어요.

최근에는 그 어느 때보다 가상 세계와 물리적 세계를 혼합할 수 있게 되었어요. 마이크로소프트의 홀로렌즈, 스냅챗(Snapchat)의 랜드마커(Landmarker)가 좋은 사례예요. 인스타그램의 얼굴 필터 기능에서 공간 매핑 및 변환 기술을 접할 수도 있답니다. 또 다른 예도 있어요. 바로 게임 포켓몬 GO이지요. 이 모든 것은 공간 컴퓨팅 덕분에 가능했어요.

레이어의 일부는 유니티 및 언리얼과 같은 3D 게임 엔진을 포함해요. 세시움(Cesium), 데카르트랩스(Descartes Labs) 및 나이언틱의 플래닛 스케일 증강현실(Planet-Scale AR)을 통한 지리 공간 매핑은 내부와 외부 세계를 매핑하고 해석하는 데 도움이 돼요.

사람의 생체 인식과 함께 웨어러블 장치(사물인터넷)의 데이터 통합은 이미 건강과 피트니스 산업에서 널리 사용되고 있어요. 공간 컴퓨팅 소프트웨어에는 음성과 제스처 인식도 포함된답니다.

# 계층 5:
# 탈중앙화

탈중앙화(Decentralization) 계층은 메타버스 내에서 발생하는 거래나 데이터 처리 등을 메타버스의 독립적이고 사용자 중심적인 환경을 구축하기 위해, 분산된 방식으로 정보를 처리하고 데이터 보안을 유지할 수 있도록 구성한 기술적인 계층이에요. 이를 통해 사용자들은 중앙집중식 서비스와는 달리, 보안성이 높고 거래의 신뢰성이 높은 환경에서 자유롭게 활동할 수 있어요.

탈중앙화 계층을 구성하는 핵심적인 기술 요소는 무엇일까요? 바로 블록체인 기술이에요. 블록체인 기술은 거래 기록을 분산형 데이터베이스에 저장하고 이를 암호화해 보안성을 높이는 기술을 의미해요. 블록체인은 거래 기록을 '블록'이라는 단위로 나누어 연결한 체인 형태로 구성되어 있어요. 블록체인 네트워크에 참여하는 모든 노드가 해당 거래 정보를 공유하고 검증할 수 있답니다.

블록체인은 분산원장 기술이라고도 해요. 거래가 발생할 때마다 해당 거래 내역이 블록 단위로 생성되고, 이전 블록과 연결되어 체인 형태로 연결되지요. 각 블록은 해당 거래 내용뿐만 아니라, 이전 블록의 해시값, 타임스탬프 등의 정보가 저장되어 있어요. 이를 통해 블록체인 네트워크 참여자들은 해당 거래의 유효성을 검증할 수 있어요.

또한 블록체인은 탈중앙화된 구조이므로 중앙집중식 서버에서 발생할 수 있는 문제점(해킹, 데이터 위조, 인위적인 변경 등)을 방지할 수 있어요. 블록체인은 거래 정보를 암호화해서 저장하기 때문에 보안성이 높아요. 게다가 블록체인 네트워크의 모든 참여자들이 거래 내역을 검증하기 때문에 위조나 변조된 거래 내역이 발생할 확률이 매우 적답니다.

초기에 블록체인 기술은 암호화폐 거래에서 주로 활용되었어요. 그런데 현재는 다양한 분야에서 적용되고 있지요. 예를 들어 블록체인 기술을 이용한 스마트 계약 기술을 이용하면 자동화된 계약 체결이 가능해요. 또한 블록체인 기술을 이용한 디지털 자산 발행 및 거래 플랫폼, 블록체인 기반의 IoT 기술 등 다양한 분야에서 활용되고 있고요.

메타버스의 탈중앙화 계층은 사용자들이 자유롭게 거래를 할 수 있는 시장을 구성하고, 이를 통해 경제 활동이 활발하게 일어날 수 있도록 해요. 또한 블록체인 기술을 이용하므로 데이터 보안성이 높고, 중앙집중식 서비스에서는 불가능한 새로운 형태의 서비스나 경제적 활동을 발전시킬 수 있습니다.

메타버스가 도달하고자 하는 이상적인 세상은 영화 〈레디 플레이어 원〉에서처럼 하나의 거대한 기업(영화에서 기업명은 '오아시스')이 장악하고 운영하는 시스템이 아니라, 완전히 민주적이고 분산되어서 소수가 지배하지 않는 세상이에요.

# 계층 6:
# 휴먼 인터페이스

메타버스 하드웨어 계층의 핵심은 사람들의 적극적인 참여와 몰입이에요. 공간 컴퓨팅과 휴먼 인터페이스의 결합으로, 우리는 3차원 공간 정보를 수집하고 3차원 지도를 사용하며, 단순히 현실을 둘러보는 것만으로도 증강현실 경험을 만들 수 있어요.

『사이보그 선언』은 페미니스트 성향의 역사가인 도나 해러웨이(Donna Haraway)가 1985년에 쓴 에세이예요. 이 에세이에서는 사이보그는 '인간'과 '기계' 사이의 엄격한 경계를 거부하고, 인간와 기계들에 적용되던 많은 구별들을 모호하게 했다고 서술해요.

우리는 기술이 소형화되고 휴대성이 높아지면서 기계장치, 즉 웨어러블 디바이스를 몸에 가까이 지니고 있어요. 그런데 이러한 변화가 우리를 사이보그로 만드는 것이라고 하기엔 무리가 있어요. 다만 스마트워치나 스마트 안경 등을 통해 인체와 IT 기술이 하나로 통합되는 과정이 시작되었다고 볼 수는 있지요.

또한 인간의 뇌와 컴퓨터 사이의 바이오센서와 신경 인터페이스를 연결해 뇌에서 명령을 전달받거나 뇌로 신호를 전달하는 기술의 개발은 이미 여러 기업이 진행하고 있어요.

햅틱 기능이 휴먼 인터페이스 계층의 대표적인 기술이에요. 이 기술 덕분에 스마트폰을 만지거나 스마트워치를 보지 않아도 정보를 전달받을 수 있어요. 햅틱을 사용하면 버튼이나 화면을 터치하지 않고도 전자 장치를 제어할 수 있어요. 몇몇 실험 모델에는 사용자가 가상 물체의 질감과 모양을 느낄 수 있는 기능도 개발되어 있답니다.

## 계층 7:
## 인프라

인프라 계층은 가장 물리적이고 기반이 되는 계층이에요. 앞에서 언급한 모든 것을 현실로 만드는 기술이 포함된 계층이고요. 상위 계층이 존재하려면 5G와 6G 통신을 기반으로 한 컴퓨팅 자원으로 구성된 기술 인프라가 필요해요.

최신 무선통신 기술을 통해 통신 대역폭이 크게 향상되고 네트워크 연결, 대기 시간이 줄어들면 메타버스에서 요구하는 광대역의 데이터 송수신 요구량을 감당할 수 있어요. 그 결과 지금과는 다른 차원의 공간 컴퓨팅과 공간 웹 및 이를 기반으로 한 메타버스 서비스를 제공할 수 있지요.

또한 휴먼 인터페이스 계층에서 언급된 가상·증강현실 장치가 효율적으로 작동하려면, 기능은 강력하되 크기는 작은 하드웨어가 필요해요. 래도프는 이를 위한 반도체와 디바이스를 제작하려면 반도체 제작 공정에서 3nm(나노미터) 공정 이상의 첨단 고집적 반도체 개발 및 생산 기술이 포함될 것이라고 주장해요. 초고성능의 소형 디바이스는 전원을 공급하기 위해 크기는 더욱 작아질 것이고, 전기 공급용량을 높일 수 있는 2차전지 기술이 개발되어야 하지요.

7계층 중에서 최하위 계층인 인프라를 구성할 기술을 먼저 개발해야 해요. 그래야만 미래의 메타버스 세상이 어떻게 구성될 것인지, 메타버스에서 가능한 일과 불가능한 일이 무엇인지를 알 수 있어요. 아직까지 쉽지 않은 일이지만 한 가지는 확실해요. 7계층으로 구성된 새로운 기술은 우리의 삶을 혁신적으로 바꿀 것이라는 사실을요.

02 ▷▷▷

# 휴먼 인터페이스의 미래

휴먼 인터페이스는 메타버스의 7계층 중에서 6번째 계층이에요. 컴퓨팅 기술을 연구하는 기업 입장에서는 휴먼 인터페이스 분야가 흥미로운 분야이지요. 메타버스로 진행하는 과정은 비디오 게임의 발전과 관련 있어요. 앞으로는 상상의 영역까지 확대될 것이고요. SF 소설이나 영화 〈스타트렉〉에서 나올 법한 미래의 기술까지 상상의 나래가 펼쳐진다는 의미예요.

IT 기술은 수백만 명의 플레이어가 가상공간에서 동시에 게임을 할 수 있는 토대를 마련했어요. 그리고 게임 플레이어와 논 플레이어 캐릭터(NPC)는 3D 게임 세계에서 현실감 있는 모습으로 렌더링된 정보로 표현되지요. 현재 진행되는 연구의 미래는 영화 〈매트릭스〉에 나온 가상 세계 수준의 메타버스를 목표로 할지 모르겠네요.

## 가상현실을 사용한 몰입

오늘날 MMORPG는 여전히 2D 컴퓨터 화면 앞에 앉아서 해야 하지요. 가상 세계와 게임 캐릭터는 3D지만 인터페이스, 키보드, 마우스, 게임 컨트롤러를 사용하는 전통적인 방식이에요. 이 방식은 몰입감이 떨어질 수밖에 없어요. 그래서 새로운 기술을 계속 개발 중이랍니다.

헤드셋이나 고글을 사용해요. 게임 플레이어는 두 개의 작은 화면이 있는 고글을 착용해요. 두 화면의 이미지는 고글과 눈의 간격에 맞춰서 떨어져 있고, 각 이미지는 미묘하게 달리 보여요. 고글 안의 이미지가 마치 현실의 3차원 공간인 것처럼 느끼도록 하기 위해서이지요. 그 결과 사용자는 가상 세계에서 주위를 둘러보고, 마치 그 속에 들어간 듯한 몰입감을 경험할 수 있어요.

영화 〈레디 플레이어 원〉 속 허구의 세상인 '오아시스'처럼 가상 세계를 제공하는 기업이 등장할 수도 있어요. 영화 속의 오아시스는 현실에서 벗어날 수 있는 도피처예요. 아이들은 가상현실에서 학교에 가고, 관계를 맺고, 아바타의 모습을 바꾸고, 온갖 게임을 해요. 여기서 게임 플레이어의 계정은 가상 세계와 마찬가지로 영구적이에요. 이 가상 세계는 각각의 특성, 고유한 모양과 느낌, 고유한 물리 법칙 등을 가진 다양한 행성으로 구성되어 있어요. 사실 가상의 오아시스는 세컨드라이프가 꿈꿨던 완전한 가상 세계와 참여자의 완벽한 몰입을 달성한 가상 세계의 모습이에요.

또한 그들은 운동 감각적 피드백을 제공하는 햅틱 수트를 착용해요. 그리고 달리기를 할 때 방해받지 않는 트레드밀을 사용하지요. 가상현실을 위한 트레드밀은 우리도 구입할 수 있어요.

영화에서는 그리게리어스 게임즈(Gregarious Games)가 등장해요. 오아시스를 만든 회사이지요. 많은 기업들이 영화 속의 그리게리어즈 게임즈처럼 되는 것을 꿈꾸지 않을까 싶어요. 오아시스 같은 가상 세계를 구축하는 것은 메타버스로 향하는 개발 단계의 절정일 거예요.

## 3D 고글의 역사

»»

1950년대 3D 영화는 빨간색과 파란색 셀로판 안경을 착용하는 방식으로 3차원 영상을 재현했어요. 이보다 더 거슬러 올라가면 빅토리아 시대에도 3D를 경험하게끔 만든 장치가 있었고요. 이 장치에는 두 장의 사진이 있는데, 마치 고글 같아요. 두 장의 사진을 일정한 거리를 두고 눈앞에 둬요. 실제로 입체감을 느끼는 상황을 모방한 방식으로, 스테레오스코피(Stereoscopy)라고 해요. 뇌는 두 개의 이미지를 하나의 3차원 관점으로 결합해서 인식해요. 과거의 3차원 기술이 현재 3D 영화의 기본 원리예요.

3D 영화의 각 프레임에는 두 개의 편광 이미지가 포함되어 있어요. 양쪽 눈은 한 이미지만 볼 수 있고요. 이렇게 양쪽 눈에 보이는 각각의 이미지를 통해 뇌는 3차원 입체 공간을 머릿속에서 그려낸답니다.

최근 3D 영화를 본 적 있나요? 더 이상 빨간색, 파란색 셀로판 렌즈를 사용하지 않지요. 대신에 편광을 사용하는 안경을 쓰지요. 이는 영화 〈아바타〉 〈스타워즈〉처럼 3D영화 열풍을 일으켰어요.

## 3D 영화에서 가상현실로의 변화

오늘날의 헤드셋에는 화면의 렌더링을 수행하는 디스플레이 화면이 있어요. 렌더링은 컴퓨터 프로세서에 의해 수행되지요. 그리고 헤드셋은 PC와 연결되거나 헤드셋 자체에 컴퓨터가 내장되어 있기도 해요. 입체 영화는 고정된 촬영 이미지를 보여주는 방식이지만, 헤드셋과 연결된 컴퓨터는 훨씬 더 실감나는 입체 영상을 보여줘요. 게다가 사용자의 움직임에 따라 실시간으로 반응하는 입체 영상도 보여주고요. 즉 고개를 돌리면 이를 감지해서 주변 상황을 3D 그래픽으로 실시간 렌더링해줍니다. 그 결과 사용자는 마치 가상공간에 들어가 있는 듯한 경험을 하지요.

그래픽 프로세서를 통한 실시간 렌더링은 사용자에게 즉각적인 그래픽 화면의 반응을 제공해요. 그래서 사용자의 움직임에 따라 현실감 있는 장면을 연출할 수 있지요. 실제로 3D 그래픽으로 렌더링되는 장면들은 픽셀 단위로 저장되어 있지 않아요. 벡터 그래픽이라는 방식의 3D 모델 데이터와 이를 표현하는 텍스처 데이터로 저장되어 있어요. 따라서 사용자가 가까이 가면 화질이 떨어지지 않고, 확대되거나 축소되어서 표현돼요.

가상현실 기술은 1990년대에 등장한 이후 줄곧 변방에 머무르고 있었어요. 그러다가 주목을 받은 시점이 있었지요. 2014년, 작은 벤처기업에 불과했던 오큘러스를 페이스북이 인수했을 때예요. 고가인 데다 컴퓨터에 연결해서 사용할 수 있는 방식이었지만, 페이스북은 미래를 내다본 것이지요.

오큘러스는 2012년에 팔머 럭키가 설립한 기업이에요. 가상현실 기술을 개발하는 회사는 아니었지만 일반인도 쉽게 사용할 수 있는 제품을 만들고자 했어요. 현실적인 헤드셋과 툴킷을 개발하기도 했고요. 오큘러스의 최고기술책임자(CTO)인 존 카맥에 따르면, 3차원 관점에서 첫 번째 성공을 거둔 것은 게임 외에는 아무것도 없었다고 해요. 하지만 개발팀은 풍경의 입체 렌더링을 최적화하기 위해 심혈을 기울였지요. 페이스북이 오큘러스를 인수한 이후 HTC, 마이크로소프트, 소니 등 다른 기업들도 가상현실 헤드셋 개발에 매진했어요. 그중에서 잘 알려진 제품이 소니의 플레이스테이션 VR 헤드셋이랍니다.

03 ▷▷▷

## 몰입형 가상현실의 진화

현재의 가상현실 상황을 보면 아직 갈 길이 멀어요. 게다가 개발 진행 속도는 더딘 편이지요. 특히 해결해야 할 기술 문제도 있답니다. 먼저 가상현실을 구현하려면 전용 고글이 필요해요. 단점이라고 말하기에는 조금 애매하지만, 가상현실의 폭을 넓히는 데 장벽이 되는 것은 분명해요. 그리고 가상현실을 구현하려면 전용 공간도 필요해요. 사람이나 방해가 되는 물건이 없는 공간이 필요하다는 뜻이지요. 그렇지 않으면 부딪힐 위험이 있으니까요.

가상현실 멀미 현상도 해결해야 할 문제예요. 사람들이 고글을 착용하고 가상현실을 보면 어지러움을 느끼기도 하거든요. TV로 게임을 할 때도 생기는 현상이에요. 눈이 움직임을 감지하면 사람의 뇌는 실제로 움직이고 있다고 여겨요. 그런데 실제로 몸은 움직이지 않으니, 뇌가 혼란을 일으키겠지요? 그래서 멀미가 생기는 거예요. 최근에는 이 현상을 해결하고자 가상공간의 시야 범위를 좁히거나 이미지를 흐리게 하는 방식으로 기술을 제공하고 있답니다. 그리고 게임을 하는 중에 연속적으로 움직이는 것보다는 게임 내에서 '순간 이동'을 하는 방식으로 어지러움이나 메스꺼움을 줄이고자 해요.

고글의 디스플레이에 보이는 렌더링의 수준은 사실감이 부족해요. 이것도 해결해야 할 문제예요. 가상현실의 장면을 생성하는 하드웨어(렌더링 하드웨어, 고글 및 기타 컨트롤) 외에도 가상현실에 몰입하는 경험을 실제로 주도하는 것은 소프트웨어이지요.

소프트웨어는 휴대폰이나 PC, 고글 내부의 모바일 컴퓨터에서 실행되어야 해요. 그런데 현재의 하드웨어 및 소프트웨어 기술은 완벽하지 않아요. 가상 환경에서 사용자가 이동할 때 사실적인 이미지를 렌더링(또는 더 정확하게는 다시 렌더링)을 할 때 말이지요. 따라서 현실감을 높이려면 디스플레이의 해상도를 높여야 하고, 이를 위해서는 강력한 CPU나 GPU가 필요하답니다.

완전한 몰입 경험을 제공하고 싶다면 시각 외에 촉각, 청각 등 다른 감각기관도 자극해야 해요. 햅틱 슈트처럼 가상현실의 환경을 구현할 수 있는 장치, 트레드밀처럼 물리적 동작을 결합할 수 있는 장치를 활용해 실감나게 만들어야 해요. 예를 들어 햅틱 장갑은 센서와 디바이스를 통해 피부에 압력을 가해요. 그래서 사용자가 가상공간에서 물체를 잡을 때 실제로 물체를 잡거나 벽을 밀고 있다는 느낌을 받지요. 다만 여러 기업에서 햅틱 장비를 개발했지만, 아직은 그 수준이 낮은 편이에요.

사운드도 가상현실을 구현하는 데 중요한 요소예요. 3D 사운드는 완전한 몰입을 위한 중요한 기술로, 오디오 분야에서 연구하고 있어요. 우리는 귀를 통해 소리를 듣지요. 그런데 가상 세계의 소리는 고글을 통해 들어요. 그만큼 사운드가 중요해졌어요.

MP3 플레이어를 만든 기업 크리에이티브 랩스(Creative Labs)는 3D 사운드 기술 개발에 투자하고 있어요. 가상현실 기술이 본격적으로 개발된 지 불과 10년이라는 점을 감안하면, 앞으로 몇 년 안에 완전한 몰입이 가능해질 것이라 생각해요.

## 증강현실 기술

가상현실과 밀접한 관련이 있으면서 유사한 장점을 제공하는 기술이 증강현실 기술이에요. 아직까지는 증강현실 세계를 보려면 안경이나 고글이 필요하기 때문에 가상현실과 유사하지요. 그러나 증강현실 안경은 실제 주변에 있는 것도 동시에 보여줘요. 즉 증강현실은 사용자가 보는 현실에 가상의 사물을 '추가'하는 개념이에요. 방 안에 테이블은 있고 의자가 없다고 가정해봅시다. 이때 증강현실 안경은 가상의 의자를 두거나 테이블 위에 거미를 둘 수도 있지요.

대표적인 증강현실 헤드셋 제품이 구글 글래스와 홀로렌즈예요. 최근에는 매직리프라는 라이트필드 기술을 사용하는 기업의 제품도 주목받고 있어요. 증강현실과 가상현실은 엄연히 다른 기술이에요. 다만 도구와 기술이 매우 유사한 편이지요. 둘 모두 원래는 비디오 게임용으로 제작된 3D 모델, 텍스처 및 실시간 렌더링 기술을 사용했어요. 그리고 이 기술은 3D MMORPG와 영화의 특수효과를 만드는 데 사용되는 기술과 동일(CGI 또는 컴퓨터 생성 이미지)해요.

증강현실 안경을 착용하면, 증강된 현실에 등장하는 사물이 마치 비디오 게임처럼 보여요. 최근에 나온 고글은 시야가 제한되어 있고 렌더링 사물의 해상도가 낮기 때문에 어떤 물체가 가상이고 어떤 것이 현실인지 쉽게 구분할 수 있어요. 그런데 항상 그렇지는 않아요. 특수효과를 입힌 영화를 한번 보세요. 어느 것이 실사이고 어느 것이 그래픽인지 구별하기 어려운 것도 있지 않나요?

CGI 기술과 소프트웨어 기술은 비디오 게임과 영화에서 활용되지만 차이점도 있어요. 영화는 실시간 렌더링이 필요하지 않다는 것이죠. 그리고 영화에서는 장면에 가상 객체를 넣기 위해 하나의 고정된 관점에서만 표시해도 되고, 오랜 시간에 걸쳐 미리 렌더링하는 것도 가능해요.

그런데 증강현실 고글은 달라요. 실시간으로 현실 세계 위에 가상의 사물을 렌더링해야 하지요. 그리고 머리를 움직이거나 방을 돌아다닐 때 사용자의 움직임에 따라 실시간으로 반응하도록 렌더링을 새로 변경해야 하고요. 이처럼 증강현실 고글은 실시간으로 렌더링되어야 하므로, 영화에서는 특수효과를 활용해요.

현실 세계에 가상 객체를 실시간으로 렌더링할 수만 있다면, 메타버스 세상으로 가는 길목에 도달하는 셈이에요. 이때 도움을 주는 기술이 '포토리얼리스틱 혼합현실(Photorealistic Mixed Reality)'이지요. 줄여서 혼합현실(MR)이라고 해요.

이 기술이 왜 중요할까요? 현실의 물체와 구별할 수 없을 만큼의 해상도로 렌더링 엔진에 의해 생성된 가상 물체를 주변에서 볼 수 있는 경우, 어떤 일이 발생할까요? 그렇게 되면 증강현실과 물리적 현실의 경계가 모호해지면서 메타버스가 현실과 가상공간을 통합할 수 있는 미래가 구체화되기 시작할 거예요.

## 영화 특수효과에 대한 참고 사항

영화의 특수효과는 실제와 가상을 구별하기 어려운 수준까지 이르렀어요. 특수효과를 위한 컴퓨터 생성 이미지(CGI)의 역사를 간단히 살펴볼게요.

특수효과의 비약적인 발전을 보인 작품이 1993년 영화 〈쥬라기 공원〉이에요. 이후 컴퓨터 생성 캐릭터는 〈반지의 제왕〉에서 등장한 '골룸'부터 2009년 〈아바타〉에 이르기까지 엄청난 발전을 이루었답니다.

100% 컴퓨터 그래픽 기술로 제작된 첫 번째 영화 〈토이 스토리〉는 1995년 픽사(Pixar)에서 제작했어요. 이 영화의 등장인물은 실제 사람과는 다르지요. 불과 얼마 전까지만 해도 컴퓨터 그래픽 기술은 완전히 사실적으로 만드는 것이 어려웠고 비용도 많이 들었어요. 그런데 지금은 가상인간이 보편화되었고, 그래픽의 정교함이 수준급이라 실사 촬영본인지 구분하기 어렵지요.

골룸처럼 비인간적인 캐릭터가 마치 인간인 듯 자연스럽게 보이게 한 것은 모션 캡처 기술 덕분이에요. 배우는 신체의 움직임을 추적할 수 있는 센서가 부착된 슈트를 입어요. 그리고 얼굴에도 주요 지점에 센서를 부착해서 배우가 대사를 하는 동안 그 움직임이 카메라를 통해 입력되지요. 표정과 제스처를 사실감 있게 그려낼 수 있지만, 어려운 부분이 있는 것도 사실이에요. 머리카락과 피부를 실감 나게 표현하려면 비용이 많이 들거든요.

2001년에 개봉한 영화 〈파이널 판타지〉는 특수효과의 예산 대부분이 인물의 머리카락을 사실적으로 보이게 만드는 데 사용되었어요. 아쉽게도 흥행 성적은 저조했지만, 영화 속의 캐릭터는 수준급으로 그려냈답니다.

영화 〈블레이드 러너 2049〉 〈스타워즈〉 3부작을 보면 하늘을

나는 자동차, 배와 기타 생물, 영화의 배경 등이 자연스럽게 조화를 이루어요. 예를 들어 고층 빌딩을 이루는 도시 풍경이 비행하는 자동차와 조화롭게 어울리며 사실감을 돋보이게 했답니다. 이 기술은 현재의 상황을 감안하면, 향후 수년 내에 사실적인 실시간 증강현실을 구현하기 시작할 거예요.

3차원 영상을 기록하기 위해 3D 캡처 기술이 새로 등장했어요. 12개의 카메라가 사람이나 물체 주위에 배치되어 동시에 사진을 찍는 방식이에요. 캡처한 이미지 12가지를 바탕으로 개체를 효율적으로 조합하고 구현할 수 있어요.

몇 년 전, 중국에서는 두 명의 가상 앵커가 뉴스를 진행했어요. 혼합현실과 증강현실 기술은 사물과 사람을 창조하는 과정에서 매우 중요한 요소가 될 거예요. 이때 해결해야 할 문제가 있어요. 바로 렌더링의 해상도와 속도예요. 즉 렌더링 엔진의 속도와 실제 개체를 3D로 모델링할 수 있는 속도를 말해요. 이 2가지는 그래픽 하드웨어와 소프트웨어의 발전으로 개선할 수 있어요.

## 라이트필드 디스플레이 및 3D 프린팅

오늘날의 가상현실이나 증강현실은 고글에 의존하고 있어요. 그런데 이 고글 안에서 현실과 융합되는 가상 세계를 표현할 수 있다면 다음 단계로 넘어가고자 할 거예요. 즉 고글 없이 현실에서 가상 물체를 볼 수 있도록 렌더링할 수 있는 기술을 개발할 거예요. 이를 위해서는 새로운 렌더링 기술과 소프트웨어가 필요해요. 그리고 현실 공간에 가상 물체를 투사할 수 있는 프로젝터 기술도 필요해요.

주목할 만한 2가지 기술이 있어요. 바로 라이트필드 디스플레이와 3D 프린팅 기술이에요. 라이트필드 디스플레이는 물체가 빛에 영향을 미치고 반사하는 방식을 분석해 실제 세계에서 물체를 렌더링하는 방법이에요. 빛이 물체에서 반사되는 방식을 분석하고 재현해, 고글을 사용하지 않고도 실제 세계에서 3차원 입체로 보이는 홀로그래프 영상을 만드는 것이 가능해요.

3D 프린팅은 지난 10년간 기술적으로 도약한 분야예요. 3차원 이미지 데이터를 이용해서 화면이나 고글에 영상을 렌더링하듯이 3차원 데이터를 현실의 물체로 만들어낼 수 있는 기술이에요. 불과 10년 전만 해도 3D 프린터는 공상과학소설에서나 등장할 만한 기술이었는데, 현재는 다양하게 이용되고 있어요. 라이트필드 디스플레이와 3D 프린팅은 가상 세계가 현실과 직접 연결될 수 있다는 길을 제시할 거예요. 결국 메타버스가 현실과 통합될 수 있는 길을 열어줄 것이랍니다.

가상의 물체를 실제 세계와 통합하려면 라이트필드 디스플레이 구현이 필수예요. 라이트필드는 물체에서 반사되는 빛의 양을 뜻해요. 우리들이 실제 세계에서 물체를 인식하는 방식과 유사하죠. 우리는 물체가 있는 위치에 따라 빛이 특정 방식으로 반사되어 눈에 닿아야, 물체가 '그 자리'에 있다고 인식해요. 현실의 물체를 '오버레이'하기 위해 헤드셋에 의존하는 대신, 라이트필드 디스플레이는 물체에서 반사될 수 있는 빛의 양을 정확히 계산하고 실제로 물체가 있는 것처럼 보이게 해야 하지요.

초기 라이트필드 디스플레이는 헤드셋을 통해 구현할 수 있었어요. 그리다가 레이서를 활용해 방에 빛 입자를 배치하여 헤드셋이 없어도 물체를 실제처럼 보이게 만들었지요.

MIT 미디어랩과 브리검영대학교(Brigham Young University)의 연구원들은 레이저 조합을 사용해서 실제 세계, 예를 들어 탁자 위에 놓일 만한 홀로그램 이미지를 생성하는 '체적 디스플레이'를 연구하고 있어요.

홀로그램 디스플레이는 빛이 실제 물리적 물체와 같은 방식으로 반사되도록 최적화되어 광선을 모든 방향으로 보내요. 방에 있는 관찰자에게 입체적인 홀로그램 이미지를 투사하는 기능은 특별한 가상현실 렌더링 기술이에요. 미래 메타버스를 향한 발전에서 중요한 단계가 될 수 있어요. 빛의 입자를 움직여서 가상의 물체를 현실 공간에 3차원으로 렌더링할 수 있다면, 우리에게 과연 현실에 존재하는 것과 가상에 존재하는 것의 차이점이 무엇인지를 궁극적으로 질문할 수 있어요.

가상의 물체를 렌더링할 수 있는 라이트필드 디스플레이를 아직까지 구현하지는 못했어요. 하지만 3D 모델을 기반으로 물리적 물체를 렌더링할 수 있는 기술, 즉 3D 프린터는 일반화되었어요. 3D 프린터는 3차원의 픽셀을 활용해 개체를 정확하게 '인쇄'해요. 이때 픽셀은 물리적인 점으로, 화면이나 종이에 뿌려진 잉크가 아니에요.

3D 프린터에서 '픽셀' 또는 '재료'에 한번에 인쇄될 수 있는 각 레이어는 두께가 0.1mm예요. 3D 프린터를 가동하려면 컴퓨터와 인쇄를 구동하는 정보(비디오 게임 용어로 렌더링 프로세스)가 필요해요. 이 정보는 3D 모델링 기술을 포함하여 다양한 방법으로 생성하지요.

잉크로 인쇄했던 초기 프린터처럼, 현재의 3D 프린터도 한 가지 재료로만 인쇄할 수 있어요. 대신에 인쇄하려는 대상의 각 부분을 정교하게 인쇄할 수 있다는 장점이 있지요. 최근에는 3D 프린터를 활용해 총을 제작하거나 금속, 기타 물질 등 다양하게 인쇄하고 있답니다. 한 가지 인쇄 재료에서 벗어나 복합적인 물질로 인쇄가 가능해진다면 영화 〈스타트렉〉에서 나온 '복제기'가 현실이 되지 않을까요?

현재의 3D 프린터는 개별 원자나 분자를 인쇄할 수 없어요. 그러나 언젠가는 작은 요소까지 인쇄할 날이 오겠지요. 그렇다면 가상 세계의 모든 물체를 현실에서도 만들어낼 거예요. 벌써 미래의 모습이 기대되지 않나요?

## 두뇌 인터페이스
## 자세히 알아보기

우리는 실제와 가상현실을 구별하기 어렵게 만드는 방법을 찾아야 해요. 이때 두뇌와 직접 소통하는 기술이 필요해요. 최근 과학자들은 두뇌와 소통하는 문제를 '화학 및 전기신호를 뇌에 전달하고, 두뇌로부터 발생하는 신호를 읽는 문제'라고 생각해요.

영화 〈매트릭스〉에서는 인간에게 가상현실이 실제라고 생각하도록 속이지요. 그래서 대뇌 피질에 컴퓨터 시스템과 특수 설계된 케이블을 직접 연결해요. 그 결과 두뇌에 다양한 프로그램 카트리지나 데이터가 연결되어서 가상 세계(무술 도장, 고층 빌딩이 있는 복잡한 도시 등)에 몰입할 수 있게 만들어요.

가상 세계를 현실처럼 만들려면 두뇌 인터페이스 기술이 해답인 듯해요. 하지만 실제는 어떠할까요? 아직까지는 공상과학에 머무르는 수준이에요. 뇌파를 읽어서 드론을 조종하거나 의족이나 의수를 제어하는 수준은 성과를 보이고 있지만, 가상 세계와 현실을 구분하지 못하도록 하는 기술은 아직 미흡해요.

다만 앞을 볼 수 없는 맹인의 뇌, 그중 시각 영역에 전극을 삽입하고 카메라로 촬영한 이미지를 무선으로 전송해서 두뇌에 전기자극을 준 실험은 있지요. 이는 원초적이기는 하지만 카메라가 찍은 영상을 전송한 실험이에요. 아주 초보적인 단계로, 단순한 도형이나 패턴을 인식시키는 수준이었답니다. 그럼에도 의의는 있어요. 메타버스 또는 가상 세계에 완전히 몰입을 하려면 사람의 뇌와 직접 연결하는 방법만이 해결안이 될 것이라는 점이에요.

많은 과학자들은 사람들이 뇌에 보지 못하는 것을 보고 있다고 가짜로 신호를 보낼 수 있는 날이 올 것이라 믿어요. 우리는 두뇌를 블랙박스처럼 봐요. 내부 작동 원리를 완전히 이해할 수 있는 것이 아니라, 뇌에서 발생하는 신호를 분석함으로써 두뇌 행동을 모방할 수 있다고 생각하지요. 이러한 방식으로 뇌에 신호를 전달하는 것이에요. 신호 입력은 눈이나 신체의 다른 부분에서 뇌로 보내는 신호와 같고, 출력은 입력 신호의 결과예요. 이를 통해 존재하지 않는 것을 보거나 느끼게 만들 수 있다고 생각해요. 이것이 가능한 일일까요?

와일더 펜필드(Wilder Penfield)는 뇌의 다른 부분에 전기 자극을 사용해 뇌의 각 영역이 담당하는 신체-마음 부분의 지역화된 모델을 개발했어요. 실험에서 소수의 피실험자(5%)에게서만 자극을 통해 기억을 이끌어낼 수 있었지요. 전기적 자극이 특정 기억을 불러일으키거나 특정 반응을 이끌어내는 데 필요한 전부인 것처럼 설명해서 논문으로 발표하기도 했어요.

다른 경우에도 펜필드가 수행한 실험처럼, 같은 전기 신호로 사람들에게 환각을 유발했어요. 이러한 연구가 공상과학영화에 등장하는 두뇌 인터페이스 기술을 상상하는 데 바탕이 되기도 했고요. 가상현실 고글을 착용하든, 발전된 혼합현실 고글과 컴퓨터 시스템을 사용하든 사용자는 가상현실과 물리적 현실을 구별할 수 있어요. 그러나 특정 신호를 뇌의 특정 부분에 실시간으로 전달할 수 있다면, 아마도 가장 정교한 렌더링 엔진과 컴퓨터 화면을 인간의 두뇌에도 전달할 수 있지 않을까요?

두뇌 인터페이스는 사람의 마음을 읽도록 하는 것이에요. 오늘날에는 알파, 베타, 세타 등 뇌의 상태를 알려주는 뇌파를 읽을 수 있어요. 과학자들은 이 뇌파를 이완, 수면, 깨어 있음 등과 같은 다양한 활동에 매핑했고, 인공적인 자극과 특정 주파수를 들려줌으로써 뇌파를 조절할 수 있다고 생각했지요. 그러나 전극과 같은 전기 장치를 통해 사람의 마음을 정확히 읽는 것은 사실상 불가능해요. 그럼에도 두뇌에 연결해서 생각을 읽으려는 기술을 연구하고 있답니다. 생각만으로 휠체어를 조절하거나 컴퓨터를 조작할 수 있는 기술을요.

아담 커리(Adam Curry)는 '마음이 난수 생성기(Random Number Generation)에 영향을 줄 수 있다'라는 것을 발견한 어드밴스드 엔지니어링 연구실(Advanced Engineering Research Lab)의 팀원이에요. 그는 생각하는 색에 따라 램프의 색이 변하는 '마인드 램프'를 발명하기도 했지요. 사용자의 의도에 따라 난수의 임의성의 변화를 포착한 다음, 그 값을 생각하고 있는 색상으로 해석하는 연구를 진행했어요.

최근에는 몇몇 스타트업 기업에서 가상현실 헤드셋과 뇌파 감지기를 이용해 사용자의 두뇌 속 의도를 파악하여 사물을 제어하는 연구를 진행하고 있어요. 스타트업 기업 뉴러블(Neurable), 뉴로

링크(Neurolink)는 컴퓨터와 두뇌 사이에 인터페이스가 가능하다고 주장해요. 그런데 이 기술은 아직 연구가 더 필요하기도 해요. 두뇌의 의도가 무엇인지 정확히 판독하려면 아직 시간이 필요하거든요.

사람의 두뇌에 정보를 직접 전달하는 기술과 두뇌 속의 생각을 읽을 수 있는 이 2가지 기술은 사람의 생각과 가상 세계를 연결하는 사용자 인터페이스가 될 수 있어요. 가상 세계의 이미지를 두뇌에 직접 전송할 수 있고, 가상 세계에 있는 플레이어의 생각을 컴퓨터가 읽어서 다시 가상 세계로 전송할 수 있다는 것이지요. 기술의 실현까지는 아직 멀었지만, 뇌의 전기화학적인 신호를 이해하는 데 불과 몇십 년도 안 남았을 수 있어요.

## 이식된 기억

두뇌를 디지털로 해석하는 기술의 절정은 '가상 세계에 대한 조작된 기억을 사람의 뇌에 심어주는 기술' 영역이에요. 만약 앞서 살펴본 두뇌 인터페이스가 현실화된다면 가상 세계에 있는 캐릭터의 개인 이력이 어딘가(일반적으로 렌더링된 세계 외부)에 정보로 저장되어야 하지요. 이 때문에 두뇌의 기억을 디지털화하고 저장하는 작업이 가능해야 해요.

이식된 기억은 어떤 모습일까요? 1990년 영화 〈토탈 리콜〉을 한번 살펴보기로 해요. 〈토탈 리콜〉의 주인공 퀘이드는 휴가의 추억을 심어주는 여행사 '리콜'을 찾아가요. 이곳은 싼값으로 여행을 다녀온 것처럼 뇌 속에 기억을 이식시켜줌으로써 욕구를 충족시켜주지요. 퀘이드는 여러 기억 중에서 '화성'을 무대로 삼아 첩보원으로 활약하는 기억을 주입하기로 해요. 그런데 퀘이드에게 기억을 이식하고자 할 때 문제가 발생하지요. 이미 다른 누군가가 기억을 심어 놓았으니까요. 퀘이드는 화성의 비밀요원이었던 사실을 기억하기 시작해요. 그러고는 새로 기억해낸 기술을 활용해 자기를 죽이려는 요원에게서 벗어나고 결국 화성에 도착하지요. 영화 속 주인공에게 정말로 기억이 심어져 있었을까요? 아니면 이 모든 스토리가 여행사 '리콜'에서 화성 모험담으로 심어둔 기억일까요?

기억을 이식할 수 있다면 사람의 기억을 컴퓨터에 송두리째 업로드하는 일도 가능해질 수 있어요. 궁극적으로 영생을 얻을 수 있다는 것을 의미해요. 이와 관련해서 유명한 사람이 레이 커츠베일이에요. 신디사이저 기술의 개발자이기도 한 그는 『The Singularity Is Near(특이점이 온다)』에서 인공지능과 인간 의식의 디지털화를 진지하게 다루었어요.

만약 이러한 기술이 개발된다면 가상 세계는 현실이 될 것이고, 인간의 정의에 대한 질문을 던질 거예요. '의식만 남아 있는 인간을 과연 인간이라고 할 수 있을까?'

METAVERSE

가상경제는 가상 환경에서 상품과 서비스를 사고파는 디지털 시장을 의미해요. 가상경제에서 사용되는 통화는 일반적으로 게임 통화, 가상 코인, 포인트로 실제 화폐는 아니에요. 다만 가상 통화를 실제 돈으로 교환하는 경우는 있지요. 가상경제는 온라인 게임, 소셜 네트워크, 가상 세계 및 전자 상거래 플랫폼을 포함해 다양한 유형의 디지털 환경에서 생성될 수 있어요. 이러한 경제는 종종 수요와 공급, 생산과 소비를 포함한 실제 경제 시스템을 모방하지요. 한편 가상경제는 가상 아이템 거래, 가상 부동산 개발, 가상 광고와 같은 기업가 정신, 새로운 비즈니스 모델의 기회를 제공하기도 해요. 메타버스가 대중들의 관심을 폭발적으로 불러 모은 이유가 바로 가상경제 때문이에요.

PART 7 ▸▸▸

# 가상경제와 메타버스

VERSE

# 가상경제, 새로운 기회

새로운 가능성이 열린 시장이라면 일찍 시작할수록 주도권을 확보할 수 있어요. 경쟁자가 거의 없기 때문에 새로운 비즈니스 모델을 활용할 수 있고, 잘 준비하면 자원과 시장을 독점할 수 있으니까요. 메타버스는 현실 세상과 비슷하면서도 새로운 세상을 온라인 공간에 구현하는 것이에요. 소설이나 영화에서 말하는 '현실과 비슷하면서도 평행우주를 실제로 경험하는 것'과도 비슷하지요.

메타버스 세상에서는 기회와 잠재력이 무한해요. 이미 여러 기업들은 메타버스를 이용해서 고객과 의사소통을 하고 있고, 상품

홍보나 마케팅 수단으로도 활용하고 있지요. 게다가 제품이나 서비스와 관련된 추가 정보까지 제공해서 브랜드의 인지도도 높이고 있답니다.

메타버스는 현실에서는 경험하기 어려운 독특하고 기억에 남는 캠페인을 진행하기에 이상적인 플랫폼이기도 해요. 메타버스 내의 가상 쇼핑몰을 걷다가 테슬라의 광고를 볼 수 있지요. 단순하고 평범한 광고판 대신에 '가상 쇼룸을 방문하셔서 마음에 드는 테슬라 차량을 직접 경험해보세요'라는 문구로 대체할 수 있어요. 이렇게 메타버스에서는 창의적인 방식으로 소비자와 소통할 수 있답니다.

앞으로 메타버스가 가져올 미래의 모습을 자세히 이해하려면, 가상경제의 기본 원칙을 이해하는 일이 우선되어야 해요. 가상경제는 가상공간 내의 미시경제를 의미해요. 가상 세계의 주민들이 상품과 서비스를 사고팔면서 돈을 벌 수 있도록 하지요. 경제활동 플랫폼을 제공하는 가상도시 또는 온라인 게임이 메타버스 가상경제의 중심이 될 것이라 예상해요. 이는 화폐를 기반으로 거래하는 실물 경제와는 대조되는 모습이에요.

메타버스 세계에서 가상경제를 구현하려면 현실과 마찬가지로 화폐, 소유권, 거래, 임대, 중개 서비스 등 보편적인 원칙과 규정이 필요해요. 메타버스 가상 세계에 참여하는 거주자들은 가상경제의 규칙을 준수하는 것은 물론이고, 모든 사람이 공정하게 혜택을 받는 일에 동의해야 하지요. 예를 들어 소유 및 판매가 가능한 항목, 구매가 가능한 항목과 그 수량, 상품과 서비스가 거래되는 조건(자유 무역인지 선착순인지 등), 세금 징수 여부 등 원칙에 대한 합의가 필요해요.

메타버스 경제의 비즈니스 모델은 일반적으로 거주자가 가상 세계에서 가상 자산을 소유하거나 P2E(게임을 하면서 수익을 올리는 방식의 게임)처럼 게임을 통해 돈을 받는 작업을 수행하는 것 등을 기반으로 해요. 가장 유명한 사례는 세컨드라이프예요. 세컨드라이프는 거주자가 비즈니스 건물이나 아파트를 짓고 다른 거주자에게 임대할 토지를 구입하는 등 경제 활동이 가능한 세상을 처음으로 소개했어요.

## 최초의 가상경제, 세컨드라이프

»»»

세컨드라이프는 벤처기업 린든랩이 2003년에 선보인 인터넷 기반의 가상현실 공간이에요. 메타버스 개념이 본격적으로 등장하기 전에 세상에 소개된 플랫폼이기도 하고요. 출시 후 몇 년간은 급속한 성장을 이루었고 2013년 기준으로 사용자가 약 100만 명에 이르렀어요. 그런데 성장이 멈추면서 소유권이 전문 투자회사로 이전되었지요. 2017년 말 기준, 사용자 수는 80만~90만 명 수준으로 대폭 감소했고요.

세컨드라이프는 대규모 멀티플레이어 온라인 롤 플레잉 게임과 유사해요. 그럼에도 불구하고 린든랩은 '미리 정해진 시나리오나 달성해야 할 목표가 없다'라는 관점으로 게임이 아니라고 주장해요. 이곳에서 이루어지는 경제는 가상의 상품과 서비스를 사고파는, 게임 내 마켓 플레이스가 중심이에요. 플레이어가 '린든 달러(L$; Linden Dollar)'라는 가상화폐로 가상 상품을 사고팔 수 있는 자유시장경제를 시뮬레이션하기도 했어요.

세컨드라이프의 사용자를 '거주자(Residents)'라고 불러요. 이들은 린든 달러를 얻기 위해 실제 현금을 지불하고 환전도 했지요. 린든 달러는 가상 토지, 디지털 상품, 온라인 서비스를 구매하거나 판매, 임대 또는 거래하는 데 사용할 수 있었어요. 게다가 변동금리에 따라 미국 달러로 교환도 가능했지요. 그런데 문제가 있었어요. 린든 달러를 만든 린든랩이 현실에서 법정 통화 또는 비트코인과 같은 암호화폐 개념으로 발전하는 일까지는 미처 생각하지 못한 거예요.

이 게임은 사용자(거주자)가 가상 세계를 자유롭게 돌아다니고, 다른 거주자와 만나 사교하며, 공동 활동에 참여하고, 주거 및 상업용 자산을 건설하고, 토지를 소유하고, 가상 상품 및 서비스를 거래할 수 있어요. 우리가 살고 있는 현실 세계를 그대로 모방한 셈이지요.

가상경제에서 거래되는 가상 상품은 의류, 자동차는 물론이고 주택과 예술품에 이르기까지 다양해요. 그리고 현실처럼 어떤 사용자와 기업은 부유하고 번창하는 반면에, 어떤 사용자와 기업은 빈곤하거나 파산하기도 해요. 2015년에 세컨드라이프의 경제 규모 GDP는 약 5억 달러(추정)였고, 총 거주자 수입은 6천만 달러였어요.

## 가상경제의 유형

메타버스 세계에서 가상경제 금액 규모는 일반적으로 2가지 거래에서 파생돼요. 하나는 거래할 때 구매자와 판매자가 지불하는 거래 수수료 수익이나 제품 또는 서비스 판매를 통한 거래액이에요. 또 다른 하나는 가상 세계에서 토지나 건물을 소유한 사용자가 다른 사용자에게 임대해주고 사용료를 받는 경우예요.

예를 들어 세컨드라이프는 거주자 간의 거래에 수수료를 징수하지는 않아요. 하지만 사용자들이 달러를 린든 달러로 환전하거나 그 반대의 경우라면 수수료를 내야 해요. 현재 세컨드라이프에서는 구매 금액의 총액을 기준으로 보면 7.5%가 구매 수수료이고, 구매 거래당 최대 9.99달러가 부과돼요. 구매 거래당 청구되는 취소 수수료는 1.49달러이고요.

가상경제에서도 현실과 동일하게 소득세 성격의 비용을 부과하는 일을 검토해볼 만해요. 소득에는 토지 소유자가 얻은 임대료,

게임 내에서 청구되는 대출 이자, 거주자가 만든 제품 판매와 같은 유형이 포함될 수 있어요. 가상경제 환경에서 돈이 어떻게 순환하는지를 이해하려면 구성 요소를 면밀히 알고 있어야 해요.

## 가상 자산과 블록체인

>>>

가상 부동산 또는 디지털 부동산 개념은 새로운 것이 아니에요. 예전부터 비디오 게임의 내부 공간은 임대가 가능했고, 2003년 세컨드라이프 이후부터 디지털 부동산을 임대하거나 구매하는 시장이 있었으니까요. 그런데 메타버스가 떠오르면서 갑자기 가상 부동산이 주목받는 이유는 무엇일까요? 주로 블록체인 기술이 가상 자산과 부동산 거래를 구현하는 데 소유권 확인과 거래가 발전하기 때문이에요.

사용자는 블록체인을 통해 이전 구매나 사용 가능한 메타버스의 총 토지를 포함하여 공개 원장에서 발생한 거래를 볼 수 있어요. 이것은 게임 또는 메타버스 개발자가 새로운 토지를 몰래 발행하거나 공급을 수정하는 것을 원천적으로 방지할 수 있지요. 따라서 블록체인으로 관리되는 가상 자산은 게임과 가상 세계의 개발자가 소유권에 대한 신뢰를 형성하고 관리하는 책임을 지도록 할 수 있어요.

예를 들어볼게요. 블록체인으로 가상 자산을 관리하기 전까지는 가상 세계와 게임을 운영하는 기업이나 운영자가 임의로 자산을 늘려서 소유자가 보유한 가치를 하락시킬 수 있었고 사용자는 이를 확인하기가 어려웠어요. 그런데 블록체인 기술이 접목되면 암호화폐가 그 가치를 보장받을 수 있는 것처럼, 가상 자산의 가치를 운영 주체가 함부로 훼손할 수 없게 되지요.

가상 자산을 임대해서 얻는 수입이란 가상 생태계에서 토지, 아파트, 기타 가상 자산을 임대해주고 수익을 거두는 것을 의미해요. 그리고 가상 세계에서도 부동산세는 현실처럼 부과할 가능성이 높고, 개발자는 토지를 투자자에게 매각할 때 토지 매각 금액의 일부를 세금으로 부담하게 될 거예요. 메타버스 개발자는 웹사이트에서 제공하는 광고 영역을 광고주에게 판매하고, 기업 거주자에게 비용을 청구할 수도 있어요.

## 기업 vs. 소비자 아바타 시장

인터넷이 웹 3.0 시대로 변모하면서 전자 상거래 웹사이트는 3D 가상 세계에서 입지를 구축할 가능성이 높아졌어요. 현재 제품 카탈로그 중 일부는 3D 가상공간에 구현될 것이고요. 전자 상거래 사이트에서 사용자는 가상현실 고글을 착용하고 몰입형 3D

렌더링 환경에서 옷을 고르고 입어볼 수 있어요. 예를 들어 소비자는 3D 가상공간의 메타버스에서 옷을 입어보고 구매해요. 이때 가상화폐로 결제하고, 실제로 옷을 택배로 받아볼 수 있지요.

이미 구찌와 같은 명품 브랜드에서는 메타버스 가상공간을 활용하고 있어요. 국내 3D 아바타 플랫폼인 네이버의 '제페토'는 전세계적 Z세대들의 새로운 놀이터로 입지를 굳히며 빠르게 성장하고 있어요. 그리고 글로벌 브랜드 구찌와 협업해서 패션 아이템과 3D 월드맵을 정식으로 론칭했답니다.

드레스엑스와 같은 디지털 패션은 컴퓨터 기술과 3D 소프트웨어를 활용해 온라인에서 시각적으로 표현되고 있어요. 사용자의 신체를 3D로 구현해 옷을 직접 입어보지 않고도 어울리는지 확인할 수 있지요. 이처럼 패션이 디지털화되고 있어요. 그러면서 아바타 시장의 가능성도 엿볼 수 있답니다. 이를 위해 인공지능 시스템, 빅데이터 및 3D 공간 컴퓨팅 기술 등 다양한 기술적 사항을 해결해야 해요.

가상 세계를 기반으로 한 브랜드는 현실과는 달라요. 옷걸이나 마네킹이 필요 없지요. 그만큼 간접비용을 들이지 않고도 무인으로 매장을 운영할 수 있답니다. 가상공간에서의 패션 사업은 현실의 제약을 덜 받고 활동할 수 있어요.

이외에도 메타버스가 지닌 비즈니스 모델이 있어요. 이벤트 행사 사업, 위워크(We-Work)와 같은 공유 사무공간을 제공하는 코워킹 스페이스 사업, 장소 대여 사업, 가상 웨딩 등이 해당되지요.

# 메타버스 내에서의 과세

»»»

정부는 인프라를 관리하고 공공 서비스를 수행해요. 그리고 현실적인 범위 내에서 기업과 개인에게 세금을 부과하지요. 가상공간에서도 토지나 건물을 소유한 사람들에게 재산세를 부과할 것인지를 생각해볼 수 있어요. 세금을 징수함으로써 메타버스 가상공간을 운영하는 사람들은 사용자들에게 질 좋은 서비스를 제공하고, 사용자들 역시 혜택을 볼 수 있으니까요. 게다가 토지나 건물을 임대해줘서 생기는 수익에도 세금을 부과할 수 있어요.

그런데 세금을 과세하려면 참여자들 간에 합의가 이루어져야 해요. 투명하고 공정한 과세 제도도 필요하지요. 누구든 세금 내는 일을 달가워하지는 않을 테니까요. 그리고 세금 징수가 효과를 거두려면, 메타버스 가상 세계의 경제 규모도 일정 수준을 넘어야 효과적이에요.

메타버스에서 세금을 활용해 공익을 구현하고 토지에 대해 수요와 공급을 적절히 유지하려면, 세금을 합리적인 비율로 청구해야 하지요. 만약 가상공간에서 부과되는 세금이 과하면 개발이 저하되고, 세금이 너무 적으면 인플레이션이나 몇몇에게만 소유권이 쏠릴 수도 있어요. 따라서 가상 세계에서 세금을 부과하고자 한다면, 현실에서 벌어지는 세금 관련 문제들도 염두에 둬야 해요. 메타버스에 참여하는 사람들도 현실에서 생활하는 사람들이니까요.

# 메타버스에서의 기회

가상현실에 대한 사람들의 관심이 높아지면서 관련 헤드셋을 주문하려는 일명 '오픈런' 현상이 일어나고 있어요. 우리가 이미 알고 있는 기업들이 메타버스라는 신흥 시장에 뛰어드는 일도 허다하고요.

페이스북(메타)만 해도 오큘러스 리프트(Oculus Rift)와 퀘스트를 통해 10억 명의 사용자가 있고, HTC Vive, 소니 플레이스테이션 VR, 구글 데이드림(Google Daydream), 삼성의 기어 VR(Gear VR)에 이르기까지 가상현실 헤드셋은 다양해요.

몇몇은 관련 사업에서 철수하기도 했고, 새롭게 뛰어드는 기업들도 있어요. 다만 한 가지 분명한 사실은 아직까지 메타버스는 초기 단계라는 점이에요. 그만큼 시장은 넓고, 주류로 진입할 가능성이 있어요.

1990년대에 인터넷이 등장하고 온라인 비즈니스가 성장했어요. 그러면서 이전까지는 없었던 새로운 비즈니스와 서비스 모델을 제공했지요. 기술과 서비스 모델의 발전 덕분에 메타버스와 가상현실, 그리고 웹 3.0 시대를 이야기하는 오늘에 이르렀어요. 이를 '제2의 인터넷 닷컴 붐'이라고 불러도 과언이 아니지요.

소셜 네트워크, 온라인 쇼핑, 스포티파이나 판도라(Pandora) 같은 음악 스트리밍 서비스, 크라우드 펀딩 플랫폼 등 온라인 비즈니스 영역은 앞으로 빛을 발할 거예요. 현실에서 가능한 모든 일이 메타버스의 가상 세계에서도 일어날 것이라 생각해요.

현재로서는 메타버스에서 어떤 비즈니스 모델이 나타날지 추측만 할 수 있어요. 그러나 메타버스가 본격적으로 성장하고 주류가 되면, 메타버스에서 어떤 일이 일어날지는 쉽게 예측하기가 어려워요. 다만 우리는 메타버스가 가져올 미래가 거대한 세상이 될 것이라는 사실만은 알고 있어요. 우리가 쉽게 상상할 수 있는 오늘날, 이미 이용이 가능한 비즈니스를 살펴보기로 해요.

가상 상품의 거래는 오늘날의 메타버스에서도 경험할 수 있는 비즈니스 모델이에요. 세컨드라이프와 같은 가상 세계 나름대로 번성하고 있지요. 100만 명에 이르는 사용자들 중 일부는 가상 상품 거래에 돈을 쓰고 있고요.

가상 세계에서 상품 판매는 어떻게 이루어질까요? 내가 필요로 하는 상품을 어떻게 아는지, 내가 팔고자 하는 상품을 어떻게 홍보할 것인지 궁금하지 않나요?

## 메타버스에서 가능한 비즈니스 알아보기

메타버스에서도 광고가 필요해요. 현실에서는 제약이 많아서 마케팅에 한계가 있어요. 그런데 메타버스는 어떤가요? 자유롭고 창의적인 환경이기에 잠재 소비자는 더 많겠지요. 이는 사람들이 제품이나 서비스를 현실보다 메타버스에서 구매할 가능성이 높다는 의미이기도 해요. 게다가 메타버스가 더욱 발전하면 사용 편의성이 높아져 가상현실 내에서의 거래가 더욱 확대될 것이에요.

메타버스는 이미 전자상거래와 애플리케이션을 사용하는 데 익숙한 젊은 층에게 매력적인 선택지랍니다. 메타버스에서 자신이 좋아하는 브랜드를 둘러볼 수 있고, 관심 분야에 대한 정보도 찾아볼 수 있지요. 이는 브랜드 담당자가 메타버스에서 광고하는 방법이 되기도 해요. 현실적으로는 불가능한 판촉 전략이 메타버스에서는 가능하지요. 팬들이 좋아하는 스포츠 팀의 유니폼을 선보이는 스포츠 클럽, 한 개인을 위한 레스토랑 등 그 가능성은 무한해요.

게임 역시 메타버스 세상에서 크게 성장할 거예요. 어쩌면 메타버스 세상을 이끌어갈 핵심 분야가 게임일 수도 있답니다. 이미 주식시장에서는 게임 관련 기업의 가치가 드러나기도 했고요.

기존의 게임 사용자들은 메타버스가 추구하는 가상 세계에 익숙한 편이에요. 반도체 기술의 발전으로 메타버스에서 사용하는 게임 엔진이 훨씬 더 강력한 하드웨어(이미지를 현실에 더 가깝게 표시하고 고품질 특수효과를 렌더링하는 데 필요)를 활용할 수 있기 때문에 그래픽 수준도 개선될 것이고요.

그리고 게임을 통한 수익은 아이템 거래 등으로 이어질 수 있고, 게임 서비스마다 수수료를 받는 모델일 수도 있어요. 이미 가상 세계에서 수입을 올리는 명확한 방법이에요. 이를 염두에 둔다면 가상 게임 내에서 상품을 거래하는 일은 앞으로의 메타버스에서 중요한 시장이 될 수밖에 없답니다.

메타버스는 아티스트, 게임 개발자, 건축가, 기타 전문가 등에게도 훌륭한 영감의 원천이 될 거예요. 플레이어는 가상 세계에서 건물을 만들고, 그 건물의 설계나 디자인 아이디어를 현실에서 적용할 수도 있지요. 예를 들어 3D 프린터를 이용해서 가상 세계에 있는 건물 중 일부를 실제로 재현하는 경우가 있었어요. 메타버스가 더 커지고 현실과 통합되면 우리는 그런 일들을 더 많이 볼 수 있을 거예요.

암호화폐가 하나의 기술로 등장하면서 많은 전문가들은 메타버스에서 암호화폐가 어떤 역할을 할 것인지를 고민했어요. 현재는 메타버스 통화에 대한 공통적인 규정이나 국가에서 관리하는 기관은 없어요. 그만큼 메타버스에 암호화폐를 도입하는 일은 간단하지요.

암호화폐는 거래를 보호하고 추가 블록의 생성을 제어하기 위해 암호화 기술을 사용하는 디지털 자산이지만 의문이 들기도 해요. '메타버스 가상 세계의 통화는 암호화폐와 어떻게 다른가' 하는 의문이지요.

메타버스에서 암호화폐나 가상화폐를 사용하는 목적은 비트코인 같은 암호화폐와는 다르다는 것을 이해해야 해요. 현재 암호화폐는 투자·투기 성격이 강해요. 그런데 메타버스 내의 암호화폐나 가상화폐는 콘텐츠(자산, 스킨, 텍스처 등)를 생성하거나 거래하는 수단으로서의 역할이지요. 즉 메타버스에서는 암호화폐가 투자의 대상이 아닌, 현실의 화폐와 동일한 목적이라는 거예요.

사용자는 메타버스 플랫폼에서 토지를 구입하거나 빈 땅에 개발을 하고 싶을 때 가상화폐를 사용할 수 있어요. 가상 부동산을 개발함으로써 메타버스에서 액세스할 수 있는 게임이나 대화형 경험을 생성하고 제공하며, 이를 통해 수익까지 올릴 수 있지요. 이때 구매나 거래를 하려면 메타버스 통화가 필요해요.

앞으로 메타버스가 더 성장하려면 메타버스 암호화폐를 통합시키는 일이 중요해요. 이를 위해서는 메타버스의 운영 및 관리 규정을 마련하고, 기관 또는 기업들 간의 협의가 필요해요. 그다음에는 메타버스에서 가상화폐로 '할 수 있는 것'과 '할 수 없는 것'

을 규정하는 공식적인 입법이 뒤따라야 하고요. 이때 규정이 너무 엄격해서는 안 돼요. 표준적인 제정만을 해서 혁신적인 아이디어를 위한 여지는 남겨두어야 해요.

표준 프레임워크가 마련되면 각 메타버스의 관리 주체는 표준 메타버스 통화를 완전히 받아들일 것인지, 아니면 한 메타버스에서 다른 메타버스로의 부동산 구매 및 게임 요소 거래는 포함하지 않는 특정 거래에는 적용하지 않을 것인지 등에 대한 협의도 필요해요.

현실에서 남녀 간의 만남을 주선하는 온라인 데이트 사업은 대표적인 온라인 사업 분야예요. 메타버스 내에서는 사랑하는 사람을 찾을 수 있는 서비스 시장도 열릴 거예요. 방문자는 성별, 연령, 외모 등의 기준을 설정해 다른 사용자를 검색해요. 인기와 사회적 지위 순위(예를 들면 가상 게임에서의 활동 포인트)를 얻어 자신의 우월함을 돋보이게 할 수도 있답니다.

궁극적으로 가상현실 햅틱 반응 기술을 활용해서 '메타버스 내에서의 데이트 경험'이라는 서비스도 제공할 날이 올 거예요. 이것이 무엇인지 궁금하다면 영화 〈데몰리션 맨〉을 한번 보는 것도 추천해요.

가상현실 및 증강현실의 가장 효과적인 응용 분야가 교육 부문이에요. 가상공간에서 실제 개체를 3D로 시각화할 수 있다고 상상해보세요. 사용자는 복잡한 개념을 더 쉽게 이해할 거예요. 예를 들어볼게요. 미국의 산림청에서는 실제 숲의 경계를 나타내는 오버레이를 볼 수 있는 스마트폰 애플리케이션을 제공했어요. 여기에는 화산 분출이 발생할 수 있는 위치, 지형에 따른 용암의 흐름까지 예상해볼 수 있는 '용암 흐름'을 오버레이하는 기능도 포함되어 있지요.

다른 예를 볼게요. 외과 레지던트가 의료 기술을 더 빨리 익힐 수 있도록, 라이브 비디오 스트리밍과 가상 개체를 사용하여 교육 기회를 제공하는 경우도 있어요. 수술해야 할 부위를 라이브 스트리밍을 활용해서 장기가 어떻게 배치되어 있는지도 정확하게 보여줄 수 있답니다.

## 03 ▷▷▷ 새로운 디지털 자산, NFT

가상화폐, 암호화폐는 더 이상 낯선 분야가 아니에요. 우리 일상에서 쉽게 접할 수 있는 경제 이슈이지요. 비트코인, 이더리움 등 가상 자산에 직접 투자를 하고도 있고요.

복잡한 암호화 알고리즘을 사용하는 기술 체계인 암호화폐가 널리 알려진 이유는 무엇일까요? 바로 비트코인의 가치 폭등 때문이에요. 한때 비트코인 하나가 100만 원에 거래될 때만 해도 사람들은 '거품'이라며 경고했지요. 그러다가 6천만 원이 넘어서면서 엄청난 시세 차익을 얻었다는 소식에 사람들은 비트코인 시장에 너도나도 뛰어들었어요. 게다가 암호화폐의 신뢰성과 안전성을 제공하는 블록체인 기술도 언론에서 자주 다루었기에 사람들에게 친숙해졌답니다.

최근에는 NFT가 떠오르고 있어요. NFT란 블록체인 기술을 이용해서 디지털 자산의 소유주를 증명하는 가상의 토큰을 뜻해요. 이 용어가 인기를 끈 이유는 무엇일까요? 한마디로 '돈이 된다'라는 소문 때문이에요. NFT가 무엇인지 잘은 모르지만 수억 원에 거래되었다는 소문까지 돌고 있으니 관심을 가질 만하지요. 게다가 암호화폐 초기 시절에 투자 기회를 놓쳤다는 생각에, NFT가 암호화폐의 뒤를 잇는 '대박 기회'일 수도 있다는 기대감 때문에 관심이 높아졌지요.

그렇다면 NFT란 무엇이고 어떠한 가치가 있는 것일까요? 그리고 메타버스 시대에서 NFT가 중심이 될 것이라고 이야기하는데, 그 이유는 무엇일까요?

## 디지털 자산이란 무엇인가?

먼저 '자산'에 대해서 알아보기로 해요. 자산이란 경제적인 가치가 있는 재화를 말해요. 현금, 부동산, 귀금속은 물론이고 골동품, 저작권 등도 자산에 포함되지요. 디지털 자산이란 가치가 있는 재화 중에서 디지털 기술로 만들어진 것을 의미해요. 사람들에게 잘 알려진 디지털 자산이 바로 암호화폐이지요. 그런데 디지털 자산에는 이외에도 다양한 종류가 있답니다.

먼저 디지털 아트예요. 그림, 동영상, 3D 그래픽으로 표현한 작품부터 디지털화한 음악, 도서 등에 이르기까지 디지털 기술로 표현하고 활용할 수 있는 것들을 포함해요.

그리고 메타버스를 기반으로 한 게임인 로블록스나 액시 인피니티 같은 온라인 게임, P2E 게임에서 게이머가 얻거나 구매한 게임 아이템과 게임 자산까지도 포함되지요. 실제로 게임 아이템은 오래전부터 거래되었어요.

디센트럴랜드, 로블록스, 샌드박스 같은 메타버스 생태계를 기반으로 하는 게임은 현실에서처럼 가상 세계의 부동산을 사고팔 수 있어요. 게다가 가상 부동산을 임대해주고 수익까지 거둘 수 있지요. 이처럼 디지털 자산은 전통적인 디지털 아트부터 가상 부동산에 이르기까지, 현실과 유사한 면을 지니며 지속적으로 성장하고 있어요.

디지털 자산의 소유권은 어떻게 관리되고 보장받을 수 있을까요? 그리고 디지털 기술의 특성이 원본과 복제본의 차이가 없다는 점인데, 내가 소유한 디지털 자산이 원본임을 어떻게 증명할 수 있을까요? 만약 내가 창작한 디지털 사진 작품인데 타인이 복사해서 유포했을 때, 내가 소유한 원본의 가치는 어떻게 인정받을 수 있을까요? 이러한 질문에서 NFT가 탄생했어요.

## 디지털 세계의
## 원본 인증서

»»»

사실 디지털 자산 개념은 새로운 것이 아니에요. 음악, 그림, 사진, 책 등은 이미 오래전부터 디지털화되어서 거래되고 있었으니까요. 한때 음원 불법 복제가 문제가 되기도 했지만 지금은 어떤가요? 음원 유료 서비스 시장이 활성화되어 있지요. 책도 마찬가지예요. 종이책은 전자책으로도 발전해 온라인에서 살 수도 있고 대여까지 가능하지요.

그런데 디지털 콘텐츠의 약점은 복제에 취약하다는 점이에요. 복제물의 품질이 원본과 차이가 나지 않고, 확산이 쉽기도 해요. 이를 보호하고자 저작권 보호 시스템이 마련되었어요. 디지털 자산의 불법 복제를 막는 기술이지요. 저작권 보호 시스템은 중앙에 있는 저작권 보호 시스템에 등록된 정보를 기반으로 소유자 또는 대여자의 승인을 얻어야만 해당 콘텐츠를 사용할 수 있어요. 따라서 복제를 하더라도 복제된 음악 파일이나 전자책을 사용할 수는 없지요.

NFT는 저작권 보호 시스템과 같은 것일까요? 그렇지 않아요. NFT는 디지털 자산의 복제를 막는 기술이 아니라, 블록체인 기술을 이용해서 디지털 자산의 소유권을 증명해주는 데이터 보증 시스템이에요. NFT는 암호화폐와 유사하게 블록체인 기술을 기반으로 수많은 블록들과 연결되어 있어요.

| 토큰 URI | 토큰에 연결된 이미지 혹은 메타데이터 주소 |
| --- | --- |
| 토큰 생성자 | 토큰의 창작자(일반적으로 작품의 창작자) |
| 소유자 | 현재 토큰의 소유자 |
| 토큰의 거래 내역 | 소유권 이전 내역 |

▶ NFT 블록에 포함된 정보들

NFT 개념을 최초로 고안한 사람이 케빈 맥코이(Kevin McCoy)와 애닐 대쉬(Anil Dash)입니다. 가장 대표적인 NFT는 이더리움 블록체인 기반으로 생성된 'ERC-721(Ethereum Request for Comments-721)' 표준이에요. 기능이 더 확장된 'ERC-1155' 표준도 등장하지요. 이외에도 다른 블록체인을 이용한 여러 NFT 시스템이 있어요. 하나의 NFT 블록이 가지고 있는 정보는 위의 도표와 같아요. 이더리움에서는 이러한 블록을 '토큰'이라고 불러요.

'토큰 URI(Uniform Resource Identifier)'에는 디지털 자산의 원본 데이터가 저장된 웹 주소나 저장된 파일이 있는 인터넷 링크를 담고 있어요. '토큰 생성자'는 해당 토큰을 처음으로 만든 사람의 정보가 기록되어 있고, 생성된 다음에는 변경할 수 없어요. '소유자'는 현재 토큰을 소유하고 있는 사람의 정보가 있어요. 이 내용은 NFT가 거래될 때마다 추가되고, 거래 내역은 '토큰의 거래 내역'에 모두 기록되어 있답니다.

'대체 불가능한 토큰'이라는 설명에서 알 수 있듯이 NFT의 역할은 디지털 데이터의 소유권을 증명하는 일이에요. 예를 들어 내가 찍은 디지털 사진을 내 블로그에 등록한 뒤 이를 NFT 자산으로 등록하면, 후에 누군가가 내 블로그에서 사진을 다운받아 인터넷에 유포하더라도 토큰 URI를 통해 내 블로그에 등록된 사진만 원본이라는 것을 증명하지요.

단순히 생각하면 해당 디지털 파일이 원본임을 증명하는 것뿐인데, 왜 이렇게 NFT에 관심이 많은 걸까요? 바로 2021년에 있었던 NFT 거래 에피소드 때문이지요. 2021년 3월, 트위터의 창업자 잭 도시(Jack Dorsey)가 트위터를 만들고 처음으로 올렸다는 트윗이 NFT로 인증되었어요. 이후 경매소에서 약 290만 달러(한화 약 32억 원)에 낙찰되면서 언론에서 화제가 되었지요.

다른 사례를 볼게요. 2021년 3월, 미국 크리스티 경매장에서 비플(Beeple)의 디지털 작품이 6,900만 달러라는 엄청난 금액으로 낙찰되지요. 그러면서 사람들의 이목을 끌었어요. 거래된 작품은 여러 개의 디지털 아트를 모은 것인데, NFT 경매 전까지만 해도 복제품 하나에 100달러에 팔렸던 작품이었어요. 2014년에 케빈 맥코이가 최초로 등록한 NFT 디지털 작품인 〈퀀텀(Quantum)〉은 소더비 경매에서 2021년 6월 140만 달러에 낙찰되기도 했답니다.

원본과 복제본의 차이가 전혀 없는 디지털 세상에서 원본임을 입증한 NFT 덕분에 사람들은 새로운 가치를 발굴할 수 있었어요. 사실 책이나 음반도 원본이 지니는 가치를 인정하기는 했었어요. 유명한 저자의 초판 인쇄본이라고 하면 가치가 높아지기도 했으니까요. 그러나 디지털 세상에서는 원본의 가치가 상대적으로 덜 중요했었답니다. 하지만 NFT는 최초의 트윗이나 원본이 인증된 디지털 작품이 높은 금액에 거래되는 사례를 만들었고, 그 결과 사람들의 관심이 높아진 것이랍니다.

## NFT의 미래 가능성

NFT를 구매하면 해당 항목을 소유한 사실을 블록체인 기술로 보증해주는 불변의 증거를 갖게 되는 셈이에요. 즉 '세상에서 유일한 원본'이라는 것을 증명해주지요. 혹은 한정판 시리즈 중에 하나라는 것을 증명해주기도 하고요. 예를 들어 NFT 아이템에 '7/100'이라는 레이블을 부여할 수 있어요. 이는 지금까지 이 아이템이 100개가 생산되었고, 해당 디지털 아이템은 7번째라는 것을 의미하지요.

NFT로 원본 혹은 한정판이라는 사실을 입증하는 일이 얼마나 가치가 있을까요? 이탈리아의 화가 모딜리아니의 그림을 예로 들어볼게요. 그의 그림이 항상 수천만 달러가 넘는 가격에 팔린 것은 아니었어요. 모딜리아니는 자신의 그림을 커피 한 잔으로 '교환'해야 했던 시절도 있었지요. 그런데 지금은 상상도 못할 일이에요. 작품이 가치를 인정받고 있으니까요. 이처럼 NFT는 해당 디지털 데이터 자산이 원본임을 증명함으로써 미래 디지털 예술품의 가치를 보장할 수 있는 수단으로 여겨지고 있답니다. 그렇기에 비플의 디지털 작품을 거액으로 구입하는 것이 피카소나 렘브란트의 작품에 수백만 달러를 쓰는 것과 같다고 보기도 해요.

앞으로 메타버스가 본격화되면 NFT 예술 자산을 보유한 사람들은 메타버스 내의 미술관에 전시하고 사람들에게 입장료를 받을 수도 있겠지요. 더 나아가 해당 작품을 여러 개의 조각으로 나누어 개별 판매할 수도 있고요.

NFT는 암호화폐와 블록체인이 가장 중요하게 생각하는 탈중앙화 개념을 기반으로, 온라인 가상 자산의 소유권 관리 및 거래 인증 체계로 확대했어요. 이를 활용해 미래에는 좀 더 다양하고 창의적인 비즈니스로 응용할 수 있을 겁니다.

크라우드펀딩(Crowdfunding)과 연계해볼 수도 있어요. 온라인에서 사업 자금을 마련하는 방법이지요. 크라우드펀딩은 미래 가능성을 담보로 투자자들로부터 투자금을 모아 사업을 진행하는 것이에요. 이때 펀딩에 참여하는 사람들에게 일련번호가 등록된 한정판 NFT 아이템을 지급하고, 사업이 성장했을 때 NFT의 가치 상승에 따른 이익금을 제공할 수도 있답니다.

한편 NFT에 거품 논란이 있는 것도 사실이에요. 온라인에는 수많은 NFT 아이템들이 등록되어 있지만, 실제로 판매된 아이템은 많지 않으니까요. 다만 투자자들은 NFT가 메타버스의 핵심 기술이 될 것이라 여겨서 투자를 하고 있어요.

"구슬이 서 말이라도 꿰어야 보배"라는 속담이 있지요. NFT

가 디지털 자산의 소유권을 인증하고 보장해준다고 해도 수익을 낼 수 없다면 어떨까요? 사람들은 관심을 두지 않겠지요. 그래서 NFT가 보증하는 디지털 자산을 거래할 수 있는 온라인 거래 사이트가 생겨났어요. 대표적인 사이트가 '오픈씨(OpenSea)'예요. 오픈씨에는 상상을 초월할 만큼 많은 디지털 자산이 등록되어 있어요.

NFT 거래 사이트는 오픈씨 외에도 레어러블(Rarible), 크립토펑크스(Cryptopunks), 수퍼레어(SuperRare), 니프티 게이트웨이(Nifty Gateway), 파운데이션(Foundation)이 있어요. 그리고 거래소에 등록되는 아이템 역시 빠르게 증가하고 있지요.

NFT에서 아이템을 거래하고 싶다면 어떻게 해야 할까요? 먼저 거래하려는 NFT 사이트에 계정을 만들고 '디지털 지갑'을 생성해요. 대부분의 거래 사이트에서 NFT 아이템은 '피아트(Fiat) 머니'라는 화폐로 거래되지요.

피아트는 명목화폐를 의미해요. 이때 화폐는 가치를 보증할 만한 수단이 없기 때문에(암호화폐로만 거래되기 때문에) 지갑을 만들어야 하지요. 일반적으로 사용이 가능한 암호화폐는 비트코인이나 이더리움이에요.

디지털 지갑에 암호화폐를 입금하고 나서 원하는 NFT 아이템을 구매할 수 있어요. 만약 NFT 아이템을 판매하고 싶다면요? 아이템을 등록하면 돼요. 이때 등록할 수 있는 아이템은 이미지 파일(JPG, PNG, GIF 등), 멀티미디어 파일(mp3, mp4 등)이지요. 파일을 등록하면 NFT 블록이 자동으로 생성돼요. 만약 구입하는 경우라면 판매자가 생성한 NFT 블록에 자신의 거래 기록이 생성돼요.

오픈씨에서는 다양한 NFT 아이템을 판매해요. 이 중에는 스포츠 팀의 기념 반지도 있어요. 실제로 존재하는 반지는 아니고 3D 그래픽 이미지로 만들어진 가상의 반지예요. 몇몇 풋볼 팀의 반지가 50개 한정으로 만들어지기도 했어요.

우리나라에서는 프로야구팀 SSG 랜더스가 창단 기념으로 NFT 순금 메달을 출시했어요. 메달의 양면에는 엠블럼과 타석에 들어선 타자를 형상화한 이미지가 새겨져 있지요. 창단 원년에 1천 세트만 한정으로 제작했고, 메달 '1(NO.1)'부터 '1000(NO.1000)'까지 고유 번호를 새겼어요. 메달의 개당 가격은 299만 원으로, 향후 NFT 경매 등을 통해 수익을 거둘 수도 있답니다.

## NFT가 풀어야 할 숙제들

NFT가 풀어야 할 숙제는 무엇일까요? 가상 자산을 객관적으로 평가할 수 있는 기반이 조성되어야 해요. 사실 현재의 NFT 인기는 거품도 끼어 있기 때문에 객관적이라고 보기는 어려워요. 디지털 자산이 원본이라는 가치가 있어야 하고, 대중적인 공감을 형성하는 수준이어야 하지요. 이것이 기반이 되어야 가상 자산의 거래 시장도 활성화될 거예요.

디지털 자산의 영구적인 보존도 풀어야 할 숙제이지요. NFT에는 실제 디지털 자산에 해당하는 데이터나 파일이 포함되어 있지 않아요. 대신 데이터나 파일이 있는 웹사이트나 링크만 포함되어 있어요.

만약에 구입한 NFT 자산이 웹사이트상의 이미지라고 가정해 봅시다. 해당 웹사이트의 운영이 중단된다면 내 NFT 자산은 사라지는 것이지요. 이미지를 백업해서 갖고 있을 수는 있지만 NFT가 가리키는 위치(URI)가 없으니 원본이라고 볼 수도 없어요. 이런 문제가 있어도 원본 데이터를 NFT 블록에 저장하는 일은 데이터 크기나 성능 문제 때문에 불가능해요. 데이터 사이즈가 대부분 너무 크기 때문이에요. 이에 대한 대안으로 나온 것이 원본 데이터를 별도의 공간에 저장하는 방법이에요. IPFS가 데이터 저장 기술의 한 예가 돼요.

NFT 아이템을 구입한 소유자가 가지는 법적 권리 해석이 불분명하다는 점도 해결해야 할 문제예요. NFT를 구입한 사람에게 주어지는 권리는 디지털 데이터 파일의 소유권이에요.

원작자가 해당 디지털 파일을 다른 공간에 저장한 뒤에 판매하는 행동을 막을 수 있는지, 즉 완전한 저작권의 소유가 가능한지에 대한 문제가 뒤따르지요. 현재까지는 NFT 소유자가 원작자에게 디지털 예술품을 판매하거나 양도하는 행위는 금지되어 있어요.

## 04 ▷▷▷ 새로운 파일 시스템, IPFS

2021년 IT 분야에서 뜨거운 감자는 단연 NFT였답니다. NFT는 블록체인 기술의 핵심인 탈중앙화와 위변조 방지를 기반으로 하는 디지털 콘텐츠 소유권 증명 시스템이지요. NFT 블록체인에는 해당 디지털 콘텐츠의 위치, 창작자, 현재 소유자, 최초 등록 후 이루어진 거래내역 등이 저장되어 있어요. 현재 소유자로 등록되어 있으면 해당 디지털 자산을 소유하고 있다는 사실을 증명할 수 있지요.

그런데 NFT 블록에는 동영상, 음악, 사진, 그림 등 원본 데이터 파일이 없어요. 다만 어디에 있는지 그 링크 정보만 있을 뿐이지요. 그만큼 원본 데이터를 지속적으로 잘 관리해야 해요. 하지만 NFT 소유주에게 권한이나 책임은 없어요. 소유한 디지털 데이터가 없을 가능성이 있음에도 불구하고 말이지요.

이러한 경우에 NFT의 소유자는 어떻게 해야 할까요? 사실 할 수 있는 일은 별로 없어요. 그렇다고 NFT 블록에 해당 디지털 데이터를 저장하는 것도 쉽지 않아요. 앞서 말했듯이 데이터 파일이 너무 크기 때문에요.

한 번만 저장하면 절대로 사라지지 않을, 그리고 언제 어디서나 접속 가능한 데이터 저장 공간이 있다면 해결되는 문제일까요? 아마존이나 구글 클라우드가 유사한 서비스를 제공하고 있지만 특정 기업의 플랫폼에만 국한되고 유료 서비스이지요. 만약 무료 서비스이면서도 데이터 저장 공간을 무한하게 구성할 수 있다면 어떨까요?

혹시 토렌트(Torrent)를 이용해본 적이 있나요? 토렌트는 영화나 음악을 무료로 다운로드해주는 서비스예요. 소위 '어둠의 경로'로 말이지요. 토렌트에서 영상 제목을 검색하면 토렌트가 설치된 PC에서 그 정보를 검색하고 찾아줘요. 게다가 원하는 음악이나 영화 파일을 다운로드할 때 쪼개진 파일 단위로 분산해서 여러 PC에서 동시에 데이터를 전송받아요. 이는 데이터를 전송하던 하나의 PC가 꺼지더라도 다른 PC에서 데이터를 다운받을 수 있다는 뜻이에요. 이를 IPFS라고 해요.

IPFS(Interplanetary File System)는 분산형 파일 시스템에 데이터

를 저장하고 인터넷으로 공유하기 위한 프로토콜이에요. 수많은 PC에 데이터 파일이 분산-복제-저장-공유되는 구조이기 때문에, 한 PC에서 데이터를 삭제해도 다른 PC에서 데이터를 받을 수 있답니다.

파일의 위치는 기본적으로 'https://ipfs.io/ipfs/〈CID〉'의 구조이며 웹의 URL과 유사한 구조예요. 여기서 〈CID〉는 고유의 해시값으로 표현되는 콘텐츠 아이디이며 'ipfs.io'는 IPFS파일 클라이언트 프로그램을 통하지 않고 웹브라우저를 이용해 접속하기 위한 게이트웨이 서버예요. 예를 들면 'https://ipfs.io/ipfs/Qme7ss3ARVgxv6rXqVPiikMJ8u2NLgmgszg13pYrDKEoiu'와 같은 형식이에요. 웹의 URL은 기본적으로 컴퓨터의 DNS 주소 혹은 IP 주소가 중심이 되어 인터넷상의 특정 서버를 가리키지만, IPFS는 해당 콘텐츠의 해시값이 파일을 찾는 인덱스 역할을 해요.

또한 IPFS상에 저장되어 있는 파일들을 검색할 수 있는 검색엔진도 있어요. 그중 하나가 'IPFS SERACH' 사이트이며 주소는 'https://ipfs-search.com'이에요. 여기서 앞서 이야기한 6,900만 달러에 거래된 비플의 작품 〈Everydays The First 5000 Days〉를 검색하면 IPFS상에 저장되어 있는 디지털 이미지 파일을 찾을 수도 있어요.

디지털 아트의 데이터들은 IPFS상에 저장되어 있고 NFT 블록상의 원본 데이터 파일 위치 정보도 IPFS상의 파일위치 정보 형식으로 되어 있어요.

IPFS 개념은 후안 베넷이 2014년에 처음으로 제안했어요. 그는 이후 프로토콜 랩스(Protocol Labs)를 설립해 관리하고 있지요. 오픈소스 기반이며 최초 알파 버전은 2015년 2월에 릴리즈되었고, 2023년 1월 30일 기준으로 '0.18.1'이 안정화된 최신 버전이에요.

IPFS는 NFT를 위한 콘텐츠 분산 관리 시스템의 용도뿐만이 아니라, HTTP 표준 URL 기반의 웹 시스템을 대체할 차기 분산형 웹을 위한 파일 시스템으로도 주목받고 있어요. 또한 특정 기업에 종속되지 않고 완전한 분산형 기반에 콘텐츠의 변경이나 삭제 방지 및 추적 기능이 제공되기 때문에, 이를 이용한 응용 분야를 찾을 수 있을 겁니다.

2009년 세상에 등장한 비트코인이 몰고온 가상화폐 열풍에서 시작된 블록체인 기술이 최근 여러 방면에서 가시적인 성과를 보여주고 있어요. 블록체인 서비스 시장이 2026년까지 연평균 62.2% 성장할 것이라는 전망도 있고요. 아직은 초기 단계인 IPFS를 기반으로 하는 미래의 새로운 응용 서비스 등장이 기대돼요.

## 05 ▷▷▷ 신뢰할 만한 중개자, 스마트 계약

스마트 계약(Smart Contract)은 분산원장 기술에서 거래의 일정 조건을 만족시키면 당사자 간에 자동으로 거래가 체결되는 기술이에요. 즉 분산원장에 의해 처리되는 소프트웨어 기반의 기능을 뜻하지요. 인터넷으로 참가자 간의 계약을 공식화하고 실행할 수 있는 권한 관리 도구이며, 기본적으로 계약에 대한 준수와 제어 기능을 제공해요. 계약자 간의 계약을 공식화하고, 다른 유형의 토큰을 만드는 비용도 줄일 수 있어요.

한 번도 만난 적 없거나 잘 알지 못하는 사람과 계약을 하는 경우는 어떻게 해야 할까요? 들어본 적 없는 해외의 작은 기업에 투자하는 경우라면 그 기업을 어떻게 신뢰할 수 있을까요? 저 멀리 낯선 사람을 믿고 돈을 빌려줄 수 있을까요? 아마도 쉽지 않은 일이겠지요. 신뢰할 수 없는 당사자와의 거래를 보호하는 데 필요한 법적 체결의 위험이 너무 크고 비용도 높기 때문이지요.

다만 '신뢰할 만한 중개자'를 통해서는 가능하지 않을까요? 중개자를 통해 계약을 체결하고, 수수료를 지불하는 방식 말이지요. 아마존, 이베이, 에어비앤비, 우버 등 웹 2.0 기술을 기본으로 한 사업들은 신원을 인증해주는 시스템의 부재에서 비롯되었어요. 분산 블록체인 기반 시스템 때문에 등장한 스마트 계약은 '사용자 중심 신원 시스템'과 '신뢰할 수 있는 계약 관리'라는 문제에 대해 솔루션을 제공할 수 있어요. 그들은 신뢰할 만한 중앙의 중개자가 없어도 사람과 기관, 그들이 소유한 자산 간의 관계를 완전히 P2P 기반의 분산환경에서 공식화할 수 있답니다.

스마트 계약의 개념이 완전히 새로운 것은 아니에요. 블록체인 네트워크는 스마트 계약 구현의 촉매제 역할을 하고 있어요. 스마트 계약의 초기 사례는 자동판매기로 볼 수 있어요. 거래 규칙은 자판기에 이미 프로그래밍되어 있지요. 구매자는 원하는 상품의 버튼을 누르고 돈을 넣어요. 그러면 상품이 배출되는데, 이 모든 것은 자판기에 프로그래밍되어 있지요. 만약 돈을 적게 넣거나 상품이 품절된 경우라면, 돈을 되돌려주기도 하고요. 자판기는 연중무휴 24시간 영업이 가능하도록 해주었어요.

스마트 계약은 소프트웨어로 공식화된 자체시행계약(Self-enforcing Agreement)이에요. 코드에는 계약 당사자 간에 실행하기로 한 일련의 규칙이 있어요. 규칙을 충족시키면 블록체인 네트워크의 과반수 합의에 따라 계약이 자동으로 시행돼요.

스마트 계약은 토큰화된 자산과 당사자 간의 액세스 권한을 효율적으로 관리하기 위한 메커니즘을 제공해요. 미리 정해진 조건이 충족되면, 계약 건에 관련된 금전적 가치나 관련된 액세스를 잠금 해제하는 암호화 상자처럼 생각할 수 있어요. 따라서 스마트 계약은 몇 줄의 코드에 거버넌스 규칙과 비즈니스 로직을 포함하는 공개적이고 검증 가능한 방법을 제공하며, 이는 P2P 네트워크의 대다수 합의에 의해 감사·시행될 수 있어요.

스마트 계약은 블록체인 네트워크의 내부(다른 스마트 계약)와 외부(외부 데이터 소스)에서 실행할 수 있어요. '오라클(Oracles)'이라고 하는 외부 데이터 피드는 오프 체인 세계의 스마트 계약과 관련된 데이터를 스마트 계약으로 포함해요. 그리고 실시간으로 계약의 성과를 추적할 수 있고, 규정 준수 및 계약 통제가 즉석에서 이루어지므로 비용도 절감할 수 있어요.

스마트 계약은 계약의 거래 비용도 줄여준답니다. 특히 합의에 도달하고, 공식화하고, 시행하는 비용을 줄여주지요. 올바르게 구현된 스마트 계약은 기존 계약보다 우수한 보안을 제공함으로써 계약의 감사와 집행 조정 비용도 줄일 수 있어요. 또한 조직의 주체-대리인 딜레마를 우회하기 때문에 투명하면서도 관료주의가 약합니다.

다만 해결해야 할 문제도 있어요. 바로 보안 문제이지요. 스마트 계약이 분산된 분쟁 해결 메커니즘을 포함해 법적 계약을 준수하도록 하려면, 계약 조항을 정교하게 구현해야 해요. 이미 분쟁 해결 솔루션이 개발 중이지요. 우리는 아마도 몇 년 내에 법적 계약과 스마트 계약이 융합된 것을 볼 수 있을 거예요.

스마트 계약 사례를 한번 살펴볼까요? 단순한 것부터 복잡한 것까지 다양해요. 비트코인 블록체인과 같이 'A'에서 'B'로 돈을 보내는 간단한 거래도 스마트 계약이에요. 또한 토지 등록, 지적 재산권 같은 소유권 및 재산권을 등록하거나 공유 경제를 위한 스마트 접근 권한을 관리하는 데에도 사용할 수 있어요. 은행, 보험, 에너지, 전자 정부, 통신, 음악 및 영화 산업, 미술, 이동성, 교육 등 분야를 막론하고 쉽게 볼 수 있어요. 그런데 변호사, 중개인, 은행 또는 공공기관과 같은 기존의 전통적인 중개자와 인터넷 플랫폼은 앞으로 필요 없거나 일부 서비스가 쓸모없어질 수도 있어요.

또한 스마트 계약은 상품이나 서비스의 공급망과 관련 있는 당사자 간의 복잡한 계약에도 사용될 수 있어요. 전통적인 중앙 관리 조직이 없어도 같은 목표를 공유하는 사람들의 그룹을 관리하는 데 사용할 수 있지요. 이를 분산형 자율 조직(DAO)이라고 해요. 이러한 사례가 가장 복잡한 스마트 계약 형태를 나타내는 것이리라 생각해요.

스마트 계약 기반의 DAO는 소셜 미디어를 곤란에 빠뜨릴 수도 있어요. 웹 2.0 기반의 소셜 미디어 네트워크는 수익을 창출하기 위해 사용자들의 데이터를 기반으로 사업을 진행해요. 웹 3.0에서 스마트 계약은 사용자가 네트워크 토큰으로 보상받아 네트워크 활동의 이익을 직접 얻을 수 있으므로, 목적 중심의 생태계를 활성화할 수 있고요. 그 예로 DAO로 조직되고 네트워크 토큰으로 사용자 참여를 장려하는 분산형 소셜 네트워크 '스팀잇(Steemit)'이 있어요.

# 조직 방식의 새 형태, 분산형 자율 조직

분산형 자율 조직(DAO; Decentralized Autonomous Organizations)은 컴퓨터 프로그램으로 인코딩된 규칙을 기반으로 구축된 조직이에요. 블록체인 네트워크 및 분산원장은 거버넌스 구조를 파괴하고 사회가 스스로를 조직하는 방식에 새로운 형태를 제시해요. 이러한 방식은 분산원장 및 관리를 통해 투명성을 제공함으로써 주인과 대리인 간의 딜레마를 줄일 수 있지요.

또한 기본 토큰으로 네트워크 참여자에게 인센티브를 제공해 자발적으로 업무를 수행하게 만들어서 업무 관리 비용을 절감해요. 스마트 계약 체계를 이용해 발생할 수 있는 조직 계약의 위반을 매우 어렵게 하거나 불가능하게 만들지요. 그리고 기존의 규율을 유지하기 위해 필요했던 법률 시스템의 사후 절차 보안을 대체하고요.

웹 3.0 시대의 네트워크는 분산되고 자발적인 조정이 가능한 계층을 제공할 거예요. 이러한 조정 체계를 가진 조직 구조를 분산형 자율 조직이라고 해요. DAO는 '주인-대리인 딜레마'라 불리는 거버넌스 문제를 해결할 수 있어요. 주인-대리인 딜레마란, 조직의 대리인이 조직 구성원(주인)을 대신해 결정을 내리거나 영향을 미칠 때 생기는 문제들이에요.

조직은 조직을 구성하는 주체와 조직의 의사결정 책임을 위임받은 대리인으로 구성돼요. 예를 들면 주주를 대신해서 기업을 경영하는 경영자, 국민을 대신해서 국가 일을 하는 정치인이 그렇지요. '주인'과 '대리인'의 관계에서 대리인의 도덕적 해이가 개인이 일으키는 결과보다 더 많은 위험을 일으킬 수 있어요. 왜냐하면 대리인의 도덕적 해이에 따른 행동의 결과는 조직을 구성하는 많은 사람들에게 위험 비용을 부담시키기 때문이지요.

도덕적 해이는 대리인이 자신의 행동을 완전히 통제할 수 없어요. 그래서 대리인이 조직의 이익이 아닌 개인의 이익 때문에 행동할 때 문제가 생겨요. 딜레마는 일반적으로 기본 정보가 비대칭적일 때 생겨요. 기업 경영자들의 비리나 정치인의 부정부패로 인한 사회적·경제적 피해를 보면 알 수 있어요.

비트코인 블록체인 네트워크는 블록체인 분산 프로토콜에 의해 조정돼요. 그리고 누구나 자유롭게 적용할 수 있는 진정한 분산 및 자율 조직이라 볼 수도 있고요. 비트코인 네트워크는 그동안 은행의 관리에서 벗어남에도 화폐 형식의 가치를 제공하며 운영되었어요. 2009년에 첫 번째 블록이 생성된 이후 지금까지 공격을 막으며 내결함성을 유지해왔답니다. 블록체인 네트워크를 정지시킬 수 있는 유일한 방법이 '정전'뿐이라고 할 만큼 안정적인 체계예요. 이러한 네트워크의 거버넌스 규칙은 비트코인 네트워크 토큰과 연결되어 있으며, 네트워크 서비스 수행을 위한 동기 부여가 입증된 비트코인 채굴이라는 인센티브 메커니즘으로 네트워크 노드의 행동을 조정하고 운영할 수 있어요.

비트코인 블록체인이 최초의 분산형 자율 조직의 첫 사례라면, 이더리움 네트워크의 출현으로 DAO의 개념은 블록체인 프로토콜에서 스마트 계약으로 기술 스택을 확장할 수 있었어요. 이전까지는 DAO를 생성하기 위해 공격 방지 합의 프로토콜이 있는 복잡한 블록체인 네트워크가 필요했어요. 반면에 이더리움이 도입한 스마트 계약은 몇 줄의 코드로 쉽게 프로그래밍할 수 있게 만들었지요.

오늘날 DAO가 사용된 사례는 다양해요. DAO의 복잡성은 조직에 참여하는 이해 관계자 수와 스마트 계약이 적용되는 조직 내 프로세스 수 등에 따라 달라져요. DAO의 토큰 거버넌스 규칙은 참여자의 네트워크 행동을 장려하고 조정해 기존의 하향식 조직 관리의 필요성을 자체 시행 코드와 규칙으로 대체해요. DAO의 목적과 거버넌스 규칙은 DAO 이해 관계자의 자율성 수준이나 사용 사례에 따라 기존의 기업 또는 국가와 유사해요.

스마트 계약을 운영 인프라로 사용하는 조직은 물리적인 재산 보호를 위해 기존의 법률 시스템을 사용할 수 있어요. 하지만 이는 스마트 계약이 제공할 수 있는 선제 보안 메커니즘이 우선이며 부차적인 측면에 불과해요.

2016년에 설립된 '더 다오(The DAO)'는 이더리움 네트워크상에서 복잡한 스마트 계약을 기반으로 한 분산형 자율 조직의 초기 사례예요. 더 다오의 목적은 펀드매니저가 없어도 펀드를 관리할 수 있는 자율 운용 체계를 제공하는 것이었어요. 4주간에 걸친 토큰 판매 기간 동안에 더 다오는 이더리움(ETH)을 기반으로 DAO 토큰을 발행해 1억 3,900만 달러를 모금하면서 당시 토큰 판매 최고 금액을 기록했어요.

기본적인 아이디어는 DAO 토큰 소유자가 보유한 토큰 수에 비례해, 이 분산형 투자 펀드의 공동 소유자가 되고 비례 투표권으로 투자 결정에 참여할 수 있다는 것이었어요. 더 다오에 대한 펀드 서비스는 다수의 합의에 따라 더 다오 토큰 보유자가 고용한 하청업체가 수행할 수 있었어요.

그러나 당시 소프트웨어의 프로그래밍 오류 때문에 실행되지는 못했어요. 한 해커가 더 다오의 스마트 계약에서 취약점을 발견해 이더리움 364만 개를 빼돌렸으니까요. 이는 더 다오가 가지고 있던 전체 물량의 31%, 전체 이더리움 유통량의 5%에 해당하는 물량이에요.

2016년 7월 20일, 이더리움 커뮤니티는 해킹 피해를 복구하기 위해 이더리움 블록체인을 분리하는 하드포크를 진행했어요. 그 결과 이더리움 블록체인은 지금의 이더리움(ETH)과 이더리움클래식(ETC)으로 분리되었지요. 이 이더리움 해킹 사건은 이더리움과 DAO에 대한 신뢰성에 부정적인 인식을 심어준 사례가 되었답니다.

초기 실패 사례에도 불구하고 다양한 목적을 가진 DAO가 웹 3.0 계층 위에 등장하고 있어요. 웹 3.0 계층 응용 프로그램은 플러그 앤 플레이 프레임워크를 제공하는 데 중점을 두고 있어요. DAO를 구축하기 위해 필요한 요소들을 쉽게 적용할 수 있도록 하기 위해서지요.

제공되는 도구 세트에는 기준 규약 프레임워크, 분쟁 해결 프레임워크 등의 요소가 포함되어 있어요. 따라서 새로운 DAO 프로젝트라면 처음부터 모든 조직이나 제도적 요소를 구축할 필요가 없어요. 분산된 조직을 설정하는 데 드는 기술 비용을 줄여주므로, 구축하려는 네트워크의 목적과 구축 네트워크의 거버넌스 규칙에 집중할 수 있어요. 이를 기반으로 많은 프로젝트가 구축되고 있답니다.

이러한 프로젝트들은 이더리움 플랫폼 네트워크 위에 있으며, 사용자 인터페이스와 함께 모듈식 스마트 계약 프레임워크를 제공해요. 그 결과 기술 지식이 없는 사람들도 자신의 분산된 조직을 만들 수 있었어요.

조직의 분권화 수준은 구축하려는 목적과 필요에 따라 달라질 수 있어요. 그리고 웹 3.0 환경을 위한 플랫폼을 제공하는 이더리움 플랫폼 생태계의 가치가 기존의 비트코인 블록체인을 뛰어넘을 수 있는 가능성을 제공하는 핵심 가치예요.

오늘날 우리 사회는 하향식 명령 및 통제 구조로 조직되어 있어요. 국가 법률 시스템의 역할은 사회 경제적 활동을 규제하는 관련 기관의 계약을 준수하고 시행하도록 하는 것이지요. 그러한 법적 프레임워크는 국가의 헌법 및 법률체계, 조직원과 조직 간의 고용 계약, 다른 조직 간의 판매 또는 구매 계약, 그리고 양자 또는 다자 계약 등이 있어요. 그러나 다국적 기업의 탄생, 국제적 합의 기구의 역할 등 세계의 조직 구조는 다양하고 복잡한 체계로 얽혀 있답니다.

현실은 어떤가요? 지리적인 경계로 국가가 구분되고 국가 내에서도 자치구 단위로 구분되지요. 그런데 메타버스가 지향하는 온라인 가상 세계는 현실에서의 조직 구성 단위가 의미 없어요. 따라서 분산형 자율 조직 체계는 거대한 가상 세계에서의 조직 구성과 운영을 위한 거버넌스 체계 확보에 있어, 분산형 블록체인을 기반으로 메타버스 세계의 조직 운영 플랫폼을 제공할 수 있는 가능성 때문에 주목받고 있습니다.

분산형 자율 소식은 기존의 법률적인 합의가 필요 없이 플랫폼에서 자체적으로 시행되는 오픈소스 소프트웨어 프로토콜에 따라 상호 작용하는 일련의 구성원들을 포함해요. 블록체인 프로토콜 및 스마트 계약 프로그램 코드를 통해 DAO의 거버넌스 규칙을 공식화해 네트워크 참가자의 행동을 규제할 수 있어요.

DAO는 인터넷을 기반으로 경제·정치·사회적인 목적을 중심으로 하는 유동적인 분산 조직을 구축할 수 있는 기술적 플랫폼을 제공해요. 조직 구성원들은 서로를 알지 못하고 신뢰하지 않으며, 다른 지역에서 살고 다른 언어를 사용하며, 다른 법률을 적용받는 사람과 기관들이 참여해 조직을 운영할 수 있는 체제를 제공해요. 그리고 조직의 목적을 위한 작업을 수행하면, 네트워크 토큰으로 보상을 받기도 하고요. 또한 보유한 토큰을 의결권 행사에 사용할 수 있어요.

일단 DAO가 배포되면 완전히 분산된 자율 조직은 생성자로부터 독립적이며 조직 참여자의 과반수 합의라는 단일 규칙에 의해 제어될 수 있어요. 직접민주주의 방식으로 의사결정이 가능한 조직을 만들 수 있는 것이지요. 정확한 규칙은 합의 프로토콜 또는 코딩된 스마트 계약에 정의되어 있으며, 사용 사례에 따라 다를 수 있어요.

DAO는 이슈가 된 국제적 공급망에 대한 투명성 및 글로벌 정책 결정의 합의 집행 가능성 부족 등 국가 간의 이슈 조정 문제를 해결할 잠재력이 있어요. 따라서 유엔프로젝트조달기구(UNOPS), 세계식량계획(WFP), 유니세프(UNICEF), 유엔개발계획(UNDP) 등 UN 산하의 조직들이 스마트 계약 애플리케이션을 검토하고 있습니다.

DAO는 오픈소스를 기반으로 하므로 투명하게 설계된다면 쉽게 부패하지 않아요. 조직의 거래는 블록체인 네트워크에 의해 기록되고 유지되며, 코드 업그레이드 제안은 네트워크의 모든 사람들이 할 수 있어요. 그리고 네트워크 참여자 과반수 합의에 의해 투표로 결정되고요. 따라서 DAO는 인터넷에 살고 자율적으로 존재하지만, 자동화로 대체할 수 없는 특정 작업을 수행하기 위한 개인, 소규모 조직의 의사결정에 의존하는 분산 유기체 또는 분산 인터넷 종족이라고 볼 수 있어요.

또한 네트워크가 지리적으로 분산되고 독립적인 네트워크 행위자가 있지만, 스마트 계약이나 블록체인 프로토콜에 작성된 거버넌스 규칙을 통해 자율성을 발휘할 수 있습니다.

## 07 ▷▷▷ 금융의 효율을 높이는 디파이 분산 경제

비트코인이 대중들 사이에서 화제가 되고 나서 '블록체인 토큰이 국가의 중앙은행에서 발행하는 법정 통화와 유사한 것인지'에 대한 주제가 떠올랐어요. 암호화폐 또는 가상화폐 용어를 보면 오해가 숨겨져 있어요. 토큰을 '통화'라고 언급하는 것은 논란을 불러일키고 근본적으로도 사실이 아니에요. 기본 프로토콜 토큰과 일부 자산 토큰은 화폐의 속성이 일부 있고, 상품 화폐 또는 대표 화폐와 더 유사해요. 하지만 우리가 '돈'이라고 부르는 법정 화폐와는 달라요.

암호화 토큰에 대해 일반인들에게 설명하거나 이야기할 때 직면하는 문제는 새로운 개념을 오래된 개념으로 설명하려는 것이에요. 새로운 현상을 설명하는 데 오래된 용어를 사용하면 정확하게 정의하기가 어려워요. 이와 관련해 비트코인과 같은 암호화 토큰과 법정 화폐의 유사점을 도출하고 정확하게 구별하려면 화폐의 역사와 화폐의 목적·기능을 이해해야 해요.

화폐는 재화 및 서비스에 대해 지불하는 수단이에요. 이는 물물교환을 했던 과거에서 벗어나 경제적 교환을 효율적으로 만들었고, '욕구의 일치' 문제를 극복시키기도 했지요. 욕구의 일치 문제란, 다른 재화를 소유한 두 사람이 상대방이 제공하는 특정 재화를 동시에 원하지 않는 한, 거래에 합의할 가능성이 낮아지는 문제를 의미해요. 예를 들면 가죽을 갖고 있는 사람이 쌀과 바꾸고 싶은데, 쌀을 가지고 있는 사람이 가죽이 필요하지 않을 때 거래가 안 될 가능성이 높아지는 것이죠.

이 문제를 해결하고자 합의에 의한 '상징적인 물건'으로 거래를 하게 되었어요. 조개껍데기에서 시작해 금이나 은 같은 귀금속으로 거래를 했지요. 그러다가 경제 규모가 커지고 문명이 발달하면서 중립적인 교환 매체가 필요했어요. 이를 위해 생겨난 것이 '화폐'예요. 화폐는 상품과 서비스 교환을 중재하는 효율적인 도구이자, 가치를 비교할 수 있는 도구가 되었답니다.

디지털 시대에 등장한 암호화 토큰은 경제적 기능을 수행할 수 있는 새로운 유형의 자산이에요. 암호화 토큰의 유연한 발행, 결제 프로세스를 기반으로 기존에 있던 자산에서 벗어나 새로운 자산으로 전환하는 기반이 될 거예요. 부동산, 귀금속 등 실물 자산에서 NFT, 가상 부동산, 기타 디지털 자산 등을 토큰화하는 새로운 계층이 등장하고 이를 대규모로 채택하는 시점이 온다면 어떨까요? 기존에 중앙은행 화폐가 했던 역할에 영향을 미치겠지요.

1만 개가 넘을 만큼 암호화 토큰이 발행, 유통되고 있어요. 이는 토큰화된 경제 시스템이 등장하고 있음을 나타내는 지표가 돼요. 미래 어느 시점에서 암호 토큰화가 점차 확산되면 기존의 화폐 시스템, 금융 시스템, 실물 경제와 병합될 수 있어요.

이와 관련해 지불 수단으로서의 블록체인 네트워크를 넘어 새로운 P2P 자산 발행, 거래, 대출 및 헤징을 용이하게 해주는 분산금융(디파이) 애플리케이션이 등장했어요.

디파이(DeFi; Decentralized Finance)는 프라이버시 토큰(개인정보 보호 지불 시스템), 스테이블 토큰(안정성을 담보로 하는 보존 지불 시스템), P2P 토큰 교환 및 토큰 판매를 통한 자금 조달, 그리고 P2P 신용 분권형 대출, P2P 보험과 P2P 파생상품 등 금융상품과 유통 체계를 탄생시키고 있어요. 웹 3.0 기반 디파이 애플리케이션은 새로운 금융 서비스를 대중에게 개방해, 금융 시장의 비효율성을 완화할 것이라 예상돼요.

스테이블 토큰, 탈중앙화 거래소, 탈중앙화 대출 등 디파이 솔루션을 결합하면 소매 투자자와 대중이 사용할 수 있는 새로운 금융상품과 서비스를 만들 수 있어요. 이러한 환경에서 개인은 디파이 애플리케이션의 조합을 사용해 정부나 기관의 통제에서 실제 자산을 자유롭게 토큰화하고, P2P 대출 솔루션을 위한 담보로 사용할 수 있지요. 이는 장기적으로 경제 시스템의 역동성을 변화시키고 실물 경제와 금융 시스템의 병합에 기여함으로써 구분하기 어렵게 만들 수 있어요.

디파이 서비스들은 빠르게 등장하고 있지만, 문제점도 있어요. 프로그래밍 실수, 악의적인 해킹 등으로 피해가 생기고 있으니까요. 기본 스마트 계약의 거버넌스/비즈니스 로직은 상호 운용 가능한 디파이 애플리케이션의 증가와 복잡해지고 있는 네트워크에 비추어 광범위한 감시, 오류 대응이 필수적이에요. 게다가 대부분의 디파이 애플리케이션은 사용자가 아니라 개발자 중심으로 개발되고 있어요. 따라서 탈중앙화 추세를 약화시킬 수 있지요.

다만 사용자 경험이 개선되고 사용자 중심의 환경이 주류가 되면, 은행에서 대응 불가능한 자금은 웹 3.0 인프라에서 관리되고, 담보로 쉽게 사용하거나 간단한 모바일 지갑으로 거래할 수 있는 디파이 금융 상품으로 전환될 수 있답니다.

대다수의 경제학자들은 암호화 토큰이 기존 화폐를 대체할 가능성에 대해 부정적인 편이에요. 그 이유는 기존 화폐를 선호하는 사람들이 훨씬 많아서이지요. 그리고 토큰화된 경제에서 요구되는 안정성과 유동성을 보장하는 정교한 토큰 공급 규칙이 부실하고요. 또한 스마트 계약을 바탕으로 안정성의 최종 담보가 될 수 있는 '최후의 대출 기관' 규칙을 확보하는 것이 불가능해 보입니다. 최후의 대출 기관이란 중앙은행에서 제공하는 안정성 보장을 의미해요. 정부가 금융 기관에 신용을 보증하는 유동성을 공급하는 것이지요. 암호화 토큰 시스템에서는 중앙은행에 해당하는 최후의 수단이 없기 때문에 금융 시스템은 금융 위기에 취약해요.

현재는 토큰화된 경제의 초기 단계에 있어요. 그러나 궁극적으로 미래 토큰 시스템의 스마트 계약 및 토큰 거버넌스 규칙이 적용될 것이라 전망해요. 스테이블 토큰을 보면 알 수 있어요. 그리고 여러 국가의 중앙은행이 현재 중앙은행 디지털 통화를 토큰화하고 분산원장과 호환되도록 하는 방법을 검토 중이거나 이미 시작했지요. 새로운 구조가 성숙한 인프라 단계로 전환되려면 새 법적 프레임워크가 필요해요.

중요한 기술적 병목 현상은 암호화 토큰 지갑의 다중 토큰 사용 기능과 더 나은 키 복구 솔루션의 등장이 지연되고 있다는 점이에요. 또 다른 현상은 토큰 거래의 어려움을 극복하는 것이고요. 토큰의 개인 간 P2P 스와핑 기술 및 플랫폼이 다양한 토큰과 호환되는 지갑 소프트웨어가 채택되면, 중개자 없이도 P2P 교환을 할 수 있을 거예요.

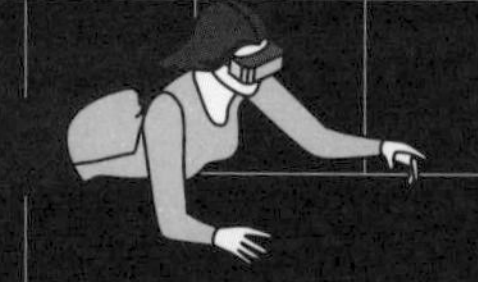

스마트폰은 물론이고 컴퓨터도 없다면 어떨까요? 아마 상상조차 하기 어려울 거예요. 메타버스는 우리의 삶에 어떤 변화를 가져올까요? 메타버스가 가져올 우리의 생활을 구체적으로 상상해보기로 해요.

PART 8 ▸▸▸

# 메타버스와 우리의 생활

# 메타버스와 우리의 삶

메타버스는 기존의 스크린, 키보드, 마우스를 뛰어넘는 3차원 인터페이스를 필요로 해요. 가상공간에서 대화는 물론이고, 3차원 그래픽으로 형성된 가상의 아바타와 표정, 눈빛, 제스처 등으로 소통할 것이고요. 다차원적인 커뮤니케이션을 하려면 고도의 컴퓨팅 능력이 필요해요. 그리고 사람이 자연스럽게 느낄 수 있도록 인공지능 기술도 필수이지요.

가상현실과 증강현실을 이용한 기술은 훨씬 더 현실적인 경험을 제공해요. 그리고 의사소통 방식(손, 얼굴, 신체 움직임 등)으로 정보를 주고받을 것이고요. 이를 위해서는 기존의 인공지능에서 더 발전된 기술이 요구돼요. 그렇게 하려면 전 세계를 하나의 메타버스 가상공간으로 연결할 수 있는 공통의 표준모델을 구축해야 해요. 앞서 이야기한 메타버스 표준 기술 플랫폼의 개발·공유가 필수이고, 인공지능 모델을 통한 상호 호환성도 확보해야 하지요.

현재 산업계에서 활용되는 수준보다 발전된 인공지능 기술이 필수예요. 콘솔 게임이나 PC 게임에서 접하는 가상공간 속 캐릭터 NPC(Non Player Character)는 단순하면서도 기계적으로 행동을 하지요. 그런데 실제 사람은 그렇지 않잖아요. 그만큼 '진짜 사람'인 것처럼 느끼게 하려면 고도의 인공지능이 필요해요. 게다가 한두 개의 캐릭터가 아니라 수백 개의 캐릭터를 완성시켜야 하므로, 컴퓨터 하드웨어의 성능도 뒷받침되어야 해요.

가상현실 기반의 캐릭터를 만들고 행동하게 만드는 인공지능 기술이 더 나아가면 현실의 사람들과 만나게 해요. 가상현실 속의 아바타나 캐릭터가 현실의 사람들과 만난다는 의미예요. 이는 로봇 기술이 있어야 가능해요. 우리가 바라는 메타버스는 가상의 공간과 컴퓨터 메모리, 네트워크에서 벗어나 현실로의 진출이에요. 이것이 궁극적인 목표랍니다.

영화 〈바이센테니얼 맨〉을 한번 볼까요? 주인공 '앤드류'는 여러 세대에 걸쳐서 발전하는 기술에 따라 스스로를 업그레이드해요. 그러면서도 한 가족과 유대관계를 맺고 발전하지요.

이와 상반되는 영화인 〈엑스마키나〉에서는 로봇이 사람을 교묘히 속이고 제한된 공간에서 탈출해 외부 세계로 진출해요. 인공지능 기술의 발전만으로는 불가능한 일이 벌어진 것이지요. 메타버스가 가상 세계와 현실을 하나로 통합하려면 인공지능이 진출할 수 있는 매개체가 필요해요. 이것이 발전된 기계 공학과 전자 공학의 결정체인 로봇이지요. 아직까지 로봇은 공장에서 고정된 채 단순한 역할만 수행하고 있어요. 그러나 앞으로는 인간처럼 자유롭게 활보하거나 인간과 사물의 상호 작용을 도울 거예요.

영화 〈13층〉에서는 가상공간의 인공지능으로 만들어진 캐릭터가 가상공간 시뮬레이터에 연결되어 있는 인간의 두뇌 속으로 들어가 현실로 탈출해요. 그러나 바이오 기반의 인터페이스는 아직까지 현실적으로 구현하기는 어려워요. 대신에 앞으로 등장할 로봇들이 가상공간의 캐릭터나 아바타가 현실로 나올 수 있는 통로가 될 것이지요. 또한 로봇 기술은 원격에 있는 사람이 인터넷을 활용해 다른 사람과 소통할 수 있는 현실 세계의 아바타 역할도 할 거예요.

## 새로운 메타버스의 적용 분야들

코로나19 바이러스의 강타로 공연 문화는 한층 가라앉았어요. 그럼에도 다행스러운 점은 공연장에 가지 않고도 현장에 있는 듯한 경험을 할 수 있는 가상 세계가 있다는 것이지요.

2020년 4월, 트래비스 스콧은 포트나이트의 가상 세계에서 3천만 명의 팬들을 대상으로 공연을 진행했어요. 아티스트는 자기 음악을 들어주는 팬이 있어야 함을 깨닫게 된 것이지요. 현장에서만 소통하는 방식에서 벗어나 다른 방법을 통해서도 소통할 수 있다는 가능성을 볼 수 있었답니다.

마이크 슈왈츠(Mike Schwartz)는 그래미상을 수상한 유명 DJ랍니다. 그는 1990년대 초반부터 공연을 해왔지요. 최근에는 팬들도 참여할 수 있는 하이브리드 라이브 공연을 열었어요. 마이크는 LA에서 공연을 하면서 가상현실 커뮤니티인 알트스페이스VR(AltspaceVR)의 가상무대에서 홀로그램 형식으로 실시간 중계했지요. 이 행사는 증강현실, 가상현실, 2D 경험 및 콘텐츠에 중점을 둔 엔터테인먼트 기업 콜리메이션(Collimation)을 공동 설립한 영 그루(Young Guru)가 제작했어요. 마이크는 일러스트레이터인 댄 리시(Dan Lish)와 협업하면서 하이브리드 라이브 공연을 통해 NFT의 가능성도 엿보았지요.

마이크는 당시의 경험을 이렇게 말했어요. "열정적인 제작자로서, 지금은 마치 닐 암스트롱이 된 것 같습니다. 이 공연은 인류가 공연예술을 경험하는 새로운 방식을 연 도약으로, 미래의 창작들에게 영감을 줄 프로젝트가 될 것이지요. 중요한 것은 가상 세계에서 팬들과 진정으로 소통할 수 있다는 점입니다. 단순히 실시간으로 공연을 전달하는 것이 아니라, 함께 서로의 에너지를 느끼고 사랑을 보여줄 수 있다는 것이 의미가 있어요."

패션 디자이너들도 메타버스에서 새로운 기회를 찾고 있어요. 루이비통, 구찌, 랄프로렌 등은 디지털을 적극적으로 수용하는 기업이기도 해요.

루이비통은 2019년 리그 오브 레전드 게임에서 2가지 아이템을 출시하며 첫걸음을 내딛었어요. 랄프로렌은 가상 크리에이티브 플랫폼 제페토와 제휴해서 디지털 패션 라인업을 출시했지요. 구찌는 2021년에 게임 기업 로블록스와 손을 잡고 '구찌 가든 아키타이프(Gucci Garden Archetypes)'를 만들었어요. 로블록스 사용자는 이곳을 꾸밀 수 있었고, 구찌 가든 매장에서만 파는 한정판 아바타 아이템을 구입할 수 있었답니다.

로블록스 콘텐츠(UGC) 제작자이자 개발자인 룩 뱅가드(Rook Vanguard)는 메타버스에 대해 이렇게 말했어요. "메타버스가 매혹적이고 현실 도피적으로 보일 수 있어요. 그런데 저는 메타버스를 '나'와 '다른 사람들'의 또 다른 확장이라고 생각합니다. 메타버스는 아름다운 창작 매체이며, 생긴 지 얼마 되지 않았지만 자유와 잠재력이 풍부하다고 봅니다."

패션과 예술은 메타버스의 미래를 위한 중요한 산업 분야예요. 이 두 분야는 기술 발전의 최전선에 있지요. 증강현실 안경과 공간 오디오는 친구가 입은 디지털 가상 셔츠를 매력적이고 몰입감 넘치는 경험으로 바꿀 수 있어요. 패브리칸트(Fabricant)와 같은 디지털 중심의 패션 하우스는 패션 디자이너와 브랜드가 메타버스에 발을 들여놓을 수 있는 새로운 기회를 제공하고 있고요.

제드런(ZED RUN)과 같은 플랫폼은 디지털 경마를 과거와는 다른 수준으로 끌어올렸어요. 제드런은 NFT를 사용해서 사용자가 디지털 경주마를 구매하고 번식시키며 판매할 수 있도록 했지요. 이뿐만 아니라 가상 경주에 참가할 수 있도록 했어요. 메타버스가 가상 세계라 할지라도 그곳에서 거래되는 돈은 '진짜' 돈이에요. 경주마 'Z1 제네시스'의 가치가 무려 4만 5천 달러 이상이에요. 비디오 게임 브랜드 아타리는 제드런과 제휴해서 아타리 브랜드의 말을 만들었다고 해요. 이러한 사례는 특정 기업의 브랜드가 메타버스 회사와 협력해서 사업 기회를 만들어내는 선례이기도 해요.

맥주 브랜드인 스텔라 아르투아는 제드런과 협력해서 사용자에게 일련의 독점 NFT를 제공했어요. 스텔라 아르투아는 사용자가 즐길 수 있는 3D 경마장뿐만 아니라 플랫폼을 위한 고유의 테마 스킨으로 완성된 '말 품종 세트'도 만들었지요.

또 다른 맥주 브랜드인 버드와이저의 사례를 볼까요? 버드와이저의 기술·혁신 글로벌 책임자인 린지는 이렇게 말했어요. "스텔라 아르투아는 항상 기억에 남는 프리미엄 경험을 만들고 촉진하며 사람들을 하나로 모으는 데 주력해왔습니다. 디지털 세계가 우리의 삶을 점점 더 풍요롭게 함에 따라, 소비자가 있는 곳에서 소비자를 만나며 가상 세계의 일부가 되기를 원한다는 것이 설득력이 있습니다."

아리아 네트워크(ARIA Network)의 공동 CEO인 대런 만(Darren Mann)의 이야기를 들어볼까요? "소비자는 더 많은 미디어 경험의 요구와 동시에 더 적은 광고를 원합니다. 아리아 네트워크는 모든 물리적 공간을 디지털 상품, NFT 및 독점적인 증강현실 순간을 위한 잠재적인 가상 액세스 포인트로 바꾸어 소비자가 휴대폰으로 생생하게 느낄 수 있도록 합니다. 스마트폰의 카메라는 새로운 쇼핑 경험으로 들어가는 입구이며, 우리는 새로운 기술을 활용해 브랜드가 일반 광고보다 소비자에게 덜 거슬리게 연결할 수 있는 새로운 생태계를 만들고 있습니다." 아리아 네트워크의 혁신적인 제안은 전통적인 광고 방식이 아니라, 소비자의 경험을 우선으로 활용하고자 하는 브랜드와 기업을 위한 것이에요.

대런 만은 다음과 같이 설명해요. "브랜드와 유명인사는 수십억 개의 스마트폰을 새로운 세계의 관문으로 활용해서 소비자를 참여시킵니다. 소비자는 스마트폰만 있으면 무한한 세계, 가장 인기 있는 상품, 독특한 NFT, 독점적인 경험, 디지털 보물 찾기나 가상 파티 등 대화형 기능에 액세스할 수 있습니다. 이제 물리적 공간이 가상 경험을 위한 배경이 되었고, 스마트폰의 카메라를 활용해서 손쉽게 생동감을 느낄 수 있습니다."

정치가들은 유권자가 뉴스를 통해서만 정치 관련 정보를 얻지 않는다는 것을 알고 있어요. 그래서 인터넷을 기반으로 한 여러 채널과 서비스를 유권자에게 제공하지요. 2020년 바이든-해리스(Biden-Harris) 캠페인은 포트나이트를 활용했어요. 같은 해 미국 하원의원 알렉산드리아 오카시오-코르테스(Alexandria Ocasio-Cortez)는 애니멀 크로싱(Animal Crossing)이라는 게임에서 가상 캠페인을 벌이기도 했고요. 2021년 앤드류 양은 메타버스형 플랫폼을 이용해 뉴욕시장 출마를 선언했어요. 양은 기자회견에서 가장 빠르게 성장하는 메타버스 플랫폼 중 하나인 제페토를 이용해 아바타로 등장했지요.

제페토에서는 사진이나 창작물을 활용해 자기와 유사한 아바타를 만들 수 있어요. 아바타를 생성하면 사용자는 가상 세계를 탐색하고 게임을 하며, 사용자만을 위한 고유의 항목을 만들 수도 있지요. 제페토 사용자의 약 90%가 Z세대라는 점이 흥미로워요. Z세대는 현재 18세부터 25세까지의 사람들을 지칭하며, 이들은 2020년 유권자의 10%를 차지했어요. 그들은 온라인 게임상에서 친구들과 시간을 보내기도 해요.

코로나19 바이러스로 인한 팬데믹은 디지털화를 가속시켰어요. 사회적인 모임은 물론이고 학교도 폐쇄시켰지요. 젊은 세대는 로블록스, 포트나이트, 마인크래프트와 같은 온라인 게임에서 친구들을 찾아야 했고, 그곳에서 자신을 표현했답니다. 다만 젊은 세대들이 모인 공간이라는 사실만으로 '완전한 미래'를 그려낼 수는 없어요. 그들의 문화, 밈, 사회적 특성을 이해하는 것은 다른 문제이기 때문이지요.

가상 세계에서의 디지털 캠페인은 가상 광고판이나 가상 투표소 그 이상의 의미가 있어요. 아바타가 펼치는 가상 캠페인을 통해 특정 정치인에 대한 인식을 개선하고 정치 기금을 마련하는 데 도움이 될 수도 있어요.

# 메타버스가 바꿀 라이프스타일

메타버스가 가장 많이 변화시킬 분야는 아마도 교육이 아닐까 생각해요. 교육은 그 중요성에 비해 교육자원이 부족하고 교육기회도 여전히 불평등하지요. 교육은 제조업과는 달라요. 즉 교육은 제조업처럼 기술 발전에 따른 생산성이 비례해서 성장하지 않아요. 교육은 시간이 지날수록 상대적으로 고비용이 필요한 영역이에요. 그런데 이는 교사의 비효율성에서 비롯된 것이 아니에요. 그동안 디지털 기술의 발전 결과, 대부분의 일자리가 '생산적'으로 바뀌었기 때문이지요.

예를 들어볼게요. 회계사는 전산화와 소프트웨어 덕분에 업무를 효율적으로 해낼 수 있었어요. 그래서 시간이 지날수록 단위 시간당 더 많은 업무를 수행할 수 있었지요. 건물 관리나 보안 서비스도 마찬가지예요. 자동화된 청소도구를 활용해서 청소를 하거나 디지털 센서와 통신 장치 등을 활용해서 보안을 강화할 수 있었지요.

반면에 교육은 다른 분야에 비해 생산성이 '약간' 증가했을 뿐이에요. 교사는 더 많은 학생을 가르칠 수 없고, 교육에 소요되는 시간도 단축할 수 없지요. 즉 빨리 가르치는 방법을 찾지 못했어요. 그러나 교육은 학교 규모와 시설, 교재 등 물리적인 면에서 자원 집약적이에요. 게다가 고화질 카메라, 프로젝터, 태블릿 등 교육 장비를 마련해야 해서 교육비가 증가하고 있지요.

교육 분야에서 생산성 증가가 상대적으로 줄어드는 것은 비용이 상대적으로 증가하는 것으로 입증돼요. 미국 노동통계국은 1980년 1월 평균 재화의 비용이 2020년 1월까지 260% 이상 증가한 반면에 대학 등록금은 1,200% 증가했다고 추정했어요. 비용 증가가 두 번째로 많았던 의료 서비스는 600% 증가했고요. 일각에서는 교육이 오랫동안 생산성 향상에 뒤처져 있었지만, 교육이 산업 개선 사례를 벤치마킹해서 개선될 수 있을 것으로 기대하고 있어요.

고등학교, 대학, 특히 기술학교가 원격학습으로 대체될 것이라는 가정이 있었어요. 여기에서 말하는 원격학습이란 주문형 비디오, 실시간 영상 수업, AI에 기반을 둔 교육 등을 의미해요. 그런데 우리는 코로나19 팬데믹의 여파로 한 가지 깨달은 것이 있지요. 바로 원격학습이 긍정적이지만은 않다는 사실을요.

원격학습의 문제는 '존재감'이에요. 학생들이 교실에 있을 때, 이는 곧 '교육 환경'에 있다는 의미예요. 그런데 원격학습을 하면 어떨까요? 화면과 교실은 완전히 다르지요. 비디오 영상에 의존하기보다 현장학습을 가는 것, 집에서 녹화영상을 보는 것보다 학교에 직접 가는 것, 그리고 필요시에 직접 실습도 가능하다는 것. 이것들이 교육적인 효과가 더 크다는 것을요.

그런데 원격학습은 교사와의 눈 맞춤, 친구들과 협의나 토론하는 능력, 현장실습을 통한 실제 체험 등을 잃어버리게 만들었어요. 그나마 다행인 점은 3차원 디스플레이, 가상현실 및 증강현실 헤드셋, 햅틱 장치, 안구 추적 카메라 등 새로운 기술을 기반으로 한 교육 덕택에 원격수업이 가지는 문제점이 점차 해결되고 있다는 것이에요.

실시간으로 렌더링할 수 있는 3D 기술은 학생들이 원하는 곳이라면 어디든 데려갈 수 있게 만들어요. 가상 시뮬레이션 덕분에 학습 효과도 높일 수 있답니다. 예전에는 교실에서 '고대 로마의 삶'을 3차원 영상으로 보는 것에만 그쳤어요.

그런데 앞으로는 '한 학기 동안 로마제국을 건설하기'라는 주제로, 이를 어떻게 건설하고 작동시킬 것인지를 직접 설계해보고 배울 수 있답니다. 그동안 학생들은 교사가 떨어뜨리는 물건을 보며 중력을 배웠고, 아폴로 15호의 사령관 데이비드 스콧의 영상을 보며 이해했어요. 물론 '시연'을 중단할 필요는 없지만, 정교하게 제작된 가상현실에서 낙하실험을 하는 것이 더 효과적인 교육 방법 아닐까요?

또한 이러한 학습 경험은 전 세계 어디서든 제공되고, 신체적·사회적 장애가 있는 학생들에게도 접근이 가능해요. 그리고 교사는 교육현장을 모션 캡처하고 오디오를 녹음해서 가상 세계의 '전문 강사'로도 구현할 수 있어요. 이는 교사의 인건비나 관련 지출이 생기지 않기 때문에 학습 관련 비용도 획기적으로 줄일 수 있답니다. 절감된 교육비를 실험이나 실습 비용으로 쓸 수도 있고요. 학생들은 '학교'라는 장소에 다닐 필요가 없어질 수는 있지만, 교사의 도움은 필수예요.

가상 환경에서 재현된 제인 구달(세계적인 동물학자)이 탄자니아 국립공원에 학생들을 안내하고, 이 학생들의 담임교사가 학습을 보조한다고 상상해보세요. 이 경험을 현실에서 진행하려면 아프리카로 떠나야 하는 비용은 물론이고 소요되는 시간, 위험도 고려해야 하지요. 하지만 가상 환경에서 진행한다면 비용과 수고로움을 들이지 않아도 된답니다.

가상 교육은 쉽지 않은 일이에요. 학습 효과를 객관적으로 측정하기도 어렵고요. 다만 가상 경험이 학습을 어떻게 향상시키고, 교육비용을 절감시키는지는 예측이 가능해요. 대면수업과 원격수업 간의 교육 격차는 줄어들 것이고, 실력 있는 교사와 그들이 미치는 영향력이 커지는 것은 분명하니까요.

## 라이프스타일과 메타버스

교육이 메타버스가 가져올 변화의 중심을 차지하고 있어요. 게다가 생활면에서나 사회적인 경험에도 변화를 가져올 거예요. 온라인으로 연결된 실시간 영상을 보면서 여러 사람들이 함께 실내 자전거를 타는 펠로톤(Peloton), 룰루레몬(Lululemon) 자회사인 미러(Mirror)가 제공하는 '반사 거울'을 통해 요가하는 자신의 모습을 보면서 원격에서 강사의 지도를 받는 등 피트니스 디지털 서비스를 제공받는 사람들이 많아지고 있어요.

펠로톤의 디지털 서비스는 레인브레이크(Lanebreak)와 같은 실시간 렌더링 가상 게임으로 확장되었어요. 이 게임은 사이클리스트가 환상적인 트랙을 가로지르며 주행하고, 포인트를 획득하거나 장애물을 피해야 하지요. 머지않아 우리도 아침이면 로블록스 아바타로 변신해서 페이스북 가상현실 헤드셋의 폴트론 앱을 통해, 눈 덮인 스타워즈의 한 행성을 가로지르는 경험을 할 수 있지 않을까요?

명상, 물리치료, 심리치료 분야는 과거에는 불가능했던 자극이나 시뮬레이션을 제공하고 근전도 센서, 체적 홀로그램 디스플레이, 몰입형 헤드셋, 3차원 프로젝션, 추적 카메라의 결합을 바탕으로 새롭게 발전할 거예요.

이성과의 데이트 서비스는 메타버스의 특징을 고려할 때 매력적인 분야예요. 틴더(Tinder)가 출시되기 전까지만 해도 사람들은 온라인 데이트가 이미 충분한 기능을 한다고 여겼어요. 당시 사용자들은 수십, 수백 개의 객관식 질문에 답을 해야 했어요. 그래야 이 정보를 바탕으로 데이트 상대를 추천해줄 수 있었거든요. 그런데 틴더는 '오른쪽으로 스와이프' '왼쪽으로 스와이프'라는 짧은 시간을 들이는 사진 기반 모델 서비스로 대체했지요.

최근 데이트 서비스에는 캐주얼 게임 및 퀴즈, 음성 메모, 스포티파이나 애플 뮤직에서 좋아하는 재생 목록을 공유하는 기능처럼, 성향이 일치하는 커플을 위한 기능이 추가되었어요.

미래에는 데이트 애플리케이션이 상대방을 알아가는 데 도움이 되는 몰입형 가상 세계를 제공할 것이에요. 여기에는 시뮬레이션된 현실(예를 들면 파리에서의 저녁 식사), 환상적인 가상 세계(예를 들면 달에서의 저녁 식사)가 포함될 수 있고, 모션 캡처된 아바타의 라이브 공연도 포함될 수 있어요(예를 들면 서울에서 런던 로열발레단의 가상 공연에 참석). 게다가 데이트 앱은 다른 가상 세계(궁극적으로 메타버스)와 통합되어서 매칭된 커플이 가상 펠로톤이나 헤드스페이스로 쉽게 이동 가능하게 할 수 있어요.

TV와 영화는 가상현실과 증강현실의 영향을 더 많이 받을 거예요. 거실 쇼파에 앉아 75인치 TV로 영화를 보는 대신에 가상현실 헤드셋을 착용하고서 3차원 공간에 시뮬레이션된 스크린으로 영화를 볼 수 있을 것이지요. 더 발진하면 거실 벽에 조대형 TV가 있는 것처럼 보이게 하는 증강현실 안경으로 영상을 시청할 수도 있고요.

촬영 방식도 많이 달라질 거예요. 시청자들의 몰입도를 높이기 위해 특수 카메라로 촬영하는 것이지요. 영화 〈택시 드라이버〉에서 주인공 '트래비스'가 거울을 보면서 "You talkin' to me?"라고 말하는 장면을 생각해보세요. 우리는 트래비스 옆에 서서 그가 말하는 모습을 보게 될지도 모를 일이지요.

한때 세상을 지배했던 신문은 인터넷의 등장으로 그 모습이 많이 바뀌었어요. 과거에는 신문을 대체할 만한 수단을 이렇게 상상했어요. 아침에 일어나면 PDF 파일로 발행된 신문을 메일로 받아 프린터로 인쇄해서 읽을 것이라고요. 그런데 실제로는 어땠지요? 포털 사이트가 언론사들의 기사를 종합적으로 서비스하고 있지요. 우리는 그 기사를 보며 세상을 읽고요.

엔터테인먼트의 미래도 이와 비슷할 거예요. 즉 미디어의 매체들이 통합되는 모습 말이지요. 다만 TV 프로그램이나 영화가 쉽게 사라지지는 않을 거예요. 그러나 영화와 상호 작용(게임과 유사한 상호 작용)을 경험할 가능성은 있어요. 이는 영화 제작 시에 언리얼, 유니티 같은 실시간 렌더링 게임 엔진의 사용이 증가하고 있다는 사실에서 알 수 있지요.

영화 〈해리 포터〉 〈스타워즈〉에서는 컴퓨터 그래픽 장면을 만들 때 비실시간 렌더링 소프트웨어를 활용했어요. 제작을 할 때 실시간으로 프레임을 제작할 필요가 없었기 때문이지요. 그래서 이미지를 좀 더 사실적으로 보이게끔 많은 시간(몇 초에서 며칠까지)을 할애하는 것이 가능했어요. 당시 컴퓨터 그래픽을 맡은 팀의 목표는 이미 알려진 이미지(즉 스토리보드를 기반으로 한 이미지)를 가상으로 생성하는 일이었지요.

2019년 영화 〈라이온 킹〉을 볼게요. 이 영화는 완전히 컴퓨터 그래픽으로 구현했어요. 그러나 실사처럼 보이게끔 디자인했지요. 감독 존 파브로(Jon Favreau)는 유니티 기반의 이미지를 재창조해 각 장면을 만들었고, 가상현실 헤드셋을 착용하면서 영화를 만들었다고 해요. 그 결과 가상 세계 세트를 실제 영화 세트에서 촬영하는 것처럼 찍을 수 있었지요. 촬영 위치, 각도, 가상의 피사체를 추적하는 방법에 이르기까지 여러 면에서 도움이 되었다고 해요. 한편 영화의 최종 렌더링은 오토데스크에서 출시한 비실시간 애니메이션 소프트웨어인 마야(Maya)에서 제작했어요.

파브로는 고밀도 LED 디스플레이로 벽과 천장을 만들고 거대한 방을 구성했어요. '가상 제작' 단계를 개척한 것이지요. 그다음 언리얼에 기반한 실시간 렌더링 영상을 LED 디스플레이에 전달했어요. 이렇게 혁신적인 방식은 여러 이점을 제공했어요. 가상현실 헤드셋을 착용하지 않고도 방 내부의 모든 사람들이 가상현실에서 작업을 경험할 수 있다는 점이지요. 게다가 사람들이 가상환경 내부에서도 진짜처럼 볼 수 있는 일이 가능했고요. 이러한 영화 세트에서는 1년 내내 일몰을 완벽하게 표현할 수 있어요. 몇 년이 지나도 그대로 재현할 수 있고요.

〈스타워즈〉 제작자인 조지 루카스(George Lucas)가 설립한 시각효과 기업 ILM(Industrial Light & Magic)을 볼까요? ILM은 영화나 애니메이션 시리즈가 LED 디스플레이를 이용한 볼륨용으로 제작되면, 실사와 그린 스크린 세트를 혼합해서 촬영할 때보다 30~50%나 더 빨리 촬영할 수 있고 후반 작업 비용도 더 낮출 수 있다고 주장해요.

ILM은 스타워즈 실사 드라마 시리즈인 〈만달로리안〉을 제작할 때 그 효과를 느꼈다고 했지요. 이 시리즈는 파브로가 맡은 작품으로, 영화 〈스타워즈〉보다 분당 제작비가 약 1/4이 저렴했어요. 이름 없는 얼음 세계, 사막 행성 네바로, 숲이 우거진 소르간, 딥 스페이스 등 대다수의 장면이 맨해튼 비치에 있는 무대 한 곳에서 촬영되었답니다.

게임 엔진과 가상 세계를 사용하는 가상 프로덕션이 메타버스와 어떤 관련이 있을까요? 바로 가상 백롯(Virtual Backlot)과 관련이 있어요. 백롯은 영화 스튜디오 내의 옥외 촬영지를 의미해요. 디즈니의 백롯을 방문해보면 오래된 캡틴 아메리카 의상, 데스 스타의 미니어처 모델을 비롯해 〈모던 패밀리〉 〈뉴 걸〉 〈내가 그녀를 만났을 때〉 등 드라마나 영화에서만 볼 수 있는 무대와 소품들을 볼 수 있어요.

이제 디즈니의 서버에는 의상, 건물, 안면 스캔, 기타 3D 개체의 가상 버전으로 채워지고 있어요. 그래서 속편을 촬영하기도 쉽고 영화의 등장인물과 배경을 제작하기가 더 쉬워졌답니다. 펠로톤이 데스 스타 또는 어벤져스 캠퍼스에 설정된 코스를 판매하려는 경우, 디즈니가 영화 제작을 위해 만든 대부분을 재활용(라이센싱)할 수 있어요. 틴더가 가상 데이트를 제공하려는 경우에도 마찬가지예요. 포트나이트에서 스타워즈를 위해 처음부터 시작하는 대신, 디즈니는 이미 구축한 것을 사용해서 포트나이트 크리에이티브(Fortnite Creative)에 자체 미니 세계를 빠르게 만들 수 있어요.

2030년 무렵에는 스포츠 선수와 팬들에게도 가상현실의 기회가 열릴 거예요. 우리는 가상현실을 이용해 농구 코트 바로 앞에 앉을 거예요. 그리고 실제 경기는 실시간으로 캡처되어서 비디오 게임으로 재생산될 가능성도 있고요. 불과 몇 분 전에 끝난 NBA 게임의 특정 순간으로 뛰어들어서 게임에서 이길 수 있었는지, 혹은 선수가 성공하지 못한 슛을 성공시킬 수 있었는지 등을 사용자는 게임을 통해 확인할 수 있지요. 현재의 스포츠 팬덤은 게임 시청, 스포츠 비디오 게임 플레이, 판타지 스포츠 참여, 온라인 베팅, NFT 구매 수준으로만 즐길 수 있지만, 미래에는 각 경험들이 융합되어 이전에는 없던 새로운 경험을 창출할 것이라 예상해요.

베팅과 도박도 영향을 받을 수 있어요. 수천만 명에 이르는 사람들이 온라인으로 베팅을 하거나 줌을 기반으로 카지노에 참여하고 있어요. GTA(Grand Theft Auto)의 '비 럭키(Be Lucky: Los Santos)' 같은 게임 공간에서 카지노를 즐기고 있지요. 앞으로 사람들은 라이브 모션 캡처 기반의 공연을 즐기면서 메타버스 카지노를 방문할 것이에요.

앞에서 말한 제드런을 한번 떠올려보세요. 매주 수십만 달러의 돈이 가상 경마에 베팅되고, 경주마는 수백만 달러의 가치를 지니고 있는 것을요. 제드런의 경제는 베팅을 한 사람에게는 경주가 조작되지 않는다는 신뢰를 제공하고, 말 소유자에게는 가상 말의 유전자가 프로그래밍 방식으로 전달될 것이라는 믿음을 제공하는 블록체인 기반 프로그래밍을 통해 유지돼요.

몇몇의 사람들은 추상적인 수준에서 엔터테인먼트를 재구성하고 있어요. 2020년 12월부터 2021년 3월까지, 젠비드 테크놀로지는 라이벌 피크(Rival Peak)라고 하는 대규모 대화형 라이브 이벤트를 페이스북 워치(Watch)에서 개최했어요. 13명의 참가자가 태평양 북서부의 외딴 지역에서 생존하는 모습을 수십 대의 카메라를 통해 13주간 지켜볼 수 있었지요. 청중은 캐릭터를 직접 제어할 수는 없어요. 다만 시뮬레이션에 실시간으로 영향을 미칠 수는 있지요. 시각적으로나 창의적으로나 원시적이지만, 라이벌 피크는 라이브 인터랙티브 엔터테인먼트의 미래가 어떠할지를 보여주는 기회가 되었어요.

2022년 젠비드는 만화책 제작자인 로버트 커크만(Robert Kirkman)과 그의 회사 스카이바운드 엔터테인먼트와 함께 '워킹데드: 라스트 마일(The Walking Dead: The Last M.I.L.E.)'을 출시했어요. 이를 통해 시청자는 처음으로 워킹데드에서 누가 살고 누가 죽는지를 결정할 수 있었고, 동시에 인간의 갈등을 조장하거나 해결해줄 수도 있었지요. 관객들도 자신만의 아바타를 디자인할 수 있고, 아바타는 세상에 공개되어서 이야기 속으로 들어가게 돼요.

앞으로는 어떻게 발전할까요? 우리들은 실제 '헝거 게임'에 참여하기를 원하지는 않지만, 아바타를 통해 좋아하는 배우, 스포츠 스타, 정치인이 연기하는 고화질 실시간 렌더링 버전을 보는 것은 흥미로워하지 않을까요?

## 패션·광고와 메타버스

지난 60년간 가상 세계는 광고주와 패션 업계에서 관심 밖이었어요. 오늘날 비디오 게임 수익의 5% 미만이 광고에서 나온다고 해요. 반면 TV, 오디오(음악, 토크 라디오, 팟캐스트 등) 등 주요 미디어는 광고 수익이 전체 수익의 50%를 넘지요. 2021년은 패션 브랜드(아디아스, 몽클레어, 발렌시아가, 구찌, 프라다 등)가 가상 세계에 진정한 관심을 두기 시작한 해이기도 해요.

가상공간에서 광고를 하기가 어려운 이유가 있어요. 게임 산업은 수십 년간 오프라인이었고, 타이틀 제작에만 수년이 걸렸기 때문이에요. 그래서 게임 내에서 광고를 업데이트할 방법이 없었지요. 신문과 잡지가 그동안 광고에 의존했음에도 불구하고, 책에는 광고가 없는 이유이기도 하지요.

그런데 지금은 어떤가요? 사람들은 '캔디 크러쉬(Candy Crush)' 같은 캐주얼 모바일 게임을 제외하고는 게임 내 광고를 대체로 낮

설어해요. 반면에 TV, 라디오, 잡지, 신문, 라디오에 등장하는 광고는 일상적으로 느끼고요.

또 다른 문제는 실시간 렌더링된 3D 가상 세계에서 광고 효과는 구체적으로 어떤 것이고, 가격을 어떻게 책정할지를 결정하는 일이에요. 3D 렌더링된 가상 세계에서 핵심 광고 단위를 찾는 것은 어려워요.

맨해튼을 배경으로 하는 게임 '마블 스파이더맨(Marvel's Spider-Man)'과 크로스 플랫폼 히트작 '포트나이트'를 포함해서 게임에는 광고판이 있어요. 그런데 구현 방식은 상당히 다르지요. 광고판의 크기가 다르거나 이미지가 달라요. 또한 플레이어는 다양한 속도, 다양한 거리, 다양한 상황(느긋하게 걷는 것과 치열한 총격전)에서 이러한 광고판을 무시하고 그냥 지나갈 수 있어요.

이러한 이유 때문에 웹사이트와 같이 프로그래밍 방식으로 구매하는 것은 고사하고, 게임의 광고판 효과를 평가하기도 어렵지요. 가상 세계에는 게임 속 자동차 라디오에서 재생되는 광고, 실제와 같은 상표가 붙은 가상 청량음료 등 잠재적 광고들이 있지만, 이를 디자인하고 측정하기가 어려워요.

다음으로 개인화된 광고를 실시간으로 게임에 삽입하고, 게임을 같이 하는 친구와 광고를 공유해야 하는 시점을 결정하는 기술적인 복잡성이 있어요. 증강현실의 경우에 광고는 광고판이 가상 세계가 아닌 실제 세계에 투영되기 때문에 쉬워 보이지만, 실제로 구현하는 일은 더 어려울 거예요. 그리고 사용자가 광고를 거슬려

하면 헤드셋을 바꿀 수도 있고요. 또한 광고가 시야를 가리거나 혼란스럽게 만들어서 사고를 유발할 위험도 있어요.

미국에서는 100년이라는 시간 동안 광고비 지출이 GDP의 0.9~1.1%를 차지했어요. 메타버스가 경제력을 가지려면 광고 산업을 개발하고 발전시키는 방법을 찾아야 해요. 결국 메타버스의 가상공간과 개체에 배치된 프로그래밍 방식 광고를 제공하고, 적절하게 측정하는 방법을 발견해야 하지요. 그럼에도 불구하고 일부 사람들은 메타버스가 주어진 제품을 광고하는 방법에 대한 근본적인 재검토를 요구할 것이라고 주장해요.

2019년 나이키는 '다운타운 드롭(Downtown Drop)'이라는 이름의 에어 조던(Air Jordan) 브랜드를 기반으로, 몰입형 포트나이트 크리에이티브 모드(Fortnite Creative Mode) 세계를 구축했어요. 여기에서 플레이어는 로켓 구동 신발을 신고서 도시의 거리를 질주하고, 트릭을 수행하고, 동전을 모으며, 다른 플레이어와 경쟁하지요. 플레이어는 이 '기간 한정 모드'를 통해 독점적인 에어 조던 아바타와 아이템을 구매할 수 있었어요.

2021년 9월, 팀 스위니의 생각이 담긴 〈워싱턴포스트〉 기사를 볼게요. 그는 이렇게 말했어요. "메타버스에서 존재감을 드러내고 싶은 자동차 제조업체는 광고를 게재하지 않을 것입니다. 그들은 실시간으로 가상 세계에 차를 제공하고, 당신은 그것을 운전할 수 있을 겁니다. 그리고 다양한 경험을 가진 콘텐츠 크리에이터와 협력하여 자신의 자동차가 여기저기서 플레이 가능하고, 그에 합당

한 관심을 받을 수 있도록 할 것입니다."

메타버스가 구체화되지 않은 상황에서 메타버스 광고의 미래를 예측하기란 쉽지 않아요. 그럼에도 관련 업계는 사용자가 적극적으로 선택할 만한 제품 광고를 구축해야 해요. 사용자들이 찾던 엔터테인먼트에 참여해서 대신 사용하면, 마케팅이 필요 없을 수도 있답니다.

캐스퍼(Casper), 큅(Quip), 로(Ro), 와비파커(Warby Parker), 올버즈(Allbirds), 달러 쉐이브 클럽(Dollar Shave Club) 등과 같은 신생 브랜드는 소비자에게 직접 판매하는 전자 상거래 모델을 활용했어요. 그리고 검색 엔진 최적화, A/B 테스트, 추천 코드, 고유한 소셜 미디어 ID 개발 등도 선보였지요. 그런데 2022년부터는 이러한 전략들이 새롭지 않아요. 새로운 고객을 찾아서 브랜드를 눈에 띄게 하는 일이 어려우니까요. 결국 광고 업계가 보는 가상 세계는 정복하지 못한 영역으로 남아 있답니다.

오늘날의 패션 브랜드도 메타버스에 진입해야 해요. 사람들이 점차 가상 세계로 이동함에 따라, 개인은 자신의 정체성을 표현하고 과시할 방법을 찾을 테니까요. 이는 포트나이트를 통해 명확하게 입증되었어요. 포트나이트는 다른 어떤 게임보다 더 많은 수익을 창출했는데, 주로 화장품 아이템을 팔아서 올린 수익이니까요.

패션 레이블도 마찬가지예요. NFT도 여기에 일조하고 있지요. 가장 성공적인 NFT 컬렉션은 가상 상품이나 트레이딩 카드가 아니라, 크립토펑크(Cryptopunks) 및 보어드 에이프(Bored Apes)와 같은 정체성 및 커뮤니티 지향적인 프로필 사진이에요. 오늘날의 패션 레이블이 사람들의 요구를 충족시키지 못하면, 새 레이블이 등장하겠지요.

한편 패션 관련 기업은 매출에 압박을 가할 것이에요. 사람들이 가상공간에서 여가를 보내는 시간이 늘어나면, 실제로 물건을 구매하는 일은 줄어들 테니까요. 이러한 상황이 되면 패션 관련 기업들은 상품 판매와 연계하는 방식으로 디지털 레이블의 가치를 강화시킬 거예요. 실제로 물건을 구입하는 소비자에게만 가상 상품이나 NFT 권리를 줄 수도 있겠지요.

## 산업과<br>메타버스

메타버스가 산업으로 확장되는 일은 더딜 것이라 생각해요. 산업 분야에서 시뮬레이션 충실도와 유연성에 대한 기술적 요구는 게임이나 영화보다 훨씬 높지만, 성공 여부는 직원을 재교육하는 데 달려 있으니까요. 기업의 메타버스 투자는 기업 경영이나 수익에 그 효과가 입증되었거나 확신이 있을 때만 실행돼요. 따라서 의사결정이 빠르지 않을 것이고, 기업 내부에서 진행되는 일이므로 일반 소비자들의 눈에 잘 띄지 않을 거예요.

그런데 산업 분야에서 디지털 트윈이라는 개념으로 가상 세계를 도입하고 시뮬레이션하는 일이 진지하게 검토되고 있어요. 플로리다 워터스트리트(Water Street)의 56에이커 영역 지대와 건물 20여 채와 관련된 재개발 사례를 한번 볼게요. 이 프로젝트의 일환으로 SDP(Strategic Development Partners)는 도시의 축소 모델로 3D 프린팅과 모듈식 축척 모델을 제작했어요. 그리고 이 모델 위에 2,500만 픽셀의 해상도를 가진 5K 레이저 카메라 12대를 설치했지요. 이를 통해 날씨, 교통, 인구밀도 등에 대한 데이터를 변경해가며 시뮬레이션을 진행했어요. 그리고 이 모든 것을 터치스크린이나 가상현실 헤드셋을 통해 볼 수 있는, 언리얼 기반의 실시간 렌더링 시뮬레이션으로 실행했지요.

시뮬레이션을 통해 SDP는 정부, 예비 임차인, 투자자, 협력업체에게 프로젝트를 자세히 이해하고 계획할 수 있는 능력을 제공했어요. 5년에 걸친 건설 과정뿐만 아니라 프로젝트가 끝난 후에도 여전히 시뮬레이션을 활용하고 있어요. 특정 지역 트래픽에 어떤 영향을 미치고 그 효과는 어떠한지, 건물이 공원으로 바뀌거나 15층에서 11층으로 줄어든다면 어떻게 될지, 해당 지역의 다른 건물과 공원의 전망은 개발 결과 어떤 영향을 받게 될지 등을 시뮬레이션할 수 있어요.

또한 각 건물은 해당 지역의 비상 대응 시간에 어떻게 반응하는지, 경찰서와 소방서가 반드시 필요한지, 화재 탈출구를 건물 어느 쪽에 설치해야 하는지 등을 검토할 때 활용할 수 있지요. 이처럼 시뮬레이션은 주로 건물이나 프로젝트를 설계하고 이해하는 데 사용돼요.

이러한 사례는 건설과 엔지니어링 구성에 초점을 두지만, 다른 사례에도 쉽게 적용할 수 있어요. 세계의 여러 군대에서는 3D 시뮬레이션을 오래전부터 사용했고, 미 육군은 마이크로소프트의 홀로렌즈 헤드셋과 소프트웨어에 200억 달러 이상의 비용을 들였지요. 항공 우주 및 방위 업체에서도 디지털 트윈의 유용성은 분명해요(아마도 가상현실을 사용하는 군대보다 더 적극적일 것이에요).

더 희망적인 분야는 의료 분야예요. 의사는 3D 시뮬레이션을 활용해 인체를 탐구해요. 2021년, 존스 홉킨스 병원의 모시 위담 박사는 신경외과 환자에게 증강현실 수술을 시행했어요. 그는 이렇게 말했지요. "자동차의 내비게이션처럼 환자의 CT 스캔 영상이 눈앞에 자연스럽게 있어서 별도의 화면을 볼 필요가 없었습니다"라고요.

증강현실을 이용한 수술과 증강현실이 없는 수술은 내비게이션이 있고 없고의 차이예요. 이 기술은 더 높은 수술 성공률, 더 빠른 회복 시간, 더 저렴한 비용을 도모해요.

현실 응용에 채택되려면 소비자용 가상·증강 헤드셋이 콘솔 게임이나 스마트폰 메시징 앱과 같은 대안에서 제공하는 경험보다 더 매력적이어야 해요. 혼합현실 장치가 제공하는 몰입감은 여전히 단점이 있어요. 예를 들어 포트나이트는 거의 모든 기기에서 플레이할 수 있지만, 증강·가상현실을 사용하려면 헤드셋이 있어야만 해요.

METAVERSE

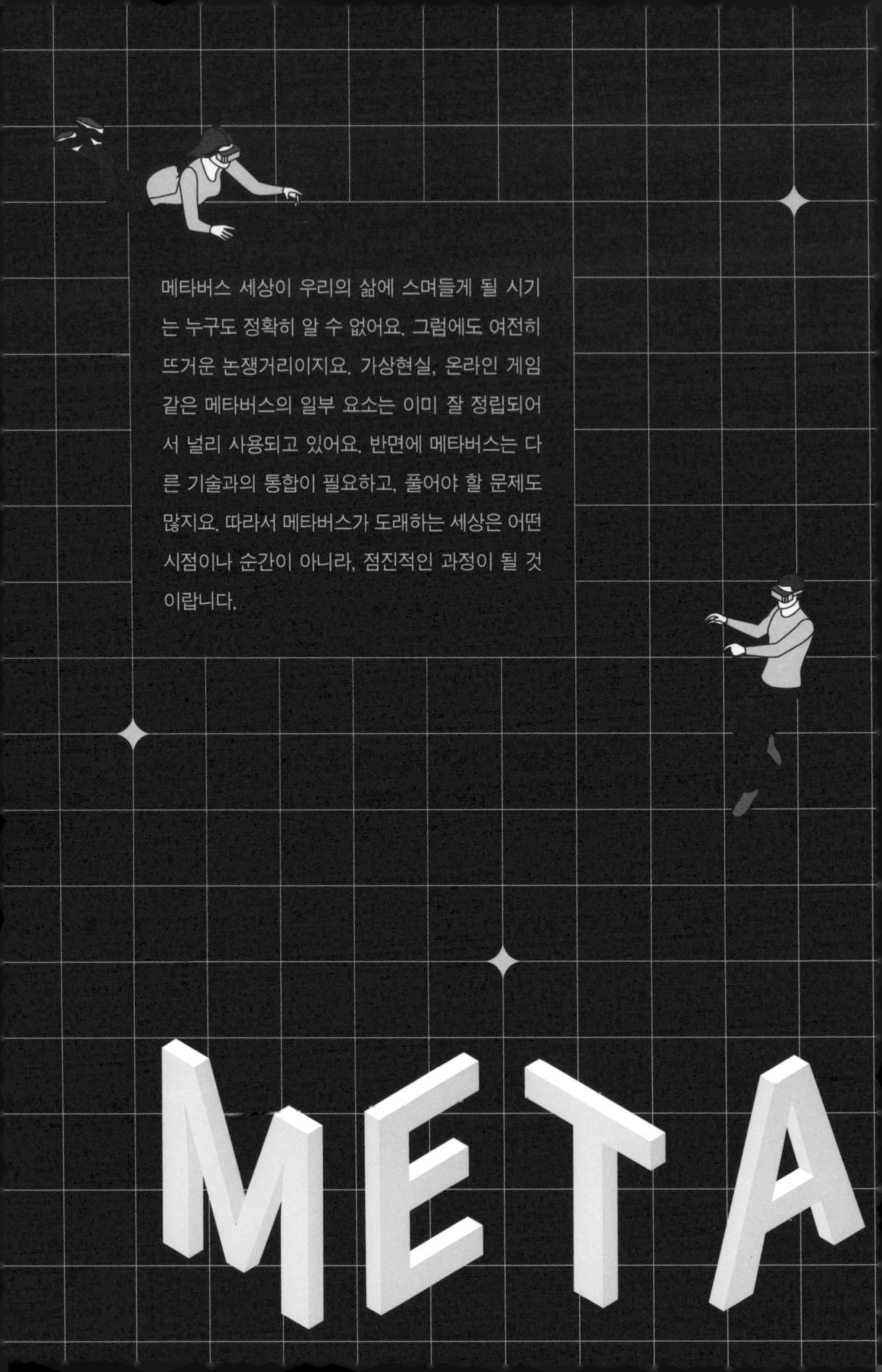


메타버스 세상이 우리의 삶에 스며들게 될 시기는 누구도 정확히 알 수 없어요. 그럼에도 여전히 뜨거운 논쟁거리이지요. 가상현실, 온라인 게임 같은 메타버스의 일부 요소는 이미 잘 정립되어서 널리 사용되고 있어요. 반면에 메타버스는 다른 기술과의 통합이 필요하고, 풀어야 할 문제도 많지요. 따라서 메타버스가 도래하는 세상은 어떤 시점이나 순간이 아니라, 점진적인 과정이 될 것이랍니다.

PART 9 ▸▸▸

# 메타버스 세상은 언제쯤 올 것인가?

## 01 ▷▷▷ 과거를 통해 미래를 보다

많은 기업들이 메타버스에 많은 금액을 투자하고 있지만, '메타버스 세상'이 언제 도래할지는 의견들이 달라요. 마이크로소프트의 CEO 사티아 나델라는 이미 메타버스가 구현되어 있다고 봐요. 그런데 빌 게이츠는 "향후 2~3년 안에 대부분의 온라인 회의가 2D 카메라 영상을 이용하는 방식에서 메타버스로 이동할 것이라 예상한다"고 했지요.

그렇다면 마크 저커버그는 어떤 의견일까요? "향후 5~10년 사이에 메타버스 요소들이 주류가 될 것이다"라고 주장했어요. 반면에 오큘러스의 컨설팅 CTO인 존 카맥은 메타버스 세상은 일반적인 예상보다 훨씬 더 나중에 실현될 것이라고 봤고요.

에픽 게임즈의 CEO인 팀 스위니와 엔비디아(Nvidia)의 CEO인 젠슨 황은 메타버스의 본격적인 구현 시기를 예측하지 않는 편이에요. 구글의 CEO 순다 피차이(Sundar Pichai)는 메타버스라는 용어 대신에 '몰입형 컴퓨팅'이 IT의 미래라고 표현하지요.

텐센트 수석 부사장인 스티브 마(Steve Ma)는 2021년 5월에 '하이퍼 디지털 현실' 비전을 공개했어요. 그러면서 이렇게 이야기했지요. "메타버스의 세상이 올 것이지만, 그날이 오늘은 아니다. 다만 오늘날 우리가 경험하고 있는 세상은 불과 몇 년 전과 비교하면 정말로 도약했다. 하지만 여전히 원시적이고 실험적이다."

인터넷과 컴퓨팅의 미래를 예측하고 싶다면, 과거의 사례를 살펴봐야 해요. 모바일 인터넷 시대가 언제 시작되었는지 명확하게 정의할 수 있나요? 어떤 사람들은 휴대전화 기술의 등장을 그 시작이라고 말하기도 해요. 어떤 사람들은 최초의 디지털 무선 네트워크인 2G가 상업적으로 시작된 시기라고 보기도 하고요.

이를 종합해보면 시기적으로는 대략 1999년 무선 애플리케이션 프로토콜 표준이 도입된 무렵이라는 것을 알 수 있어요. 이 표준을 통해 전화통화만 가능하던 휴대폰이 WAP 브라우저를 통해 웹사이트에 접속할 수 있는 기능을 제공했기 때문이에요. 만약 이 시기도 아니라면 블랙베리 시리즈가 등장한 시점일까요?

아마 대다수의 사람들은 모바일 인터넷 시대의 시작을 WAP이 등장한 시기, 혹은 최초의 블랙베리가 등장한 이후 10년, 2G 표준의 무선 데이터 통신 기술이 등장한 이후 20년, 최초의 휴대전화 통화가 가능해진 아이폰 등장 이후라고 대답할지 몰라요.

아이폰이 등장하면서부터 많은 것들이 바뀌었어요. 인터페이스 디자인, 모바일 폰을 이용한 경제 및 비즈니스 관례 등이 혁신적으로 변모했지요. 그런데 엄밀히 말하면 모바일 인터넷 세상이 시작된 순간을 정의하는 일은 불가능해요. 어제까지는 없던 모바일 인터넷 기술이 그다음 날 나타나는 것은 아니니까요.

## 전기 시대의 도래

첫 번째 변화의 물결을 볼게요. 그 물결은 1881년경 토머스 에디슨(Thomas Edison)이 뉴욕의 맨해튼과 런던에 발전소를 세웠을 때 시작되었어요. 에디슨은 전기의 상업화를 매우 빠르게 진행했지만(에디슨이 백열전구를 만든 지 겨우 2년이 지난 시점), 당시 전기 수요가 많지 않았어요. 에디슨이 첫 발전소를 만든 지 25년이 지난 뒤에도 미국의 약 5~10%만이 전기를 산업 에너지원으로 이용하고 있었으니까요(이 중에서 2/3는 발전소가 아닌 기업이 보유한 발전 설비에서 생성된 전기였어요).

그러다가 두 번째 변화의 물결이 시작돼요. 1910~1920년 사이에 산업 기계 구동력 중에서 전기가 차지하는 비중이 50% 이상으로, 무려 5배나 증가했지요. 1929년에는 전기가 차지하는 비중이 78%에 달했어요.

첫 번째 물결과 두 번째 물결 간에 중요한 변화가 있어요. 미국의 어떤 산업이 전기를 사용하느냐가 아니라, 전기를 어떻게 사용하고 설비들이 설계되는 상황의 변화예요. 공장에서 처음 전기를 사용했을 때 전력은 일반적으로 조명용으로 사용되었어요. 이후 기존의 증기기관이 하던 역할을 전기 모터가 하기 시작했고요.

그러나 당시 공장 기계가 필요로 하는 동력은 기존의 증기기관이 동력을 전달하는 방식 전체를 바꾸는 대신, 증기기관만 전기모터로 바꾸었을 뿐이에요. 이로 인해 공장은 바퀴, 벨트, 클러치, 회전축이 복잡하게 얽히고설킨 채 유지되었지요. 이러한 동력 체계는 지저분하고 시끄럽고 위험하며, 업그레이드하거나 변경하기가 어렵다는 단점이 있어요. 게다가 한 군데라도 고장이 나면 보수하기가 어려웠어요.

결국 전기 기술에 관심을 둔 공장 소유주들은 동력 전달 구조를 전선으로 교체하고 전용 모터를 설치해 개별 동력으로 바꾸었어요. 공장을 처음 설계한다면 전기 사용 중심으로 해야 한다는 사실도 깨달았고요. 그 덕분에 공장은 더 넓은 공간, 더 밝은 빛, 더 좋은 공기, 더 안전한 장비로 운영되었답니다.

또한 각 기계에 개별적으로 전원을 공급할 수 있고(이로 인해 안전성은 높이고 비용과 가동 중지 시간은 줄임) 전기 소켓과 배전판 등 전문적인 장비를 사용할 수 있었어요. 공장 소유주는 하나로 얽힌 장비가 아닌, 생산 공정의 논리에 따라 생산 영역을 독립적으로 구성했어요.

이 2가지 변화를 통해 더 다양한 산업들이 조립 라인을 재배치했어요. 그리고 이를 빠르게 실행한 기업들은 효율적으로 성장할 수 있었어요. 1913년 헨리 포드(Henry Ford)는 전기와 컨베이어 벨트를 이용해서 자동차 한 대에 드는 생산 시간을 무려 12.5시간에서 93분으로 줄였어요. 전력을 덜 사용하는 '움직이는 조립 라인'을 최초로 만들었기 때문이지요. 역사가 데이비드 니(David Nye)는 포드의 하이랜드 파크(Highland Park) 공장을 "전등과 전원을 모든 곳에서 사용할 수 있어야 한다는 가정하에 건설된 공장이다"라고 평가했어요.

몇몇 공장들이 변화를 도모하자 다른 시장 분야도 따라잡지 않을 수 없었어요. 그 결과 전기 인프라, 장비 및 프로세스 인프라에 혁신을 도모했지요. 포드는 최초의 이동 조립 라인이 등장한 지 1년 만에 나머지 자동차 회사에서 생산한 차보다 더 많은 차를 생산했어요. 포드에서 1천만 번째 자동차를 출하할 때, 도로에 있는 자동차의 절반이 포드 자동차라고 봐도 무방했으니까요.

산업용 전기를 채택함으로써 일어난 '제2의 물결'은 개인 한 명에게 의존하지 않았어요. 그리고 당시 등장한 산업용 전기를 공급하는 발전소에 의해서도 추진되지 않았고요. 이 변화의 물결은 전력 관리, 제조 하드웨어, 생산 이론 등을 아우르는 상호 연결된 회사들의 의지에 근거한 것이에요. 혁신이 실현되는 과정에 공장 관리자와 정부의 참여가 필요했고 그들은 적극적으로 움직였지요. 이 혁신은 이후 100년간 '노동 및 자본 생산성의 연평균 최대 증가'라는 결과를 가져왔어요.

## 모바일 인터넷 시대의 도래

»»

전기 기술의 등장과 발전 과정을 살펴보는 일은 모바일 인터넷의 발전 과정을 이해하는 데 도움이 돼요. 애플은 우리가 '모바일 인터넷'이라고 여기는 요소들(터치스크린, 앱 스토어, 고속 데이터, 인스턴트 메시징 등)을 하나의 제품으로 통합했어요. 그래서 우리는 애플의 아이폰을 모바일 시대의 출발점이라 여기기 쉬워요.

모바일 인터넷은 훨씬 더 많은 기술들에 의해 만들어지고 발전했어요. 2008년에 두 번째 아이폰(아이폰 3G)이 출시되고 나서야 모바일 플랫폼이 실제로 도약하기 시작했고, 이전 세대 기준으로 보면 판매량이 300%나 증가했지요. 이 기록은 지금까지도 깨지지 않고 있어요.

애플이 출시한 두 번째 아이폰을 볼게요. 이는 무선 네트워크와 앱 스토어를 최초로 탑재한 제품이에요. 3G 이동통신 기술의 적용이나 앱 스토어가 애플만의 혁신이 아니었지요. 아이폰은 UN의 ITU(International Telecommunication Union), GSM협회와 같은 그룹이 개발한 기술에 인피니언(Infineon)에서 만든 칩을 더해 3G 네트워크에 액세스했어요. 무선통신망은 무선 제공업체에 의해 통신이 가능했고요.

아이폰으로 활용할 수 있는 앱들은 수많은 개발자가 만들었어요. 이러한 앱들은 소프트웨어 개발을 위한 통합 개발환경이 필요했지요. 그리고 자바, HTML 및 게임 엔진인 유니티에 이르기까지, 다양한 기술을 기반으로 구축되었답니다. 앱 스토어에서의 결제는 은행이 구축한 디지털 결제 시스템 덕분에 작동했고요.

아이폰은 삼성 CPU(ARM 기반), ST마이크로일렉트로닉스의 가속도 센서, 코닝(Corning)의 고릴라 글래스 및 브로드컴(Broadcom), 울프슨(Wolfson) 및 내셔널 세미컨덕터(National Semiconductor)를 포함한 여러 회사의 기술이 활용되었어요. 이 기술들의 집합으로 아이폰이 탄생한 것이지요.

애플이 아이폰 12에 도달하려면 생태계 전반의 혁신과 투자가 필요했어요. 애플의 수익성 높은 iOS 플랫폼이 이러한 발전의 핵심이었음에도 불구하고, 대부분은 애플의 직접적인 혁신과 투자 범위 밖에 있는 것들이었어요.

버라이즌(Verizon)의 4G 네트워크와 아메리칸타워의 무선타워 구축 기술은 소비자와 비즈니스 요구에 따라 발전했어요. 만약 기업들의 혁신과 투자가 없었다면 어땠을까요? 4G 기술의 장점이 그저 '약간 빠른 이메일'이지 않을까요?

한편 더 빠른 GPU가 등장하면서 사진 공유 서비스도 성장했어요. 더 나은 하드웨어는 기업의 수익을 높이고, 더 나은 제품과 앱, 서비스를 제공하는 계기를 마련해요. 이는 기술력만 발전시키는 것이 아니라, 이에 따른 하드웨어와 소프트웨어 모두를 발전시키는 배경이 돼요.

애플은 아이폰의 '홈 버튼'을 없애는 터치 기반 스와이프 방식으로 변경했어요. 그 덕분에 아이폰 내부에는 더 정교한 센서와 컴퓨팅 구성 요소를 위한 추가 공간까지 있었지요. 게다가 개발자들이 더 복잡한 소프트웨어 기반 상호 작용 모델을 도입하는 데 도움이 되었답니다.

## 그렇다면 메타버스 시대는 언제쯤일까?

전기 시대와 모바일 시대의 전개 과정을 볼 때 메타버스 시대가 어느 날 갑자기 도래하지는 않을 거예요. '메타버스 이전'과 '메타버스 이후'를 명확하게 나눌 수도 없고요. 그저 미래의 어느 날, 메타버스가 우리 삶을 완전히 달라지게 했던 역사의 한 시점만 되돌아볼 수 있겠지요.

일부 사람들은 우리가 메타버스 세상으로 가는 길의 임계점을 이미 통과했다고 주장해요. 그런데 아직 그들의 주장은 시기상조라 생각해요. 현재 14명 중에서 1명도 안 되는 사람들이 일상에서 가상 세계를 이용하고 있어요. 게다가 그들이 이용한다는 가상 세계도 거의 게임일 뿐이지요.

다만 분명한 것은 메타버스와 관련된 기술들이 변화하고 있다는 사실이에요. 많은 전문가들이 '지금'이 메타버스를 현실로 만들기 위해 노력해야 할 때라고 믿는 이유이기도 하고요.

에픽 게임즈의 스위니는 이렇게 말했어요. "매우 오랫동안 메타버스에 대한 열망을 가지고 있습니다. 그것은 기초적인 3D 그래픽 캐릭터와 실시간 3D 텍스트 채팅으로 시작되었습니다. 그러나 최근 몇 년간, 관련 요소들이 빠르게 발전하고 결합하기 시작했습니다."

이러한 현상에는 전 세계 12세 이상 인구의 2/3가 사용하고 있는, 터치 디스플레이가 장착된 모바일 컴퓨터의 확산도 포함돼요. 그들의 모바일 컴퓨터에는 CPU와 GPU가 장착되어 있어요. 수십 명의 동시 사용자가 자신의 아바타를 이용해서 실시간 렌더링 환경을 사용할 수 있지요.

사용자가 어디에 있든 이러한 환경에 액세스할 수 있도록 하는 4G 모바일 칩셋, 무선 네트워크에 의해 더욱 강력한 효과를 발휘해요. 한편 프로그래밍이 가능한 블록체인의 출현은 건강한 메타버스를 구축할 수 있는 희망을 제공해요.

또 다른 변화는 '크로스 플랫폼 게임'이에요. 사용자가 서로 다른 운영체제를 사용하더라도 게임을 하고('크로스 플레이'라고 한다), 임의의 플랫폼을 통해 가상 상품을 구매한 다음, 다른 플랫폼에서 사용(교차 구매)할 수 있지요. 저장된 게임 내 데이터는 플랫폼 간에 상호 전달(교차 진행)할 수 있어요. 이러한 경험들은 약 20년 전에 등장한 것이지만, 2018년까지는 플레이스테이션 등 주요 게임 플랫폼에서만 가능했어요.

크로스 플랫폼은 다음의 3가지 측면에서 필수적이에요. 첫째, 클라우드에 존재하는 영구적인 가상 세계 시뮬레이션이 다양한 디바이스별 제약 사항을 뛰어넘을 수 있어야 해요.

사용자가 사용 중인 디바이스 또는 단말기 운영체제의 호환성을 메타버스 시스템에서 충족시키지 못할 경우, 사용자를 아우르는 메타버스를 통한 평행우주 개념이 가상 세계의 구현은 불가능하기 때문이지요. 따라서 다양한 디바이스에서도 소프트웨어만 설치하면 사용자가 원하는 가상 세계에 접속하고 실행될 수 있어야 해요.

둘째, 다양한 디바이스를 지원할 수 있어야 해요. 그래야만 메타버스에 참여하는 사용자의 수가 급증시킬 환경을 구축할 수 있어요. 만약 페이스북 사용자들이 PC나 스마트폰으로 소통할 수 없었다면, 지금처럼 그 사용자 수가 늘었을까요? 그리고 같은 디바이스를 사용하는 사람들끼리만 메시지를 주고받을 수 있었다면 지금처럼 사용자 수가 늘었을까요? 이처럼 크로스 플랫폼 활성화는 다양한 네트워크를 결합함으로써 가상 세계를 더 가치 있게 만들어요.

셋째, 크로스 플랫폼으로 인한 사용자의 참여는 가상 세계를 구축하는 기업에게 긍정적인 영향을 미쳐요. 예를 들어 로블록스에서 게임, 아바타, 아이템을 구축하는 데 드는 비용은 거의 선불이고 사용처가 제한적이에요. 그런데 크로스 플랫폼이 구현된다면 어떨까요? 결과적으로 플레이어의 지출은 증가할 것이고 개발자의 수익도 늘어날 것이에요.

02 ▷▷▷

# 문화적 관점의 변화

메타버스가 가져올 미래는 문화적 측면에서도 생각해볼 수 있어요. 2017년에 출시된 포트나이트는 2021년 말까지 약 200억 달러의 수익을 창출했어요. 그중에서 디지털 아바타 관련 소품 및 춤(이모트) 판매에서 수익이 발생했지요.

과거에는 가상 세계에서의 결혼식이나 장례식이 터무니없는 상상이라고 여겼어요. 그런데 2020년부터 시작된 팬데믹 때문에 집에서 보내는 시간이 늘면서 가상 세계에 대한 인식이 변화하기 시작했지요. 앞으로 이 변화가 어떤 결과를 몰고 올지는 상상조차 하기 어려워요. 팬데믹 시기에 사람들은 포트나이트, 로블록스 등 가상 세계에서 할 일을 찾거나, 현실에서 이벤트에 참석하거나, 실내에서 아이들과 시간을 보내야 했지요. 이러한 경험은 가상 세계 생활이 낯설거나 부정적이라는 인식을 없애는 데 도움이 되었답니다.

시스템 구현과 관련해서 지난 수년간의 영향은 매우 컸어요. 가상 세계 개발자는 많은 수익을 얻었고, 투자로 이어져서 질 좋은 제품이 나왔지요. 이는 더 많은 사용자를 유치할 수 있었고 다시 수익을 창출하면서 선순환으로 이어졌답니다. 또한 가상 세계가 일부 세대의 '독신 남성' 게이머들만 몰려 있는 세계가 아니라는 것이 명확해지면서, 유명 브랜드들은 가상 세계로 몰려들기 시작했고요. 이를 통해 가상 세계는 다각화되었고 이 상황에서 비즈니스 기회들도 탄생했답니다.

2021년 말까지 자동차 기업(포드 등), 피트니스 브랜드(나이키 등), 비영리단체, 음악가(저스틴 비버 등), 스포츠 스타(네이마르 등), 경매장(크리스티 등), 패션 하우스(루이비통 등), 프랜차이즈(마벨 등)는 모두 메타버스를 비즈니스의 핵심으로 두었어요.

메타버스로 수익을 올리고, 메타버스 사용을 폭발적으로 성장시키는 요소는 무엇일까요? 먼저 애플이나 구글처럼 플랫폼 지배 회사에 대한 규제 조치를 통해 운영체제, 소프트웨어 스토어, 결제 솔루션 및 관련 서비스를 분리하게끔 법적으로 강제하는 것이 좋지요.

또 다른 사안은 아이폰과 같이 수억 명의 소비자와 수천 명의 개발자에게 새로운 생태계를 열어줄 수 있는 대중화 시장을 위해, 증강현실 및 가상현실 헤드셋을 타당한 가격으로 출시해야 한다는 점이에요. 이외에도 블록체인 기반 분산형 컴퓨팅, 대기 시간이 극히 짧은 클라우드 컴퓨팅, 3D 개체에 대해 일반적이고 널리 채택되는 표준 기술 설정도 해야 해요.

## 메타버스 시대의 도래를 위한 3가지 요소들

메타버스 시대를 앞당기기 위해서는 3가지 요소가 필요해요. 첫 번째 요소는 메타버스와 관련된 기술 개선이에요. 인터넷 서비스는 더 광범위해지고, 더 빠르며, 더 활성화될 거예요. 컴퓨팅 파워 역시 광범위하게 배포되고 성능이 뛰어나며 비용이 적게 소요되는 방향으로 발전할 것이고요. 게임 엔진과 이를 기반으로 한 가상 세계 플랫폼은 사용하기 쉽고 구축 비용이 저렴하며 기능이 향상되고 있어요. 표준화와 상호 운용성이 발전하고, 통합된 가상 세계 플랫폼과 암호화폐가 성공하면서 경제적 인센티브도 커지고 있지요. 결제 역시 규제조치 약화 소송과 블록체인 혼합을 통해 서서히 개방되고 있어요.

두 번째 요소는 계속되는 세대 교체예요. 전문가들은 소위 '아이패드 네이티브 세대와 로블록스의 부상 사이의 연관성'에 대해 이야기해요. 즉 아이패드 출시 이후에 태어난 세대가 청소년이 되었을 때, 로블록스 가상 세계에서 활동을 했던 세대들의 등장이 가져올 변화를 말하지요. 이 그룹은 세상의 다양한 사물들이 상호작용할 것이라고 기대하면서 자랐어요. 즉 자신의 터치와 선택에 영향을 받는 세상에 익숙하지요. 그들이 경제활동의 주체가 되어서 소비를 할 때가 되면, 이전 세대와 얼마나 다른지를 알 수 있을 거예요.

물론 새로운 세대의 등장이 오늘날에만 있었던 것은 아니에요. 과거 세대 역시 시대에 따라 엽서를 보내거나 전화 통화를 하거나 인스턴트 메시징 앱을 사용하면서 성장했으니까요. 다만 새로운 세대가 보여주는 방향은 분명해요. 우리는 X세대에서 Y세대로, Y세대에서 Z세대를 거쳐 알파(Alpha) 세대로 이어지는 것을 보고 있어요.

세 번째 요소는 첫 번째와 두 번째가 결합된 결과예요. 궁극적으로 메타버스는 적극적으로 참여하는 세대의 경험을 통해 진화할 것이지요. 스마트폰, GPU 및 4G 이동통신 기술만으로 동적 실시간 렌더링 가상 세계를 만들 수는 없어요. 반드시 개발자의 상상력이 필요하죠. 그리고 궁극적으로 아이패드 네이티브 세대 역시 늙어갈 것이기에, 미래에는 더 많은 사람들이 가상 세계의 소비자나 아마추어 애호가에서 전문 개발자 혹은 비즈니스 리더로 전환될 것이랍니다.

## 03 ▷▷▷ 디지털 변혁기에 승자가 되기 위한 조건

IT 업계는 약 10년을 하나의 주기로 새로운 시장을 형성하며 기존 질서를 무너트렸어요. 1990년대 초반에 마이크로소프트가 중심이 된 PC와 GUI의 시장 주도, 2000년대 초반에 웹 서버와 브라우저 중심의 패러다임 변화, 그리고 2010년대 초반에 스마트폰의 확산과 모바일 컴퓨팅 환경의 시장 지배가 그랬지요.

PC와 GUI는 1980년대에, 웹브라우저와 서버 기술은 1990년대 중반에 등장했어요. 스마트폰은 2000년대가 되어서야 시장에서 가능성을 보였고요. 그럼 2020년대는 어떠한 디지털 패러다임의 변혁기로 기록될까요? 코로나19 바이러스가 지배했던 2020년대는 메타버스 또는 가상현실과 증강현실의 전성기로 기록되지는 않을까요?

물론 메타버스에 대한 인기가 그때보다 식은 것은 사실이에요. 게다가 암호화폐의 가치가 급락했고, NFT 인기 역시 주춤한 상황이지요. 그렇지만 메타버스를 중심으로 하는 새로운 디지털 환경이 2020년대를 변화시킨 이슈라는 사실은 분명해요.

메타버스와 가상·증강현실이 새로운 IT 시장의 강자로 떠오르고 차세대 디지털 변혁의 중심이 되는 시기가 온다고 가정할 때, IT 시장의 중심 기업이 되기 위한 조건은 무엇일까요? 바로 하드웨어와 소프트웨어 플랫폼의 지배자가 되어야 해요. 오늘날 가상·증강현실 분야의 디바이스 시장에서 선두를 달리는 페이스북이 고민하는 주제이기도 하고요.

시장을 주도하는 디바이스와 운영체제가 없는 페이스북은 경쟁 기업(구글과 애플)의 플랫폼에서만 운영된다는 점이 치명적인 약점이라는 것을 알고 있을 거예요. 게다가 페이스북이 벌어들이는 수익 중 일부를 경쟁 기업에 지출해야 한다는 것도 치명적이고요. 그래서 페이스북은 이를 극복하고자 가상 세계 플랫폼인 호라이즌 월드(Horizon World)를 야심 차게 출시했어요. 하지만 안타깝게도 구글과 애플의 경쟁 상대가 되지는 못하고 있어요.

페이스북이 플랫폼을 지배하지 못해서 겪은 사례를 살펴보기로 해요. 2021년 애플에 의해 iOS 14.5버전부터 도입된 '앱 추적 투명성(ATT; App Tracking Transparency)'이에요. 이 기능은 아이폰

앱에 대해서 맞춤형 광고를 허용할지 아니면 차단할지의 여부를 iOS 및 아이패드 OS 기기 사용자가 설정할 수 있도록 권한을 부여한 정책이에요.

ATT는 앱 개발자가 주요 사용자 및 장치 데이터에 액세스하려면 사용자로부터 명시적 옵트인(정보 주체가 동의를 해야만 개인정보를 처리할 수 있는 방식) 권한을 받아야 하며, 수집되는 데이터와 이유를 정확히 설명해야 한다는 것이에요. 물론 애플은 ATT의 도입이 사용자를 위한 것이라고 주장했어요. 그리고 ATT를 도입한 후 사용자 중 75~80%가 동의를 거부했다고 해요.

경쟁사들은 ATT에 대해 광고 중심적인 비즈니스 모델을 보유한 경쟁사를 방해하고, 애플의 수익을 더 높이기 위한 의도적인 행위라고 비난했어요. 광고를 기반으로 한 무료 서비스 모델의 효율성을 낮춤으로써 더 많은 개발자가 인앱 결제를 기반으로 하는 유료 비즈니스 모델에 집중하도록 유도한다는 것이지요. 여기서 애플은 15~30%의 수수료를 징수해요. 2022년 2월, 마크 저커버그는 애플의 정책 변경 때문에 그해 매출이 100억 달러(페이스북이 메타버스에 투자한 금액 규모)만큼 감소할 것이라고 했어요.

이러한 제약을 해결하려면 페이스북은 자체적으로 저비용 고성능 경량 장치를 개발하고 독자 운영체제를 탑재해야 해요. 그리고 앱과 개발자 생태계를 확보해야 하지요. 그리고 이 디바이스는 아이폰이나 안드로이드 스마트폰의 지원을 받지 않고 독립적으로 운영되어야 하고요. 그래서일까요? 저커버그는 이렇게 말했어요.

"우리 시대의 가장 어려운 기술 과제는 슈퍼컴퓨터를 평범한 안경의 틀 안에 맞추는 일일 것입니다"라고요. 그의 경쟁자는 슈퍼컴퓨터를 이미 사람들의 주머니 속에 넣은 상황이니 말이죠.

근본적인 디지털 변혁기에 경쟁자의 플랫폼에 의존하는 기업은 새로운 시대를 지배할 패권을 가질 수 없어요. 무너질 것 같지 않던 마이크로소프트의 윈도우 패권은 애플과 구글의 스마트폰에 의해 무너졌어요. 따라서 새로운 헤드셋과 스마트 렌즈, B2M 인터페이스를 개발하는 신규 경쟁자가 아이폰이나 안드로이드 스마트폰을 기반으로 한다면, 미래 새로운 패러다임 시대를 주도하기는 어렵지 않을까요? 이는 국내의 선도 IT 기업에도 적용되는 사항이에요.

# 한 권으로 끝내는 메타버스 수업

초판 1쇄 발행 2023년 4월 20일

지은이 | 정철환
펴낸곳 | 믹스커피
펴낸이 | 오운영
경영총괄 | 박종명
편집 | 이광민 최윤정 김형욱
디자인 | 윤지예 이영재
마케팅 | 문준영 이지은 박미애
등록번호 | 제2018-000146호(2018년 1월 23일)
주소 | 04091 서울시 마포구 토정로 222 한국출판콘텐츠센터 319호(신수동)
전화 | (02)719-7735 팩스 | (02)719-7736
이메일 | onobooks2018@naver.com 블로그 | blog.naver.com/onobooks2018
값 | 17,000원
ISBN 979-11-7043-403-0 43560

* 믹스커피는 원앤원북스의 인문·문학·자녀교육 브랜드입니다
* 잘못된 책은 구입하신 곳에서 바꿔드립니다.

* 원앤원북스는 독자 여러분의 소중한 아이디어와 원고 투고를 기다리고 있습니다.
원고가 있으신 분은 onobooks2018@naver.com으로 간단한 기획의도와 개요, 연락처를 보내주세요.